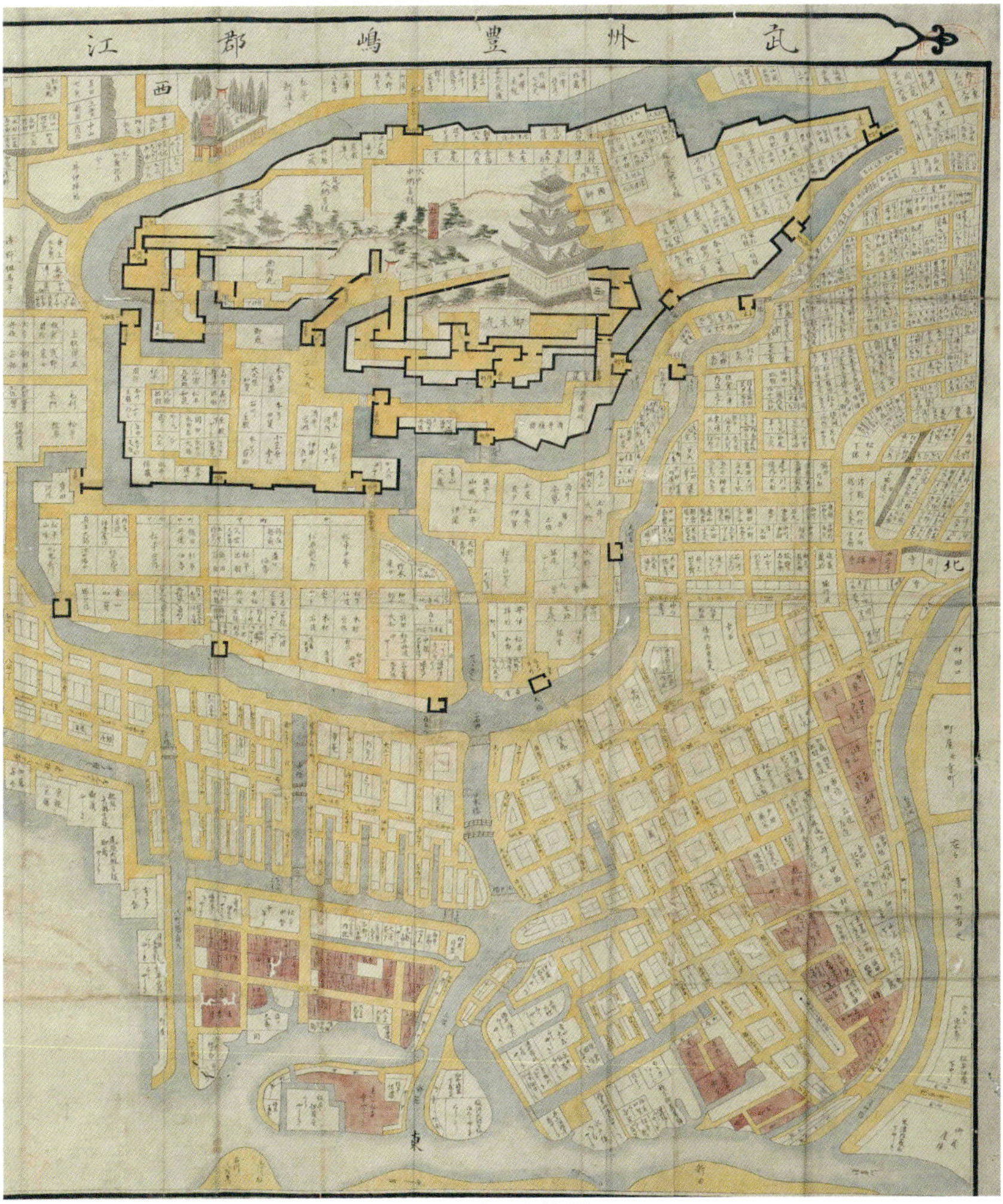

口絵１　武州豊嶋郡江戸庄図（部分、東京都立中央図書館蔵）

口絵５資料：東京市役所水道部『東京市水道小誌』1899年。大日本帝国陸地測量部『2万分の１地形図』（東京首部）、1909年測図、1911年発行。大日本帝国陸地測量部『2万分の１地形図』（東京南部）、1909年測図、1915年発行。国土地理院地図（国土地理院HP、2023年３月５日閲覧）。鈴木浩三『地形で見る江戸・東京発展史』ちくま新書、2022年。＊現代の国土地理院地図に1899年当時の主要管路、河川、濠、水面等を記載。
口絵６出典：東京市水道局拡張工事課『東京市上水道拡張事業報告　第５回』1925年（東京都立中央図書館蔵）。＊旧・溜池や河川については筆者補筆。

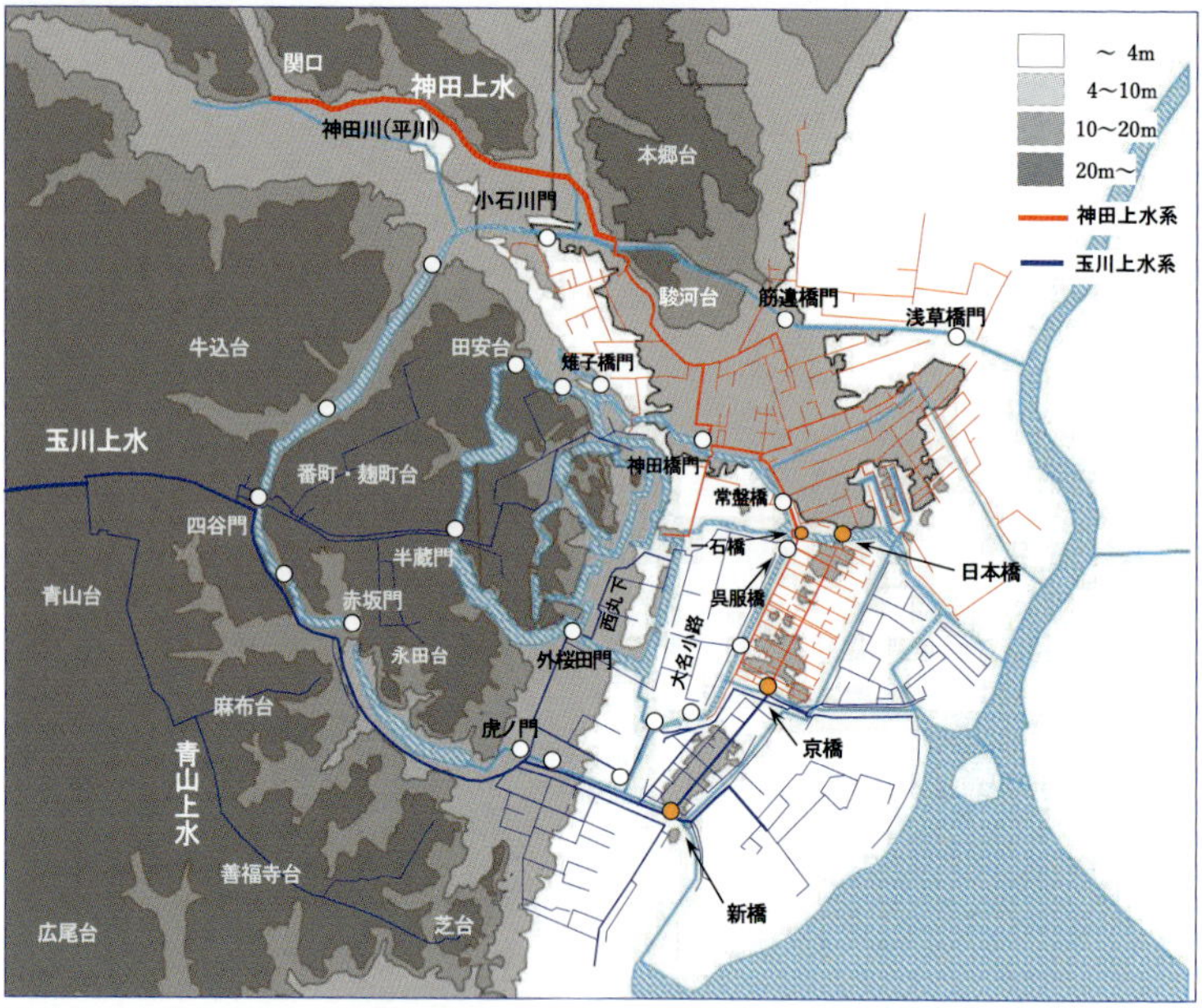

口絵2 「貞享上水図」の樋線と地形

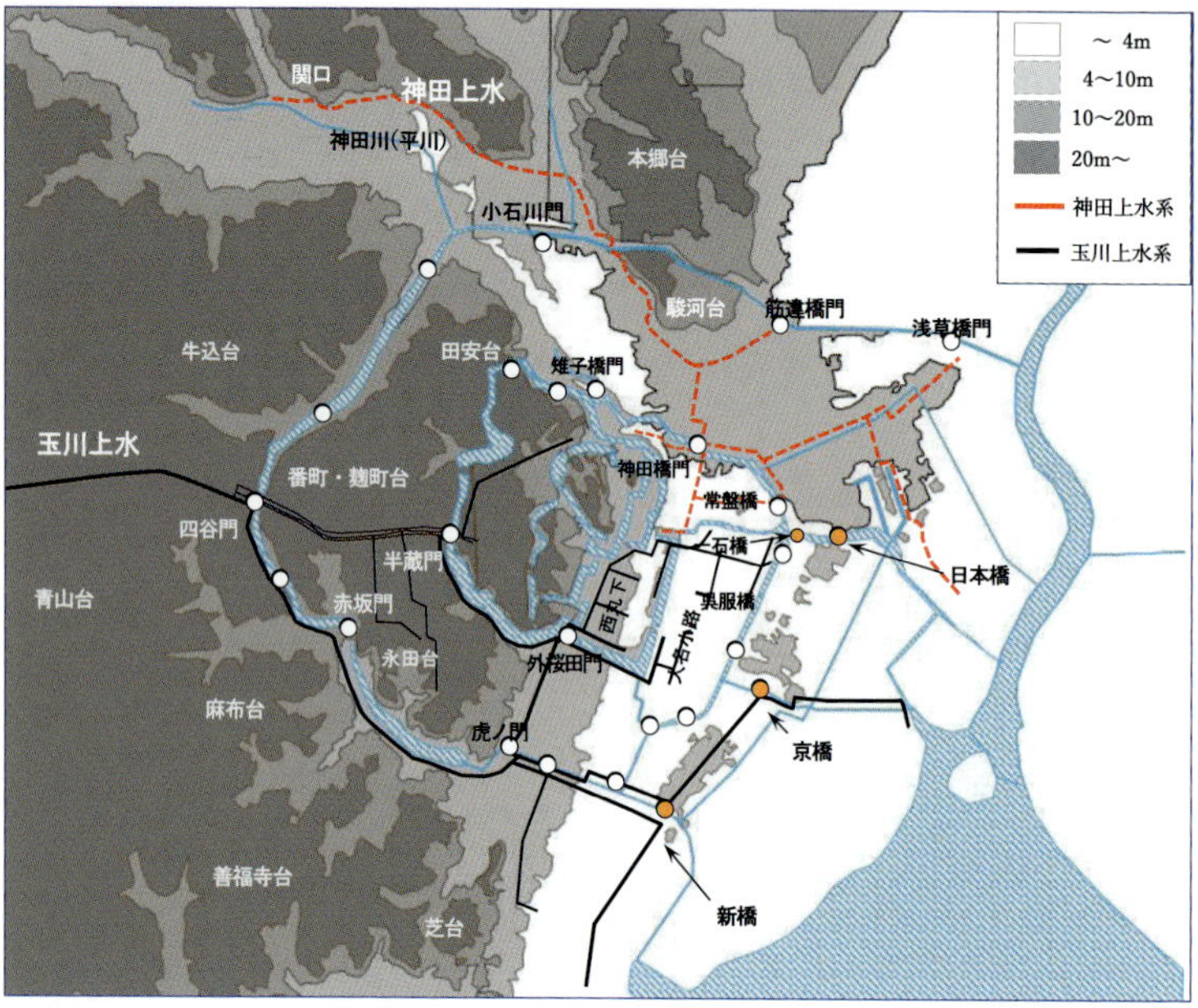

口絵3 「上水記」の樋線と地形

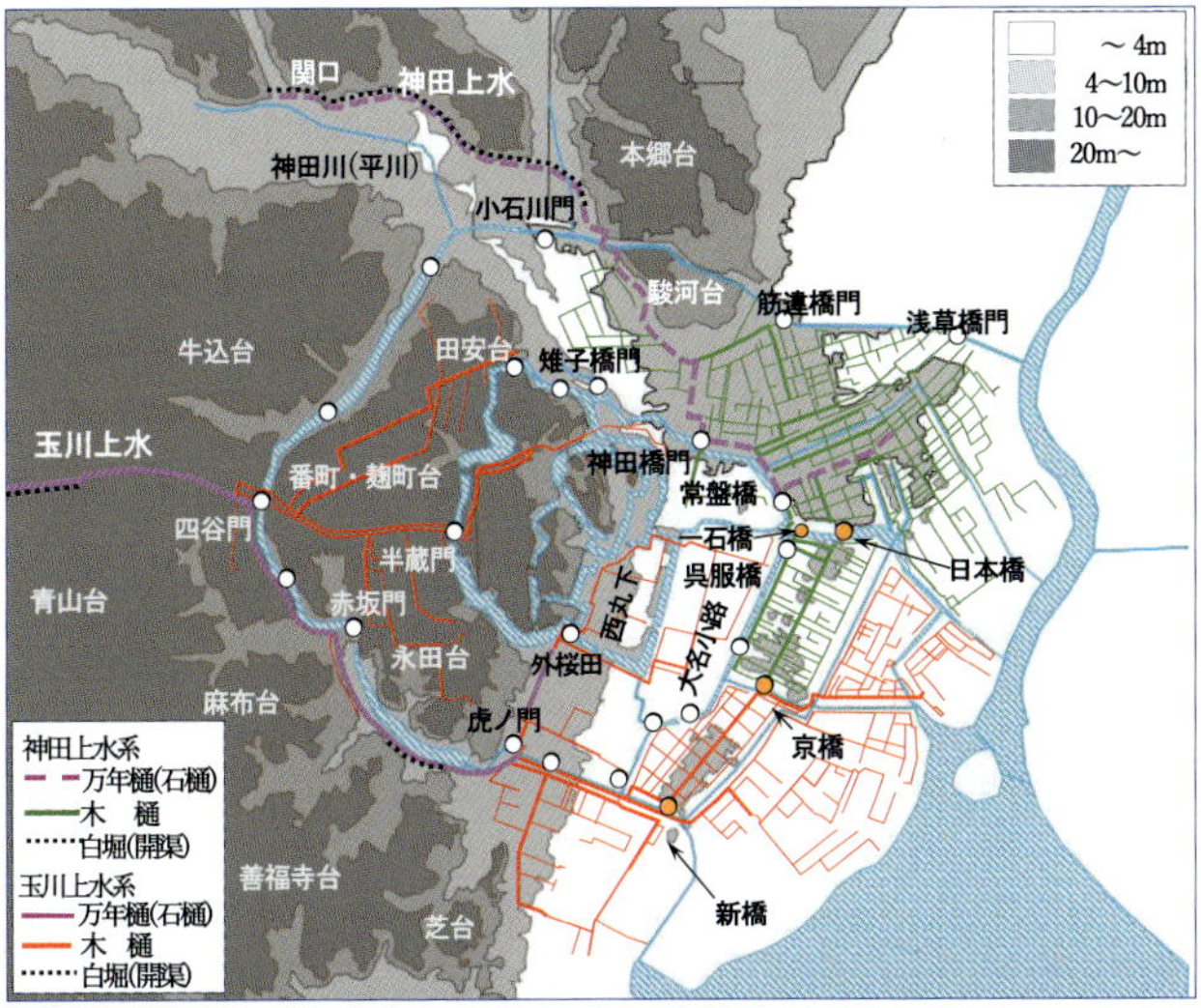

口絵4　「樋線図第4種」の樋線と地形

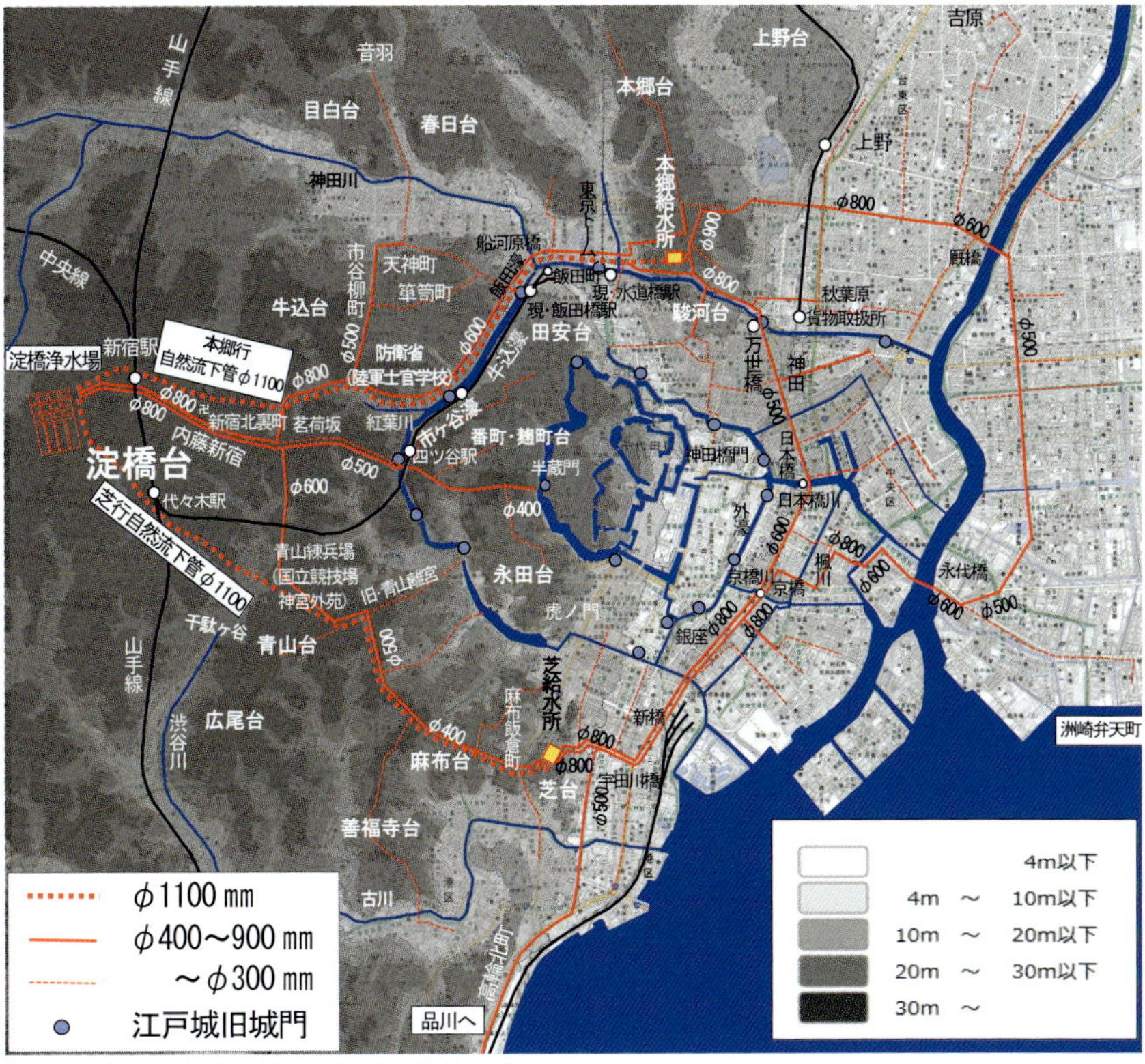

口絵5　東京の地形と近代水道の主要管路（明治32年）

口絵6　大正十二年九月一日震災　鉄管被害一覧図　大正十二年十一月三十日調

江戸・東京水道全史

鈴木浩三
Suzuki Kozo

筑摩選書

江戸・東京水道全史　目次

江戸・東京水道全史

プロローグ

本書の特徴と新たな視点

本書は、一五九〇（天正一八）年の徳川家康の江戸入りから現代まで、最も基本的なインフラとして江戸・東京を支え続けてきた水道の四三五年にわたる歴史を、わかりやすくひもとくものである。昔も今も水の得にくい江戸・東京を、都市として機能させるために、新たな水源を求め、必要な施設を造り、その維持管理と更新を連綿と重ねてきた一連の歩みがテーマとなっている。そして、東京がある限り、この物語は新たな歴史をつくりながら続いていく。

本書の特徴としては、第一に、江戸・東京と水道の関係を具体的に描くことにある。江戸・東京という都市の進化と、江戸の上水や東京の水道の発展を有機的に結びつけ、それを具体的かつ鳥瞰的《マクロ》に語るものとなっている。これは、水道の発展からみた〝江戸・東京の歴史〟でもある。

たとえば、江戸は水運を最大限に活用し、海に向かって市街を拡大し、経済活動を盛んにすることによって繁栄してきたため、幕府施設や大名屋敷はもちろん、町地、河岸《かし》、港湾施設などへの給水が水道の使命となっていた。神田上水《かんだじょうすい》も玉川上水《たまがわ》も、地形を活かしつつ、埋立地の末端まで水を供給する仕組みを備えていた。

一方、江戸への人口や経済機能の集積が進んだ結果、江戸の上水の水源が、現・神田川の支流であった小石川《こいしかわ》から神田川本流にシフトし、それがさらに大河・多摩川にシフトしたことも述べた。これは、東京の水道水源が多摩川水系に依存していたものが、現在では八割を利根川・荒川水系で占めるに至っていることの「先駆け」でもあった。また、江戸の発展は上水の給水能力によって左右されていたことも確認した。

東京では一八九八（明治三一）年に近代水道がスタートした。近代水道とは、簡単にいえば浄水処理をした水を圧力のかかる鉄管で配水するものである。しかし、発足直後から水道需要の増加が始まり、施設拡張を迫られることになった。とりわけ、戦後復興の後、朝鮮戦争や高度経済成長とともに東京への人口や産業の集積が進み、水道需要も急増した。多摩川水系への依存は限界に達し、東京は構造的かつ慢性的な〝水不足体質〟に陥った。そこで利根川上流の水源開発が、国の主導と水源地の人々の理解に上に進められ、関連施設の整備が急ピッチで進められた。昭和末期から開発が進んだ臨海副都心部への給水もその延長上にある。本書では、膨大な施設整備の詳細については東京都等の公的な資料類に譲り、その全体像と社会・経済の関係をマクロ的に紹介することとした。

第二の特徴としては、国土地理院地図などの活用が挙げられる。

動力（ポンプ）のなかった江戸時代には、重力の作用による水の流れ、すなわち自然流下によらなければ水を送ることはできなかった。東京市の近代水道でも地形が最大限に活用され、浄水場の立地や浄水場から市内への送水では自然流下が重視されていた。そこで、国土地理院の地図等を活用して地形を把握した上で、江戸・東京の水道が地形をどのように活かしていたのかを検証する。最近、国土地理院のウェブサイトが格段に充実し、土地の高低差や起伏の解析が容易になったため、江戸・東京と水道の関係を、地形を通じて具体的にみていく作業が可能になった。

第三の特徴として、本書では〝常識〟にとらわれずに、埋もれた歴史や意外な事実も紹介した。たとえば、家康入府の直後から、海面などの埋め立てに先立って木製の水道管である木樋（「もくひ」ないし「もくとい」）が布設されていたことを示した。また、従来は扱われる機会の少なかった上水としての小石川やそれが発展した神田上水については、当時の地図と国土地理院地図を用いることによって、江戸の市街整備と一体的につくられた可能性を指摘した。

玉川上水については、低地に立地する大名屋敷街や町地、河岸などに自然流下で給水する仕組みが備わっていたことを示すとともに、武蔵野の開発のための野火止用水と一体的に整備され、現在の玉川上水のルートは野火止への給水と江戸市中への給水の「二兎を追う」最適解であったことも述べた。

東京市における近代水道の発足においては、明治政府や東京府などの働きも大きかったが、実は、渋沢栄一が公益を図るために設立した民営の水道会社は、政府の動きを一挙に早める役割を果たしている。大正期に入ると、旧・東京市（一五区）を取り巻く郡部（隣接五郡）において町営や民営の水道が次々と誕生した。本書では、このうち一九一八（大正七）年設立の日本初の民営水道会社である玉川水道株式会社の実態を明らかにした。同社の株主には第一次世界大戦を契機に勃興した〝成金〟の人々が含まれるなど、公益を目的とした渋沢の民営水道とは対極にあった。そこからは、「水道経営において公益性や公共性よりも株主利益を優先するとどうなるのか?」という、現代の日本や世界の水道事業にも広く通じる視座や教訓が得られるだろう。

第四の特徴は、江戸時代から現代までの江戸・東京の水道を、手軽に通観できる点である。より多くの方々に、四〇〇年以上にわたる水道の営みがスムーズに伝わるよう、都市形成との結びつきや経済との関係、地理的な知見を踏まえつつ、各時代のトピックを配置した。

本書の構成と内容

この本は、江戸時代を描く第Ⅰ部（第1章から第6章）と、明治から現代までを扱う第Ⅱ部（第7章から第11章）によって構成される。主な内容は次の通りである。

Ⅰ　江戸時代

第1章　家康と水道

この章では、水道の話を進める前提として、江戸の地形の特徴について述べる。自然流下で配水せざるを得なかった江戸時代の水道を語るには、まずは地形を押さえておくことが大事であるからである。
家康が入府した当時、江戸湾には半島状の江戸前島が突き出し、現在の日比谷公園や皇居外苑周辺は日比谷入江となっていた。城の近くには低湿地が広がり、井戸を掘っても塩気のある水しか得られなかった。江戸は地形的に水の得にくい場所であったため、家康はまず水道を整備した。それが千鳥ヶ淵《ちどりがふち》と牛ヶ淵《うしがふち》、小石川上水であった。日比谷入江の最奥部の埋立予定地にはあらかじめ水道管（木樋）を布設している。

第２章　天下普請の時代

この章では、幕府の本拠地となった江戸が地形を活かして発展していく様子を描く。江戸の天下普請は、一六〇四（慶長九）年から一六六〇（万治《まんじ》三）年まで断続的に続き、地形を利用して城郭を築造し、市街が造られていった。これにより現在の駿河台や、御茶ノ水付近を流れる神田川の原形も造られた。そこでは当時唯一の大量輸送手段であった水運を、あらゆる場面で活用した都市づくりが展開されていた。それらは、第３章以降で述べる神田上水と玉川上水の成立プロセスをイメージしやすくするものとなる。

第３章　城下町・江戸と神田上水

この章では、小石川上水が発展して成立した神田上水をテーマとする。
神田上水の特徴の一つは、神田川支流（小石川）から本流に水源をシフトさせて安定した取水を実現した点にあったが、一次史料が残されていないこともあって、これまで神田上水（小石川上水）の成立に関する詳しい検証は行われてこなかった。

しかし、本郷台（駿河台）からの上水のメインルートと、当時の地図の主要道路がほとんど一致するだけでなく、国土地理院地図の等高線からみても、そのルートは自然流下によって小石川から水を送る上での最適なコースとなっている。そのことは、主な道路と水道は同時期に成立ないし整備されたことを示唆するだけでなく、江戸の町づくりと道路、水道の整備が一体的に行われたことを物語っている。神田上水のルートや当時の〝配水管路網〟を見ると、町地や廻船《かいせん》の入港する河岸地《かしち》といった江戸の経済活動を支える地域への給水が重視されていたこともわかる。

第４章　玉川上水の新設

この章では、新たに造られた玉川上水の話を進めていく。江戸の市街は拡大し、神田上水の給水区域外にも市街が広がるようになり、江戸城の西側から南側（四谷《よつや》・麹町《こうじまち》、赤坂、芝など）のほか、旧・江戸前島《まえじま》の南東の埋立地への給水も必要となった。ここでは、埋立地の末端にまで水を送る仕組みについても取り上げた。

玉川上水の建設された時代には、武蔵野の新田開発も始まろうとしていた。それゆえ、江戸の上水のための玉川上水と、武蔵野の新田開発のための野火止用水は一体的に整備された。国土地理院地図の等高線で見ると、玉川上水と野火止用水は、多摩川から江戸および野火止に導水するための唯一のルートを辿っているのが特徴である。これは、神田川から大河・多摩川への水源のシフトでもあった。

第5章　上水経営の実際

この章では、江戸の上水経営の仕組みを紹介する。当時の経営理念は、水道の供給を永続させるということにあった。現代ならば、持続可能性を最も重視していたと言いかえることができる。玉川上水の実務を請け負っていた玉川兄弟の末裔も、水道を適切かつ永続的に供給する義務を怠ったため、経営から排除されている。

上水の経営には、幕府の官僚組織、上水を利用する武家や町人などがつくる多様な組織が関与しており、とりわけ江戸の都市行政と自治のシステムであった町人の自治的組織が上水の運営にも活用されていた。上水の維持管理や大規模修繕などの費用負担に関しては、独立採算と受益者負担の原則の下に管理されていた。それは、現代の水道料金システムに底流でつながっている。また、玉川上水の更新工事の困難さや、当時の工事関係者の苦労なども紹介する。

江戸の上水に関する基本史料の一つとなっている『上水記』は、田沼意次《たぬまおきつぐ》が老中を追われ、松平定信の政権になった直後のタイミングで作成され、将軍に献上され、定信に進達された。政権交代直前には「上水毒物混入」の風説のために江戸中がパニックに陥っていた。そこで、『上水記』の政治的な意味合いについても検証した。

第6章　武蔵野台地の井戸と分水

この章では、古くから武蔵野台地に掘られていた「降《お》り井《い》」ないしは「まいまいず井戸」と呼ばれる井戸のメインテナンスや、その費用負担のあり方などを紹介する。また、江戸幕府の新田開発の起爆剤になった多くの分水（用水路）のうち、谷を横断する大規模な築堤を用いて自然流下を確保した小金井市内の分水について取り上げる。

Ⅱ　明治時代〜現代

第7章　近代水道にいたる道のり

一八九八（明治三一）年、ようやく東京市では近代水道による給水が始まった。明治になってからの約三〇年間、東京市の水道は、江戸時代から引き継いだ上水の維持管理によってしのいでいたのであった。この章では、近代水道になるまでの紆余曲折、東京府を含む政府の動きや、渋沢栄一の役割などを紹介する。また、近代水道に欠かせない鉄管の納入をめぐるスキャンダルにも触れる。

一方、近代水道の施工直前の設計変更により、地形を活かして自然流下の恩恵を最大限に引き出すという東京の近代水道の〝基本形〟が定まった。また、一八九三（明治二六）年に現在の多摩地区が神奈川県から東京府に編入された理由は、水源問題というより、実は、自由党の牙城の切り崩しにあったことにも触れる。

第８章　近代水道の成立と関東大震災――拡張の始まり

一八九八（明治三一）年にスタートした東京の近代水道は、地形を十二分に活かした自然流下と、ポンプを用いた配水系統を有機的に組み合わせていた。当時、市内は高地と低地に分けられ、高地にはポンプ圧送による配水、低地には淀橋《よどばし》浄水場から自然流下によって浄水処理した水が送水されていた。東京市内を二重のループで結び、二系統からの相互融通性を持たせるほか、隅田川の対岸にも給水するなど画期的なものとなっていた。

しかし、近代水道が通水するのと同時に、東京の水道は拡張の時代を迎えた。関東大震災では多くの被害が生じたが、水道の震災復興と管網や施設拡張が同時並行的に行われ、村山・山口貯水池、境浄水場なども完成した。

第９章　大東京と水道

日清・日露戦争や第一次世界大戦を経る中で、旧・東京市とその隣接地域には人口や工業が急速に集積し、東京市営の水道の拡張とともに、町営や民営の水道も事業を開始した。ここでは、株主利益を優先した民営水道の問題を提示するとともに、戦時体制下の拡張事業についても紹介する。

第10章　拡張に次ぐ拡張の時代――戦災復興期から高度経済成長期

戦災復興から高度経済成長期にかけての東京の爆発的な発展と、水源を含む水道施設の拡張に次ぐ拡張の様子を、施設整備を中心にしながら紹介する。

戦災による水道施設への被害は限られていたが、焼夷弾爆撃による焼失面積が大きかったため、水道の復旧は応急漏水防止と鉛管叩き潰しが中心となった。戦後の日本を統治下に置いたＧＨＱ（連合国軍最高司令官総司令部）によって塩素消毒が重視された結果、水系感染症が大きく減少した。戦争で中断していた拡張事業も再開され、小河内《おごうち》ダムが完成したほか、淀橋浄水場も移転・廃止となった。

多摩川水系に依存していた東京では、慢性的な水不足が常態化したため、利根川水系の開発が本格化し、拡張に次ぐ拡張の時代が到来した。高度経済成長が終焉すると、水道需要も安定し、水道の施設整備への圧力は低減していったが、構造的に渇水になりやすい状況は続いた。

第11章　量から質へ――低成長時代から現在まで

低成長時代に入ると、東京の水道は〝量の時代〟から〝質の時代〟に移っていった。二重化も含めて送配水管の延長が伸び、地震に強いダクタイル鋳鉄管への転換も進んで強靭性を増すとともに、漏水率は劇的に低下した。安全とおいしさが水道に求められ、利根川系のすべての浄水場に高度浄水処理施設が導入された。

産業構造が変化して第二次産業が空洞化した東京では工業用水道が廃止された一方で、多摩地域では、一九七〇年代から始まった市町営水道の都営一元化が実質的なものとなり、広域水道として機能し、サービス水準も向上するようになった。

八ッ場《やんば》ダムの完成に至る高度経済成長期から続いてきた水源施設の開発や、さまざまな水道施設の絶え間のない拡張と更新は、臨海副都心などの東京湾岸はもとより、今日の首都東京の発展を支えている。

I

江戸時代

第1章
家康と水道

この章では、徳川家康が入って来た当時の江戸の地形を紹介する。動力のなかった時代、水を送るには重力の力による「自然流下法式」によって行うほかなかったので、江戸の水道を理解するには、江戸の自然地形の把握が不可欠だからである。

当時の江戸には本郷台《ほんごうだい》の延長部で、江戸湾に突き出した江戸前島《まえじま》という半島があり、江戸城の建つ台地との間は、日比谷入江《ひびやいりえ》という湾となっていた。城の周辺の海岸には葭《よし》の生い茂る汐入りの湿地が広がり、井戸を掘っても塩気のある水しか得られなかった。城の西側は荒涼とした武蔵野に続いていた。

それゆえ、江戸に入った家康は、飲料水の確保に最優先で取り組んだ。飲料用の貯水池として千鳥ケ淵《ちどりがふち》と牛ケ淵《うしがふち》を造るとともに、日比谷入江の最奥部に流れ込んでいた平川《ひらかわ》（後の神田川）の支流で、本郷台の西側を流れていた小石川を上水として利用し始めた。

平川が流れ込んでいた日比谷入江の最奥部の埋立予定地には、あらかじめ水道管（木製の樋《とい》）を布設していた。

江戸湾付近の武蔵野台地は、浸食によって複雑な谷と急傾斜地が続く地形となっていた。小石川からの上水や、それが発展した神田上水、その後に整備された玉川上水の配水ルートは、そうした複雑な地形を利用して造られていた。

1　家康の江戸入り

江戸の位置

一五九〇（天正一八）年八月、徳川家康は江戸に入った。小田原の北条氏（後北条氏）を降した豊臣秀吉から、江戸に移って伊豆、相模、武蔵、上総《かずさ》、下総《しもうさ》、上野《こうずけ》の関東六カ国を治めるよう命じられたからである。それまでの家康の活動の中心は関西で、近畿や西日本の本格的な城郭に慣れていた家康本人はもちろん、家臣やその家族にとって「江戸行き」は不本意だったはずだ。しかし、天下人・秀吉は絶対的な権力を持っていた。家康の旧領に尾張からの転封を「玉突き」の形で命ぜられた織田信雄《おだのぶかつ》は、それに異議を唱えたため、大名の地位を剝奪されている。

江戸は、江戸湾（現・東京湾）に流れ込んでいた旧・利根川の広大な河口部である東京下町低地の西端と、武蔵野台地の東端が接する場所にあった。その中心が、江戸湾に半島状に突き出ていた江戸前島で、これと江戸城の建つ武蔵野台地にはさまれた日比谷入江は天然の良港となっていた（図表1―1）。

そうした地理的条件ゆえに、江戸は海運と河川水運が交わるだけでなく、関東と南東北や甲信地方の経済圏が重なる場所となっていた。周辺には、東山道《とうさんどう》や鎌倉街道の時代から続く陸路も発達していた。それゆえ、天下統一を目前にした秀吉は、最後に残った東北地方を押さえる上で戦略的に重要な江戸に、最有力の大名であった家康を置いたのであった。濃尾《のうび》平野を基盤とした信長や秀吉、その家臣たちにとって、広範な後背地を持ち、河川水運と海運の要であった江戸の戦略的な価値は、共有されていたとみて差し支えないだろう。

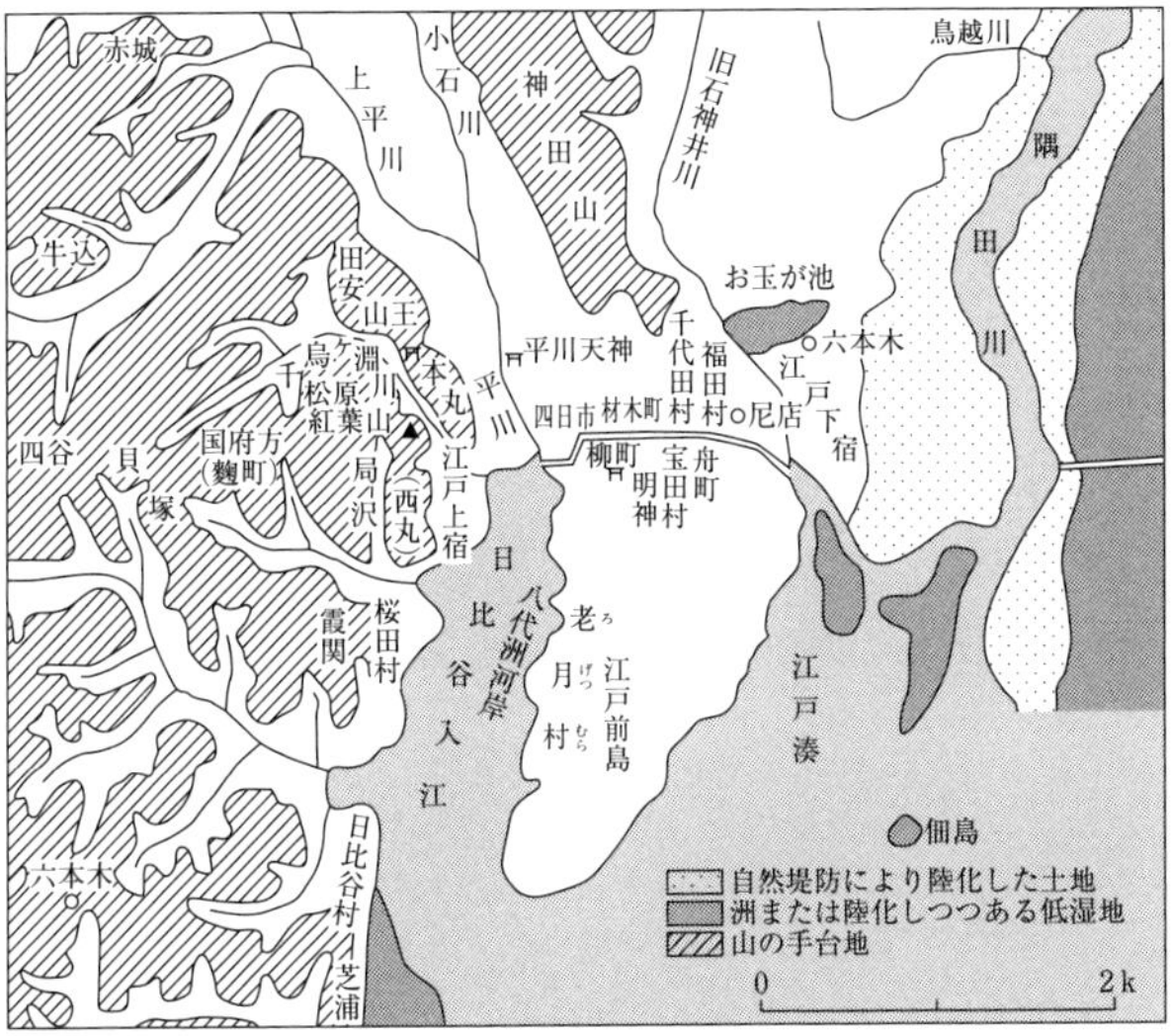

図表1－1　江戸の位置（出典：鈴木理生、2000年、P.117）

江戸湾と伊勢湾は古くから太平洋の海運で結び付いており、鎌倉時代になると、組織的かつ継続的な関係が生まれている。一二八二（弘安五）年に鎌倉の円覚寺《えんがくじ》が建立され、その翌年、鎌倉幕府は円覚寺に尾張国の冨田荘《とみたのしょう》（現・名古屋市中川区付近）を寄進した。冨田荘は濃尾三川といわれる木曽《きそ》川、長良《ながら》川、揖斐《いび》川の舟運と伊勢湾の海運が結び付く場所で、円覚寺の荘園となった後は、年貢米を海運によって鎌倉に回漕していた。

一方、江戸前島は一二六一（弘長元）年に江戸氏（長重）から鎌倉幕府に返上されていたが、その後、鎌倉幕府によって円覚寺に寄進された。鎌倉の円覚寺に伝わる『円覚寺文書』によれば、少なくとも一三一五（正和四）年の段階で円覚寺の領地となっていた。(1)円覚寺は伊勢湾と江戸湾の水運の要衝を領地としていたのであった。室町時代の一四二四（応永三一）年になると、織田信長の系譜につながる尾張国の守護代・織田常竹《おだじようちく》が、伊勢湾から鎌倉の円覚寺正続院《しようぞくいん》に向けた材木輸送を主導している。こうした事情からすれば、戦国時代の濃尾平野で活動していた人々にとって、三河や駿河を本拠地としていた人々よりも、江戸は身近な存在であった可能性が高い。

貧弱な江戸城

しかし、家康が入った当時の江戸城は〝関東の太守〟の居城としては貧弱だった。太田道灌《おおたどうかん》の時代（室町時代後期）は上杉家の支城で、家康の入府直前も後北条氏の支城であったためである。その様子を語る大道寺友山《だいどうじゆうざん》（重祐《しげすけ》）の『落穂集追加』(2)によれば、当時の城内は放置され、破損も多く、雨漏りのために畳が腐っている状態だった。石垣は一カ所もなく、すべて芝の生えた土居で、土手には竹木が生い茂っていた。後に西丸《にしのまる》となる場所は、田畑なども散在し、春には桃や桜、ツツジが咲いて、人々が遊山に訪れるような場所だった。

同じく大道寺友山の『岩淵夜話別集』には、当時の江戸城の東側には潮の干満によって海水が入り込んで葭が生い茂る湿地が広がり、城の西南側には武蔵野に続く荒涼とした萱原《かやはら》が続いていたとある。(3) このような場所は、大規模な城と城下町の築造には不利な場所だった。沖積地に築かれた大坂城などに比べて天然の平地が限られていたからである。

そのうえ、良質な水を豊富に得ることも難しかった。低湿地では井戸を掘っても、汐気《しおけ》を含む水しか得られなかったからである。そのうえ三河・駿河から家臣団が移住してきたため、はじめから飲料水の不足に直面していた。家臣たちを居住させる土地も限られており、後に旗本や御家人となる禄高の高くない家臣たちには、現・千代田区麴町や番町《ばんちょう》などの武蔵野台地の上に屋敷地を与えた。甲斐《かい》国と陸続きの武蔵野に面した城の西側を旗本で固め、台地の上では井戸を掘れば汐気のない井戸水が得られたからである。『岩淵夜話別集』では、旗本たちに武蔵野台地に屋敷地を与えた理由を、自前で宅地を造成する労力が少なくて済んだからだとし、発生した土砂で谷を埋めたと記している。

一方、重臣や城主クラスの家臣は、江戸近郊や関東一円に与えられた知行地《ちぎょうち》(家康から与えられた領地)に配され、本人は江戸城の近くに設けた仮設住宅や町家、寺院を借りて城に通った。家族や関係者は旧領地から江戸を経ないで新知行地に引っ越している。

そこには、関東の広大な新領地の支配体制を迅速に固めなくてはならないという事情もあったが、飲料水も住む場所も乏しかった当時の江戸の実態も反映されている。

家康の関東移封の前から、城や城塞の築造や補修に従事するなど、土木工事の専門家だった松《まつ》平家忠《だいらいえただ》もその一人である。初期の江戸城の普請でも大活躍したが、関ヶ原の合戦の前哨戦となった伏見城の戦いで戦死している。後ほど詳しく紹介するが、彼の残した『家忠日記』によれば、家忠の家族も、深溝《ふこうず》（現・愛知県額田《ぬかた》郡幸田町《こうだちょう》）から新たな知行地となった忍《おし》（現・埼玉県行田市《ぎょうだし》）に、江戸を経由することなく入っている。(4)

2 江戸・東京の自然地形

水道と地形

家康は江戸に入った直後から、飲料水の確保や水運網の整備に動いた。この時代の水道には動力が無かったので、自然流下で給水するほかなかった。それゆえ、土地の高低、すなわち地形が水道の〝かたち〟を決定づけた。水源から水を引いてくる導水路や樋線《ひせん》などの水道システムの根幹をなす施設は、重力に従って水が流れ下るように設計されていた。

この樋線とは、現代の水道事業でいえば配水管の路線に相当する。石製や木製の樋《とい》をつないで自然流下によって水を流す構造で、現代の配水管（鉄管）のように圧力はかけられなかった。石製の樋を万年樋、石樋《せきひ》、木製の樋を木樋《もくひ》といった。それぞれ「いしどい」「もくとい」という呼び方もあり、竹製もあった。途中で流れが止まらないように、微細な土地の高低差を確実に把握した上で、水道施設の設計や築造に活かしていた。それゆえ、当時の水道を理解するには、地形を把握することが近道で、逆に「水道は地形を語る」ともいえる。

水道に限らず、家康が江戸入り直後に手掛けた土木工事のほとんどは、地形を活かして最短の時間とコスト、労力で設計され、施工されていた。それは、その後本格化する江戸の城と市街の整備においても共通している。

そこで、江戸・東京の水道の話を進めるにあたり、江戸の大まかな地形を押さえておきたい。ここでは、①江戸・東京の基本的な自然地形としての武蔵野台地と東京下町低地を取り上げた後、②家康入府当時の江戸を特徴づけていた日比谷入江と江戸前島を紹介する。

武蔵野台地

江戸・東京の地形は、大きく分けて西側の武蔵野台地と、東側の東京下町低地からなる。JR赤羽駅~上野駅と田町駅~品川駅~大森駅では、JR京浜東北線の西側には急な崖が連続し、現在も、上野の山の崖と、大森貝塚の上にかかる崖を目にすることができる。この連続した崖が武蔵野台地の東端で、京浜東北線はその麓《ふもと》部分を走っているわけである。

武蔵野台地は、入間川《いるまがわ》・荒川、多摩川、東京湾に囲まれた範囲である。約一四万年前に古多摩川が作った扇状地（扇頂は青梅付近）の上に、約八万年前から富士山や箱根火山の火山灰が降り積もって形成された。この地層が関東ローム層（洪積層）である。

西側の扇頂部の標高は約一九〇m、東京下町低地に面する場所は標高一五m前後で、とくに東京二三区内では海側に向かって急傾斜で落ち込んでいる。

『東京の自然史』（貝塚爽平）によれば、[5]武蔵野台地の扇状地面は古い順に、多摩面、下末吉《しもすえよし》面、

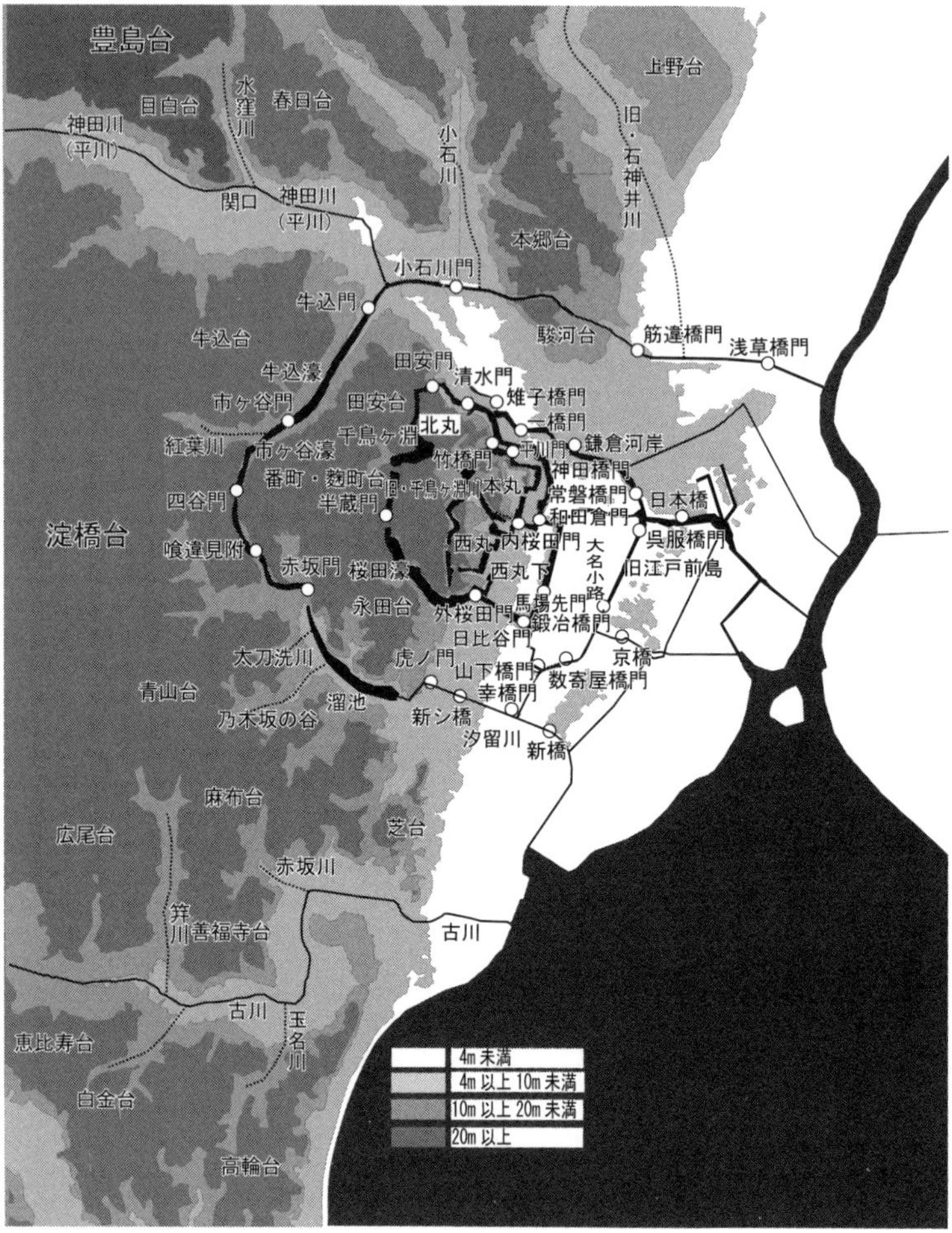

図表1－2　江戸・東京の台地と水系（出典：鈴木浩三、2022年、P.21）

武蔵野面、立川面などとなっている。吉祥寺を通る南北の線より東側が「山の手台地」とされ、そこで最も古い下末吉面には淀橋台、荏原《えばら》台、田園調布台、次に古い武蔵野面には武蔵野段丘、豊島台、本郷台、目黒台、久《く》が原《はら》台が含まれているとしている。さらに「年代の古い下末吉面の台地では侵食が進んでいるため支谷《しこく》が複雑に分かれ、谷の密度も高く、逆に、武蔵野面の台地では谷の傾斜は緩やかで、谷に挟まれた台地の面は広くなる傾向にあると述べている。

そのため、武蔵野台地（山の手台地）の都心に近い場所ほど侵食が進んでいる。貝塚によれば、侵食によって形成された「樹状谷」の規模や複雑さが増し、削り残された台地の上流側はつながっていても、下流側が半島状の高台となっていることも多いとしている。さらに、分岐した尾根筋どうしを隔てる谷も深くなり、最も古い下末吉面の淀橋台と荏原台のローム層の厚さは一二〜一三m、次が武蔵野面の豊島台と目黒台で七〜八m、さらに本郷台と上野台の五〜六mと述べている。その上で「本丸などの江戸城の主要部分のほか、城の南側、現在の港区と重なる場所も淀橋台の上にあり、いずれも起伏が多く、複雑な谷地形の場所となっている」と説明している。

そこで、江戸・東京中心部の台地と水系を見ると（図表1―2）、上野台は東京下町低地と旧・石神井川《しやくじいがわ》、本郷台は旧・石神井川と小石川、豊島台は小石川、神田川（平川）、水窪川《みずくぼがわ》の三川、淀橋台は神田川と古川《ふるかわ》や目黒川（図表には含まれない）などとなっている。上野台の東側には本所台地があったが、海蝕でほとんど削られ、浅草の待乳山《まつちやま》（真土山）、浅草米蔵（台東区）と隅田川《すみだがわ》の対岸の深川元町などの微高地として残っている。(6)

とはいえ、水道の布設状況などと地形の細かな関係を見ていくために、特に淀橋台については、樹状谷で分けられた小さな台地や高台にも、番町・麹町台、田安台、永田台、牛込台、青山台、麻布台、芝台などの名称を付した(7)（図表1―2）。

東京下町低地

東京下町低地は、下総台地（現・千葉県市川市など）と武蔵野台地の間に挟まれた広大な沖積平野である。旧・利根川などの河口部で、東から太日川《ふとい》（現・旧江戸川下流部）、古《ふる》利根川（現・中川、旧・利根川の本流）、入間川（現・隅田川）などの関東平野の大河が流れ込んでいた。それが一六二一（元和七）年から一六四一（寛永一八）年に段階的に進められた利根川の「瀬替え」（利根川東遷）によって、銚子に向かう現在の姿となった。

一六二一年の工事では、太日川に流れていた渡良瀬川《わたらせがわ》を、銚子に河口のあった当時の常陸川《ひたちがわ》の流頭部に「赤堀川」というバイパスを作って連絡し、利根川と渡良瀬川を「新川通り」という流路を開いて結んだ。それにより、増水期の利根川の流れが銚子に至るようになった。利根川→新川通り→渡良瀬川→赤堀川→常陸川→銚子という順である。寛永一八年には、利根川の流れが常に銚子に達するようになった。

この瀬替えは、江戸の洪水対策ではなく、関東地方の水運の便を図るためのものだった。もともと江戸の中心部（現在の隅田川西岸に相当）は、東京下町低地を流れる旧・利根川などの大河による洪水に襲われる場所ではなかったが、隅田川東岸は「利根川東遷」の後も、たびたび大洪水に見舞われている。

国立研究開発法人・産業技術総合研究所が二〇二一（令和三）年に公開した「東京都心部の3次元地質地盤図」では、東京下町低地の地下に形成されている埋没谷を描き出している。[8]これによれば「最終氷期（最盛期は約二万年前）に河川の侵食により形成された地下の埋没谷の詳細な三次元形状を描き出すことができた。谷は主に軟弱な泥層からなる沖積層と呼ばれる地層が埋めている」と述べている。約八万年前から火山灰によって形成された武蔵野台地（洪積層）よりも、東京下町低地は新しい沖積地である。ここでは紙幅の都合から割愛するが、興味のある方は、是非、同研究所のＨＰを参照して頂きたい。

3　江戸城周辺の地形

日比谷入江と江戸前島

次に、江戸城周辺を見てみると、家康の入府当時、武蔵野台地（淀橋台〜田安台）の東端部に太田道灌や後北条氏の時代からの城があり、その東側には日比谷入江が広がっていた（図表1―1）。そして、日比谷入江をはさんだ城の対岸には、半島状の江戸前島があった。太田道灌時代の繁栄していた江戸の中心部が、この江戸前島と日比谷入江の一帯であった。

日比谷入江は、現在の皇居外苑・日比谷公園・内幸町・新橋などを結ぶ範囲にあった湾である。

最も奥の部分には現在の神田川の原形となった平川が注いでいた。その場所は、現在の千代田区大手町一丁目の東京消防庁の庁舎付近で、庁舎のすぐ南東側に祀られている平将門の首塚は、かつての江戸前島の水際に位置していた。

この平川河口の少し上流には、本郷台の西側を流れる小石川が流れ込んでおり、現在の千代田区神田小川町付近は、平川と小石川に挟まれた低地（小川町低地）となっていた。この平川は、武蔵野台地の標高五〇mの等高線に沿って分布する井《い》の頭《かしら》池、善福寺《ぜんぷくじ》池、妙正寺《みょうしょうじ》池などを水源とし、途中、多くの中小河川が合流する。

市街地化によって、自然地形は大きく変わっているが、JR山手線の高田馬場駅付近を通って目白台や春日台の南側を流れていた平川本流のルートは、現在の神田川とほぼ同じである。

その流れは、旧・白鳥池《しらとりいけ》（現在の東京ドームシティや小石川後楽園の西側一帯の湿地）から現在のJR飯田橋駅付近を経て、神田小川町や一ツ橋などにあった低湿地を流れていた（図表1―3）。したがって、これらの地域の海抜は低く（飯田橋駅付近の船河原橋の標高は約五m）、現在の神田川も、文京区関口付近までは潮の干満の影響を受ける。

なお、先ほどの『落穂集追加』では、後に八代洲河岸《やよすがし》（八重洲河岸）となる猟師町が長雨と高潮で浸水した時には、家財道具を舟に積み込んで避難したことも描かれている。人々の避難の様子は、手慣れたものとなっており、洪水がしばしば起こっていたことがうかがえる。この猟師町は、現・和田倉橋と馬場先門橋の間で、江戸前島の西岸にあたる。高潮はともかく、この場所が長雨で浸水したということは、江戸前島に流れ込んでいた旧・平川が、降雨によって増水していたことを意味している。

江戸市街の開発・整備も本格化した。一六〇三（慶長八）年には日本橋が架橋され、この頃から日比谷入江の埋め立ても始まった。その後、広大な日比谷入江の埋め立ても進み、城下町建設のための広大な用地をもたらした。この場所は、大坂夏・冬の陣の時代までに、後に西丸下《にしのまるした》や大《だい》名小路《みょうこうじ》と呼ばれた大名屋敷街に変貌した。まだ水面下ないしは葭原などの低湿地を、屋敷地として諸大名に割り当てて宅地を造成させるケースもあった。西丸や本丸の工事の残土や、神田山を崩した土砂も埋め立てに使われた。

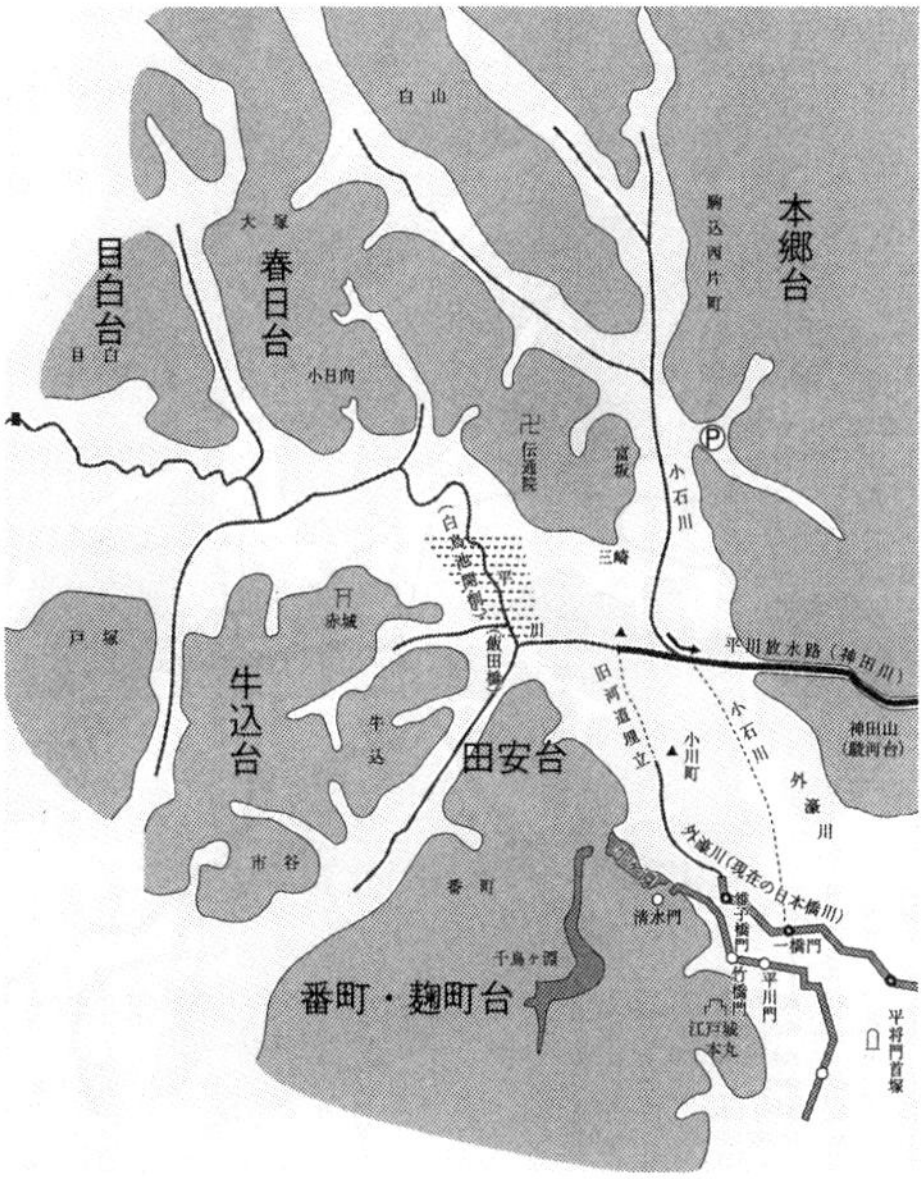

図表1－3　小石川と平川放水路の開削（出典：鈴木理生、2003年、P.229）

埋め立てられた日比谷入江は大名屋敷街になり、明治以降は皇居外苑や日比谷公園、丸の内のオフィス街の一部などになったが、今も痕跡が残っている。「東京ミッドタウン日比谷」の九階から皇居方面を眺めると、眼下に広がる皇居外苑の広大な芝生は湖のようにも見えるが、これは日比谷入江であったところの一部である（写真1―1）。そして、本丸台地に建つ富士見櫓《やぐら》、富士見多門《たもん》と、

写真1－1　東京ミッドタウン日比谷から見た本丸と西丸。筆者撮影。富士見櫓①と富士見多門②の建つ本丸の台地と、皇居宮殿や宮内庁③の建つ西丸の台地は、武道館④の南・西側から日比谷入江（写真手前の皇居外苑もその一部）に流れ込んでいた旧・千鳥ヶ淵川（現在の蓮池濠など）によって隔てられていた。

皇居宮殿や宮内庁の建つ西丸台地もはっきり見える。

　この本丸台地と西丸台地は、現・蓮池濠《はすいけぼり》と乾濠《いぬいぼり》などになっている旧・千鳥ヶ淵川（旧・局沢《つぼねざわ》川）の谷によって隔てられている。ここは、二〇一四（平成二六）年に上皇陛下の傘寿を記念して始まった「皇居乾通り一般公開」のルートで、坂下門から蓮池濠、乾濠に沿った乾通りを進み、乾門で皇居を退出するコースは、旧・千鳥ヶ淵川の谷筋を上流に遡る形である。右手には本丸台地上の富士見櫓や富士見多門、左手の西丸台地には宮内庁庁舎などが建っている。また、旧・千鳥ヶ淵川を堰き止めて造ったのが、後ほど触れる千鳥ヶ淵で、それに隣接する武道館の屋根も良く見える。

江戸前島の現在

　江戸城から見て、日比谷入江の対岸は江戸前島の微高地であった。これは本郷台（武蔵野台地の先端）のさらに東端部が波によって平らに削り残された波蝕《はしょく》台地（洪積層）で、半島状に江戸湾に突き出ており、沖積地の多い江戸では地盤の固い貴重な平地となっていた。

明治以降、都心部には煉瓦造りの建築物が次々に建てられ、「近代化」の象徴ともなっていたが、それらを軟弱地盤に建築することは当時の技術では難しかった。明治から大正期に三菱合資会社によって整備された丸の内の「一丁倫敦《いっちょうロンドン》」、一九一四(大正三)年開業の東京駅をはじめ煉瓦造りの高架線が連続する山手線や中央線の高架線は、かつての江戸前島の範囲、すなわち地盤の良好な場所に築造されている。さらに、日本初の地下鉄である現・東京メトロ銀座線も江戸前島の中心線である中央通りに敷設されている。乗客が多数見込まれる繁華街であったことはもちろん、地盤が固かったことが建設を可能にしたのであった。

4　江戸入り直後の工事――最初から水道を整備

最小限の工事

ここで、江戸入り直後に話を戻すと、家康が貧弱な城には目もくれずに最初に着手したのは、①飲料水の確保、②平川の付替と道三堀《どうさんぼり》の開削工事(図表1―4)、③戦略物資である塩の生産地だった行徳《ぎょうとく》までの水運ルートの確定などであった(図表1―5)[9]。

飲料水はもちろん、武田信玄と上杉謙信の「敵に塩を送る」故事が象徴するように、塩は生活必需物資であり、かつ戦略物資であった。それゆえ、塩の産地・行徳と江戸城を水運で直結した

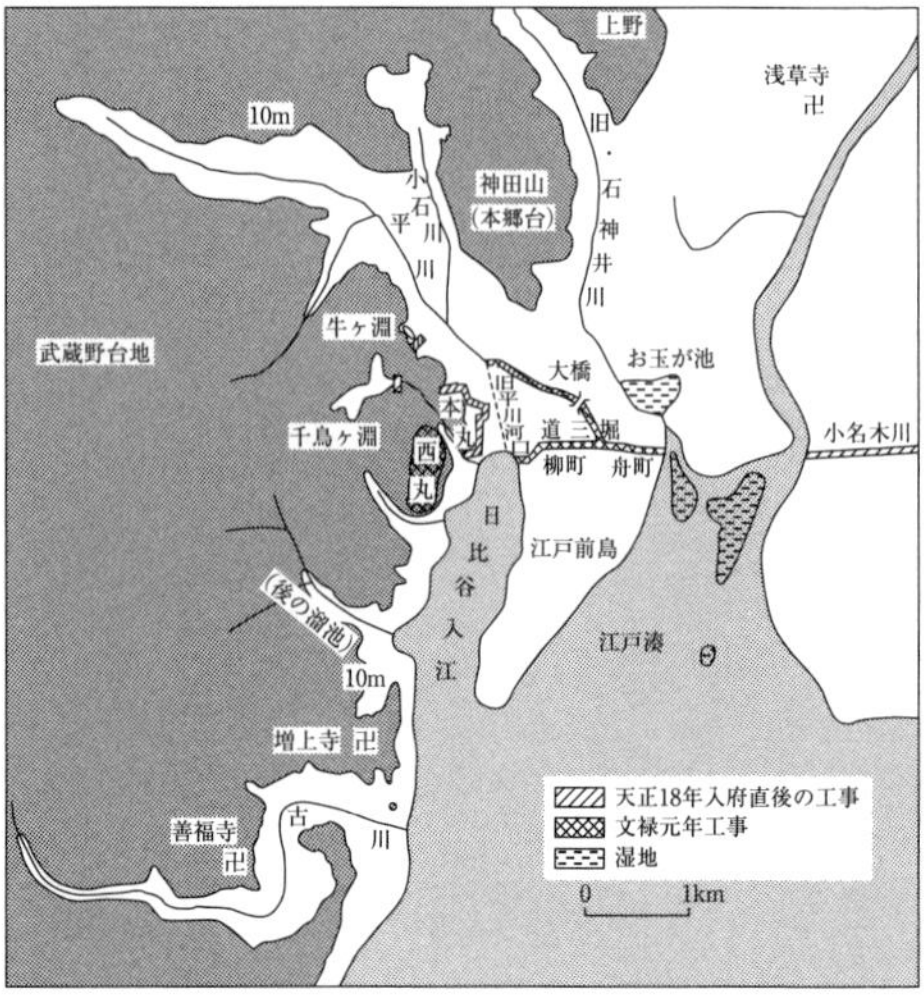

図表1－4　家康入府直後の工事（出典：鈴木浩三、2016年、P.49）

のである。塩焼きに必要な燃料（主に薪）は、旧・利根川の河口部のデルタ地帯に発達していた水運によって容易に調達できたので、行徳は製塩地となっていた。

　水や塩は、三河・駿河から従ってきた大軍団を江戸で維持するには不可欠だった。そして、江戸城と関東一円を水運で結ぶことは、塩だけでなく、食糧や燃料、武器などの物資の調達や、戦時における軍勢の展開には欠かせなかった。

　一方、城については、一五九二（文禄元年の西丸工事（現・皇居宮殿の場所）など、本丸と西丸に最小限の修築工事を施している。本丸は武蔵野台地の先端部である田安台《たやすだい》のさらに末端の部分、西丸も武蔵野台地から続く番町・麹町台の東端に位置し、先ほど述べたように、両者は旧・千鳥ヶ淵川の谷で隔てられている。

　この時期の家康は、江戸城の普請や市街地の整備には消極的だった。手がけた工事も必要不可欠な範囲に留めている。側近の本多《ほんだ》正信《まさのぶ》の「せめて玄関回りだけでも整えましょう」という進言も退けたと『落穂集追加』には記されている。

ただし、江戸の防御拠点は着実に整備した。後の東海道となる小田原道を江戸城に向かって攻めて来る敵を想定して、江戸入府直後に菩提寺としていた増上寺を、一五九八（慶長三）年に現在の場所に移転・建立させた。敵が江戸城総攻撃の前に敵前渡河すると想定される古川《ふるかわ》を、増上寺の建つ台地（芝台）の上から見下ろすことができるので、敵を迎え撃つには最適な場所であった（図表1―4）。瓦葺の寺院は当時の「耐火建築物」であり、広い境内や堂塔は軍勢や武器・兵糧を備える拠点となった。まだ、豊臣氏の有力大名だった当時、菩提寺の建立を口実にして防御拠点を整備したともいえる。

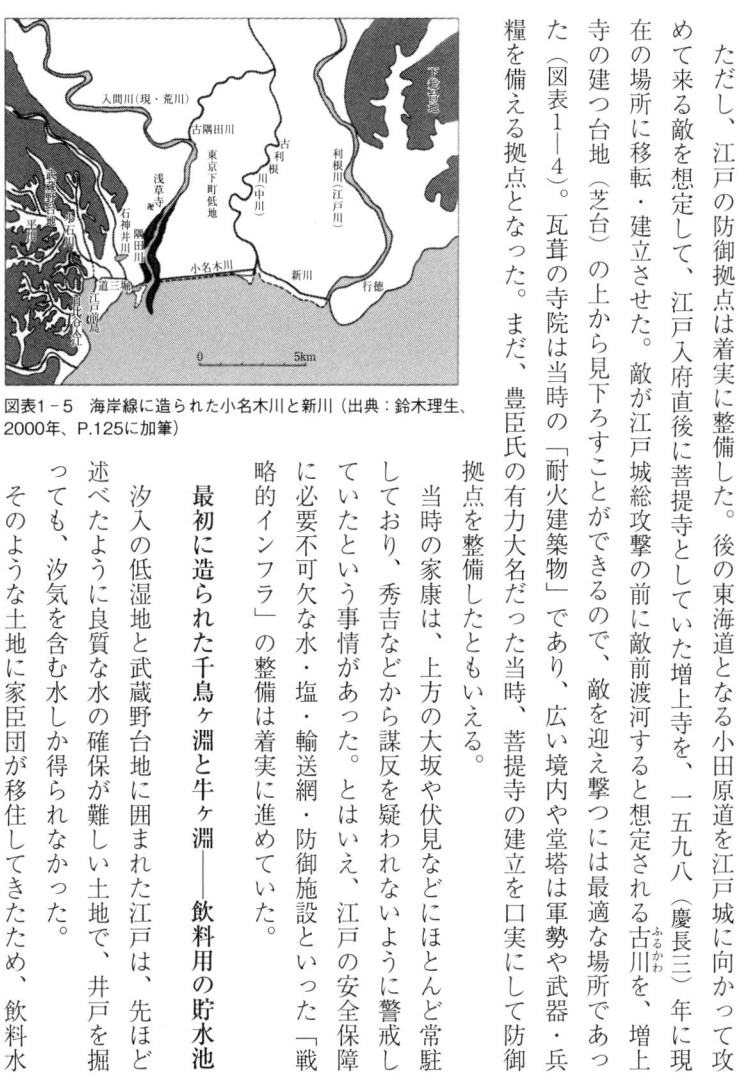

当時の家康は、上方の大坂や伏見などにほとんど常駐しており、秀吉などから謀反を疑われないように警戒していたという事情があった。とはいえ、江戸の安全保障に必要不可欠な水・塩・輸送網・防御施設といった「戦略的インフラ」の整備は着実に進めていた。

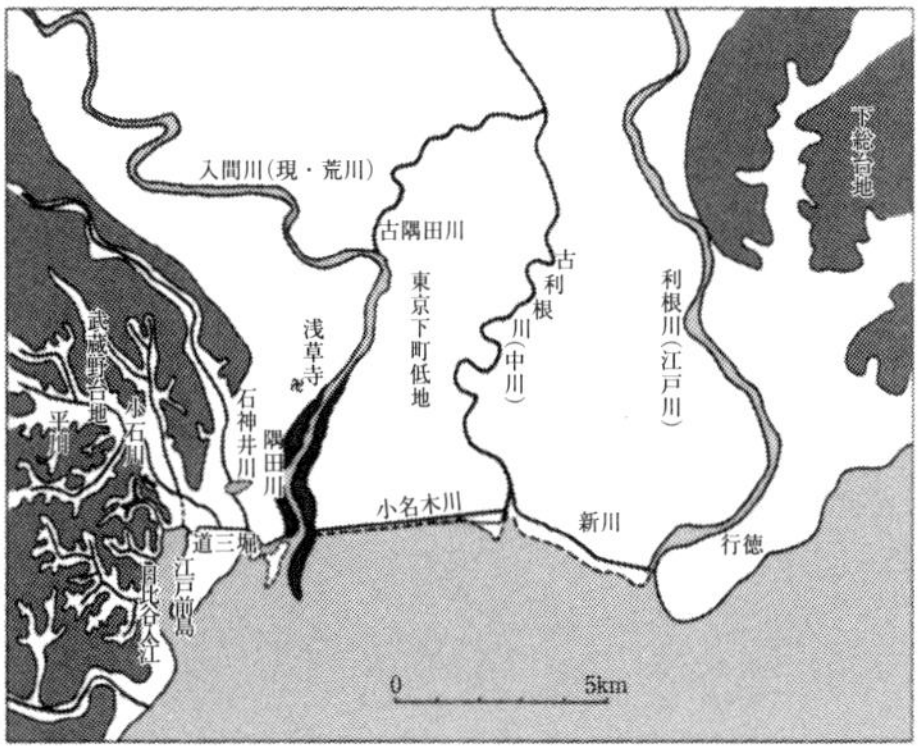

図表1－5　海岸線に造られた小名木川と新川（出典：鈴木理生、2000年、P.125に加筆）

最初に造られた千鳥ヶ淵と牛ヶ淵――飲料用の貯水池

汐入の低湿地と武蔵野台地に囲まれた江戸は、先ほど述べたように良質な水の確保が難しい土地で、井戸を掘っても、汐気を含む水しか得られなかった。

そのような土地に家臣団が移住してきたため、飲料水の不足は最初から深刻だった。そこで家康は、飲料水の確保に優先的に取り組んだ。それが、千鳥ヶ淵と牛ヶ淵の築造[10]、小石川の上水としての利用である。千鳥ヶ淵と牛ヶ淵は、飲料水を貯水する貯水池である。「淵」という言葉は「ダム湖」を意味していた。

それらは、江戸城の修築工事と並行して造られた（図表1―4）。千鳥ヶ淵は、現・坂下門付近で日比谷入江に流入し、本丸のある田安台と、西丸が載っている番町・麹町台（いずれも淀橋台）の間を流れていた旧・千鳥ヶ淵川を、旧・国立近代美術館工芸館の前にダムを築いて造られた人造湖である[11]。現在は桜の名所で、千鳥ヶ淵戦没者墓苑やボート乗り場、隣接する日本武道館などもあって人々に親しまれている。ここで貯水した水は、地形や場所からすると、本丸や西丸方面に向かった可能性がある。

牛ヶ淵は、武蔵野台地（田安台）の東縁部の崖下からの湧水を貯水するためのダム湖である。現在もダムの痕跡が残っており、内堀通りから江戸城・清水門《しみずもん》に通じる土手の通路を歩くと、牛ヶ淵（上流側）と清水濠（下流側）の水面の高低差がわかる。牛ヶ淵からは、平川河口や日比谷入江最奥部の埋立地に給水されていたとみられる。

小石川の利用

後年になって神田上水に発展する小石川の利用も始まった。小石川は本郷台と春日台に挟まれた谷地から流れ出していた平川の支流で（図表1―3）、現在の白山通りに沿って流れ、神田神保町付近を経て一ツ橋のあたりで平川に合流したのち、日比谷入江に注いでいた。

しかし、小石川を上水として利用するにあたっての具体的な方法や時期、場所などを裏付ける史料類は残されていない。なお、家康は江戸入府に際して、大久保忠行（藤五郎《とうごろう》、主水《もんと》）に水道の「見立て」を命じ、それによって初期の水道が造られた旨が、大久保氏の由緒書などに記載されている。忠行は、家康の陣への菓子や餅類の献上を役目としていた。

一方、『図説　江戸・東京の川と水辺の事典』（鈴木理生）によれば、当時の自然条件の名残を残す史料である等高線の分析により、水源は、「神田山西麓の小石川の河流」「より具体的には文京区春日交差点の東側の小規模な谷」（点P）と、相当絞られた形で推定されている（図表1―3）[12]。なお、「神田山」は本郷台南側の駿河台の範囲と重なっている。

ところで、家康入府直後の江戸において、飲料水の需要が高かった場所は、①本丸や西丸とともに、②すでに商家などが立地していたり、家康が呼び寄せた商工業者に屋敷を与えたりした場所、③宅地化が始まっていた低湿地、であった。このうち①は江戸城の本体部分、②と③は、いずれも江戸城から見れば北東の場所であった。

もう少し詳しく述べると、②は江戸前島の付け根部分や旧・本町《ほんちょう》通り沿い（現在の日本橋の北側）などの一帯であった。通町筋《とおりちょうすじ》（現・中央通り）が確定するまでは、江戸のメインストリートは本町通りであった。これは、大橋（後の常盤橋）から金座《きんざ》（現・日本銀行）や三人の町年寄の屋敷が並ぶ町地の中枢部を過ぎ、伝馬町《てんまちょう》や馬喰町《ばくろちょう》といった運輸関係の町を抜けて浅草橋門に通じるルートで、現・江戸通り（日光街道）と並行する旧・日光街道に相当する。その先は隅田川沿いの自然堤防の上を通り、浅草寺《せんそうじ》周辺を経由して奥州に至った。

これは古くからのルートで、大橋は江戸城の正門・大手門の外側にあり、追手口《おうて》と呼ばれて重視されていた。家康を江戸に置いた秀吉の目的は奥州平定だったから、江戸城の正面も東北日本を向いていたのである。

③は現在の神田神保町や一ツ橋などの小川町《おがわまち》低地に相当する。この一帯は江戸時代には「小川町」と呼ばれており、これは本郷台と田安台の間の低地を表現する呼称だった。なお、神田明神が現在地（千代田区外神田二丁目）に移された一六一六（元和二）年当時の「神田」の範囲は、「現在の大手町から神田山（駿河台）の麓の低地と、本郷台地の一角まで」[13]であった。

次に、小石川から水を送ろうとしていた目的地を検討すると、新たに貯水池として造った千鳥ヶ淵と牛ヶ淵からは、①江戸城方面には給水できるが、平川の谷（小川町低地）を渡って〝対岸〟となる②の地区に導水するのは困難であった。

一方、②の現・日本橋付近の水源としては、本郷台の東側の旧石神井川の川筋が最も近かったが、旧石神井川は低湿地であった現在の不忍池《しのばずのいけ》付近（標高約四・三〜五・五m）を流れており、標高のある本郷台の反対側となる③の神田一帯（小川町低地）には届かなかったとみられる。また、低湿地の水質は良好ではなく、潮汐の影響を受けた可能性もある。

こうした消去法によれば、残りの水源は本郷台の西側となる。そこなら東側よりも標高の高い場所に水源を求めることができた。図表1―3において水源地として想定されたP地点の現在の標高は七・三mで、不忍池よりも約三mほど高い。この標高を活かしながら、後ほど詳しく述べるルートをたどれば、最少の手間と時間で、③の神田一帯と②の日本橋方面への給水を実現できた。むしろ、神田一帯や日本橋方面に飲料水を供給するなら、小石川に水源を求めるほかなかったというのが実態であった。極論すれば、誰が水道を「見立て」たとしても、結果はさほど変わらなかったとみられる。

小石川からの導水は、その後、神田上水に発展した。その時期や経過もまた不明である。しかし、神田上水の給水エリアが神田から日本橋の一帯にかけてであることからすれば、小石川からの送水ルートの基礎的な部分も引き継がれた可能性が高い。

日本橋方面と神田一帯の給水需要――商工業の誘致も

『家忠日記』によると、江戸城修築工事に動員された筆者の家忠は、一五九二（文禄元）年三月二一日に「伝馬町佐久間所ニ居候」と伝馬町に逗留しながら工事に従事している。江戸で土木工事に動員され、知行地から江戸に〝通勤〟することを強いられた家康の家臣にとって、こうした行動パターンは共通していた可能性が高い。なお、家忠が自分の江戸屋敷の建築に着手するのは、この二日後であった。

当時の伝馬町は武州豊島郡宝田村《たからだ》（現在の呉服橋、中央区八重洲一丁目付近）にあった。伝馬町とは、人馬の供給や宿場の問屋に相当する業務を行う場所である。家康は江戸入府とともに、軍需物資の輸送を任務とする伝馬役兼名主《なぬし》も定めた。その後、一六〇六（慶長一一）年の江戸城拡張によって、宝田村が江戸城の曲輪《くるわ》に取り込まれたため、日本橋の大伝馬町《おおでんまちょう》、南伝馬町《みなみでんまちょう》、小伝馬《こでんま》町《ちょう》に移転した。大伝馬町と南伝馬町が五街道向け、小伝馬町が江戸府内と近郊への公用人馬を負担した。職は世襲で子孫は襲名し、その町の名主を兼職した。大伝馬町と南伝馬町の名主は、江戸の名主の筆頭であった。家忠の例は、日比谷入江に近い江戸前島の付け根部分に人々の営みが集積していたことや、その地域を足掛かりにしながら江戸の開発が進められたことを物語っている。

一方、平川の付替によって、河口部の低湿地だった場所には武家屋敷などが建てられはじめていた。現在の千代田区神田小川町、一ツ橋、神田神保町、西神田などの「小川町低地」の範囲にあたる。それゆえ小川町低地や、本郷台の南東側の台地の延長部といった神田一帯にも、飲料水を供給する必要が早くから生じていた。

しかも家康は、江戸入り直後から商人や職人を積極的に上方から呼び寄せており、それらの人々も水を必要としていた。家康の用達《ようたし》を勤める町人や職人も役割に応じて拝領屋敷を貰っている。

戦国時代末期になると、領国経営や兵站《へいたん》などさまざまな側面で組織化と分業化が進み、戦国大名の組織経営の中では、家臣団と商人との分業が確立されるようになっていた。軍需物資や衣服、諸道具類の調達のほか、他の大名などの情報収集や工作にあたる者も増えている。呉服師の後藤縫殿助《ぬいのすけ》(初代・松林)や茶屋四郎次郎《しろうじろう》、亀屋栄任、金座の後藤庄三郎光次、伝馬役の馬込勘解由《まごめかげゆ》などの特権商人は、家康の身内や家来であった。

また、江戸の地元有力者も登用された。高野新右衛門と小宮善右衛門は、いずれも宝田村に居住した郷士で、家康入国に際して、土地の旧家であったことにより召し出され、御伝馬役・名主役を命じられている。慶長一一年の城郭拡張に伴い、それぞれ京橋南伝馬町に居住し、名主となった。宮部又四郎の先祖も宝田村の北側にあった武州豊島郡千代田村に居住していたところ、入国した家康から名主と江戸内の人馬御用を命じられている。他と同様に、江戸城の拡張により日本橋小伝馬町に移転した。なお、家康の江戸入府の頃からの名主を草創《くさわけ》名主といい、寛永期（一六二四～四四）までにできた古町《こちょう》を支配する古町名主とともに、年頭に江戸城で将軍への拝謁が許されていた。

このように、商工業の誘致に必要なインフラ整備としても、家康の江戸入府直後のメインストリートであった本町通り沿いの地域（現在の日本橋より北側）や神田一帯を中心に水道を優先的に布く理由は十分にあった。

江戸初期の史料で、一六一四（慶長一九）年の時点で書かれている『慶長見聞集』では、今の〝江戸町〟は一二年以前まで大海原で、家康の御威勢によって埋め立てて陸地にし町を造ったが、井の水に汐が入り込んで万民が嘆いたため、家康が民を憐れんで、〝神田明神山岸〟の水を北東の町へ流し、山王山本の流れを西南の町へ流し、この二系統の水を江戸にあまねく給水したとしている。(14) ただし、『慶長見聞集』には慶長一九年以降の事項の記載もあるほか、上記の引用部分のうち「今の江戸町は十二年以前まで大海原」の記述では、江戸前島の存在は無視されている。

一方、神田明神は一六〇七（慶長一二）年の第一次天下普請《てんかぶしん》による江戸城拡張により、雉子橋《きじばし》門・一橋門・神田橋門が造られた際に江戸城内に囲い込まれた。そのため、城外の神田山（駿河台）に移され、さらに一六一六（元和二）年に現在地（千代田区外神田二丁目）に移転している。

したがって、「神田明神山岸」が現在地に移転する前の神田山だとすれば話は成り立つが、現在地だとすると時期が矛盾することになる。

とはいえ、本郷台付近の「神田明神山岸の水」を江戸の北東側に導水したことや、第一次天下普請の頃に造られた赤坂の溜池《ためいけ》とみられる「山王山本の流れ」を江戸の南西部に給水したという記述は、家康が没した一六一六（元和二）年頃までの水道の実体を反映しているといえるだろう。

平川付替と道三堀の開削——日本橋川のカーブと鎌倉河岸付近の等高線

日比谷入江に注いでいた平川の河口を、江戸前島の東側の付け根に移したのが「平川の付替」である（図表1―4）。旧・平川の流れていた現・千代田区一ツ橋付近から江戸前島につながる本郷台地の麓の部分を東に向かって水路を掘り、同じく江戸前島の付け根を横断する形で開削した道三堀《どうさんぼり》と結ぶもので、現・呉服橋付近で合流していた。それゆえ、付け替えられた平川（現・日本橋川）は道三堀と一体であった。

日本橋川は下流に向かって一ツ橋付近では左、神田橋や鎌倉河岸からは右に緩くカーブしている。この曲線は、本郷台（駿河台）の縁《へり》に重なっている。これは旧・江戸前島の付け根部分の台地の開削を最小限に済ませるルートで、それを反映して、第2章図表2―3のように、日本橋川は一ツ橋付近では標高三〜四m、鎌倉橋付近では標高約五mの等高線に沿っている。平川の付替と道三堀開削により日比谷入江への水流は減少し、入江を埋め立てる準備になった。これとともに、入間川（現・隅田川）の対岸には小名木川と新川の運河を作った。

小名木川は、入間川の河口から古利根川（現・中川）の河口までのデルタ地帯の海岸線を整形したものであった。それにより、潮流が複雑な大河の河口部を、小型帆船や手漕ぎ舟が安全に航行できるようになった。新川は、古利根川河口から太日川（現・旧江戸川）の河口までの沖積地を掘り割ったものとされる（図表1―5）。

こうしてみると、旧・平川河口部の改修工事といえる平川の付替と道三堀の開削と、次に述べる平川河口部への木樋布設を前提としていた牛ヶ淵の築造は、相互に関連した「ワンセット」の工事だった。水道工事と埋め立て、河川改修が同時に進められたのであった。

5　カスガイに付着したカキ殻――埋立予定地にあらかじめ水道を布設

牛ヶ淵の築造と平川の付替が深く関わっていた可能性を示唆するのが『一橋中学校講堂南側道路より出土した上水施設に関する報告』（千代田区教育委員会、一九七六年一一月）と、これを報じた『読売新聞』（一九七六年一二月一八日付夕刊）である。この報告書によれば、一九七六（昭和五一）年当時の千代田区立一橋中学校付近の道路工事現場から発掘された木樋と木製の継手は、牛ヶ淵から日比谷入江に注いでいた平川の河口部の一帯に給水するための施設であり、かつ、家康の入府直後に布設されたものであった[15]。現在、一橋中学校は、用地も含めて千代田区立神田一橋中学校（千代田区一ツ橋二丁目）となっている。

報告書の要点を引用すると、まず、「出土地点付近は小石川が平川（現在日本橋川）の氾濫原で合流し、日比谷入江（現：皇居外苑―皇居前広場）に注ぐ河口部に当たる」と遺跡の地理的な特徴を示している。その上で、「一五九〇（天正一八）年、徳川家康が江戸に入った当時においても、まだこの付近は「潮入り」の入江奥部であったことは、当時の記録や地盤調査に基づく研究書等によって明らか」と汐の干満が及ぶ場所だったことを述べている。さらに、「出土地点は「潮入り」の干潟であり、近世都市「江戸」の発足と共に急速に陸化された場所」と、江戸の発展との関係についても触れている。

出土した木樋や継手に関しては「継手の出土状況および、その下部のカスガイの生貝の付着状況を見ると、近世初期の江戸の場合、少なくも低湿地の場合は、まず上水道を現地形の上に敷設し、しかる後に埋立てを行って陸化（宅地造成）を進めたものと考えられる」と報告している。その根拠として「潮汐の干満のある沖積地に、一朝にして生貝が付着するということは、あり得ないことといわなければならない。このことから、上水道敷設後少なくも一年以上は、原地形の上に、上水道施設が露出していたものと推定」となっている。

つまり、牛ヶ淵からの給水区域とみられる範囲は、現在の千代田区神田神保町〜一ツ橋〜大手濠で、先ほど述べた「小川町低地」の一部に当たる。家康入府直後の時点では、まだ汐の干満の影響を受ける沖積地（低湿地）であった。

そして、出土した木樋（樋の内法は二寸×二寸）には、部材の接合に用いられていた鉄製のカスガイ（鎹《かすがい》）が付属しており、そのカスガイにはカキ殻が六カ所付着していた。カキ殻付きのカスガイの出土した地層は「黒色泥土層」で「貝混り土層」ではなかった。

　これは、カキの幼生が付着した後、小さいながらもカキ殻が残るまで生育するために必要な期間にわたって、潮汐に洗われる沖積地に木樋が並べられていたことを意味する。その後、並べられた木樋に土砂を被せる形で埋立地が造成されていったことになる。

　江戸時代初期における江戸の城や市街地整備の記録は乏しい。そうした中で、この発掘調査に基づく知見は、平川の本流を付け替えながら、その河口部の低湿地が埋め立てられ、宅地造成や道路整備に先立って水道の木樋が布設されていたことを示している。それは、平川の付替と道三堀の開削に連動した動きであった。平川の付替えと連動して「埋立予定地」がすでに決まっており、道路の計画も出来ていれば、こうした施工方法は、造成が終わった土地に木樋を埋設するための溝を掘るよりも、はるかに手間と時間を節約できる。

　大名屋敷の建設では、低湿地ないしはまだ海面下の埋立予定地を大名に与えて、大名自らの負担で江戸屋敷の用地を造成させるケースが珍しくなかった。また『落穂集追加』によれば、葭原だった湿地に歓楽街を建設し、多くの来場者が踏み固めることによって陸化が達成された場所もあった。それが当時の葺屋町《ふきやちょう》（現・中央区日本橋人形町）に誕生した幕府公認の葭《よし》原ならぬ吉原遊郭（後に浅草寺の北側の新吉原に移転）である。

　第3章の神田上水の幹線ルートの検討では、樋線（水道）の布設が道路整備に先行した可能性を述べるが、一橋中学校の遺跡のように、埋め立てに先行した樋線整備も、上水の〝設計思想〟としては相通じている。このことは、江戸の整備・発展が、当初から沖積地や海面を組織的に埋め立てることを前提にしていたことや、当時から水道は都市の最も基本的なインフラと認識され、先行的に整備されていたことを物語っている。

(1) 鎌倉市『鎌倉市史　史料編　第二（円覚寺文書）』吉川弘文館、一九五六年、五九頁。
(2) 大道寺重祐「落穂集追加」［四二］（『史籍集覧』近藤瓶城　校）観奕堂版、一八八四年、国立国会図書館蔵。
(3) 大道寺重祐『岩淵夜話別集』国立国会図書館蔵。
(4) 竹内理三編『増補　續史料大成』第一九巻（家忠日記）臨川書店、一九八一年。盛本昌広『松平家忠日記』角川選書、一九九九年。
(5) 貝塚爽平『東京の自然史』講談社学術文庫、二〇一一年、四四〜五二頁。
(6) 鈴木理生編『図説　江戸・東京の川と水辺の事典』柏書房、二〇〇三年、三八〜三九頁。
(7) 鈴木浩三『地形で見る江戸・東京発展史』ちくま新書、二〇二二年、一七〜二四頁。
(8) 国立研究開発法人産業技術総合研究所HP「ついに完成！　東京都心部の3次元地質地盤図」https://www.aist.go.jp/aist_j/press_release/pr2021/pr20210521/pr20210521.html（二〇二四年一月一三日閲覧）。
(9) 鈴木理生『江戸はこうして造られた』ちくま学芸文庫、二〇〇〇年、一二〇〜一二六頁。
(10) 鈴木理生『江戸はこうして造られた』ちくま学芸文庫、二〇〇〇年、一二七〜一三一頁。
(11) 鈴木浩三『地図で読み解く　江戸・東京の「地形と経済」のしくみ』日本実業出版社、二〇一九年、四五頁。
(12) 鈴木理生編『図説　江戸・東京の川と水辺の事典』柏書房、二〇〇三年、二二七〜二三一頁。
(13) 鈴木理生編『図説　江戸・東京の川と水辺の事典』柏書房、二〇〇三年、二二七〜二三一頁。
(14) 「慶長見聞集」『雑史集』（続国民文庫）国民文庫刊行会、一九一二（大正元）年、六三〇〜六三一頁（国立国会図書館デジタルコレクション、三二七／三八九コマ）。
(15) 東京都千代田区教育委員会『一橋中学校講堂南側道路より出土した上水施設に関する報告』一九七六（昭和五一）年。「話の港」『読売新聞』一九七六年一二月一八日付夕刊。

第2章
天下普請の時代

江戸での天下普請は、一六〇四（慶長九）年から一六六〇（万治三）年まで断続的に続いたが、その特徴は、地形を利用して城郭を築造し、市街を造っていったことにあった。家康入府当時にあった日比谷入江は埋め立てられ、大名屋敷街などに生まれ変わり、現在の駿河台や、御茶ノ水付近を流れる神田川の原形も造られた。建設にあたっては、当時唯一の大量輸送手段であった水運を、あらゆる場面で活用し、江戸舟入堀《ふないりぼり》と呼ばれた港湾施設や八丁堀舟入《はっちょうぼり》、市内の運河なども整備された。その一方で、市内の道路網も地形を活かす形で整備されていった。

1　江戸の天下普請

天下普請と水道

一六〇〇（慶長五）年、関ヶ原の合戦に勝利した家康は実質的な天下人となった。三年後の一六〇三（慶長八）年になると征夷大将軍に就任し、江戸に幕府を開いた。名実ともに諸大名を支配する立場となった家康は、一六〇五（慶長一〇）年四月には秀忠に征夷大将軍の座を譲り、将軍が徳川の世襲であることを天下に示すとともに、本人は大御所となって実権を握り続けた。

それ以降、〝徳川の天下普請の時代〟が訪れた。諸大名を江戸や直轄地の城郭建築や市街地開発に動員し始めたのである。天下普請とは、城郭や寺院、都市の整備、治水などの土木・建築工事などを、天下人が支配下の大名に命じるもので、織田信長や秀吉の時代からみられている。軍《ぐん》役《やく》と同じ扱いで、必要な資金・資財・人員の一切を大名の石高に応じて供出させて工事・役務を行わせたのであった。大名側からは、御手伝普請《おてつだいぶしん》、助役《すけやく》、御手伝などといった。なお、軍役を命じられた大名は、石高に応じた基準以上の兵員、武器・弾薬をそろえて指定された場所に出陣する義務を負っていたのである。

一六〇四（慶長九）年六月、江戸城の大規模な増築計画が全大名に対して発せられた。これが江戸城の第一次天下普請の布告で、(1)それ以降、一六六〇（万治三）年までの約六〇年間、江戸では天下普請などによる大規模工事が続いた。ただし、絶えまなく続いたわけではなく、徳川氏を取り巻く政治状況などによって、工事の集中した時期にはバラッキがあった。

家康入府の一五九〇（天正一八）年から数えれば、将軍の代にして家康、秀忠、家光、家綱の四代、七〇年間にわたって大きな土木工事が繰り広げられたため、関連の消費需要なども旺盛になった。江戸に全国からヒト・モノ・カネが集まる構造が作られ、列島規模の水運、物流システムも急速に発達した。天下普請は、江戸はもとより全国の経済発展を促したのであった。

ここでは、江戸城の天下普請を「一次」「二次」と区分するが、そうした呼称は当時あったわけではなく、江戸城の築造や整備に区切りをつけるために用いる。また、江戸城とは別に、後述の江戸舟入堀などの港湾施設の整備も天下普請で行われている。

一六〇四年八月になると、第一次天下普請の準備段階として、石船三〇〇〇艘の建造と石材輸送が、島津《しまづ》忠恒《ただつね》、浅野《あさの》幸長《ゆきなが》、黒田長政などの西国大名三一家に命じられた。石船とは、伊豆半島の東海岸で伐り出した石材を江戸《え》湊《どみなと》まで回漕する石材運搬船で、後に菱《ひ》垣廻船《がきかいせん》に発展する。石材運搬船を新たに建造するにしろ傭船で調達するにしろ、短期間に大量の船舶を手当できるようになっていたことを物語っている。秀吉の朝鮮出兵の際に、兵員や兵糧その他の物資を大量輸送するノウハウが蓄積されていたのであった。

一六〇六（慶長一一）年三月には、第一次天下普請（図表2―1）の本体工事として、本丸と外郭工事が西国大名など三四家に命じられた。藤堂高虎《たかとら》が縄張り（設計）と大手門、外郭石垣など、細川忠興《ただおき》が外郭石垣と本丸、加藤清正が外郭石垣、富士見櫓、本丸石垣など、毛利《もうり》秀就《ひでなり》は外郭石垣、本丸などを負担した。一六〇七（慶長一二）年には、伊達政宗、上杉景勝、蒲生《がもう》秀行《ひでゆき》など東北大名一〇家が本丸・天守閣の建設を命じられた。二丸《にのまる》、三丸《さんのまる》（いずれも現・皇居東御苑）、西《にしの》丸《まる》・吹上《ふきあげ》（現・皇居とその周辺）、北丸《きたのまる》（現・北の丸公園）の築城も行われた。

北丸から三丸にかけての清水濠《しみずぼり》は田安台の北東部の崖線《がいせん》に沿って配置され、田安台の小さい谷筋の位置には本丸北側の平川濠、その外側の大手濠は、崖線の勾配が緩やかになった場所を結びながら旧・日比谷入江の海岸線付近に延ばす形で整備が進んだ。なお、江戸時代には、濠に固有

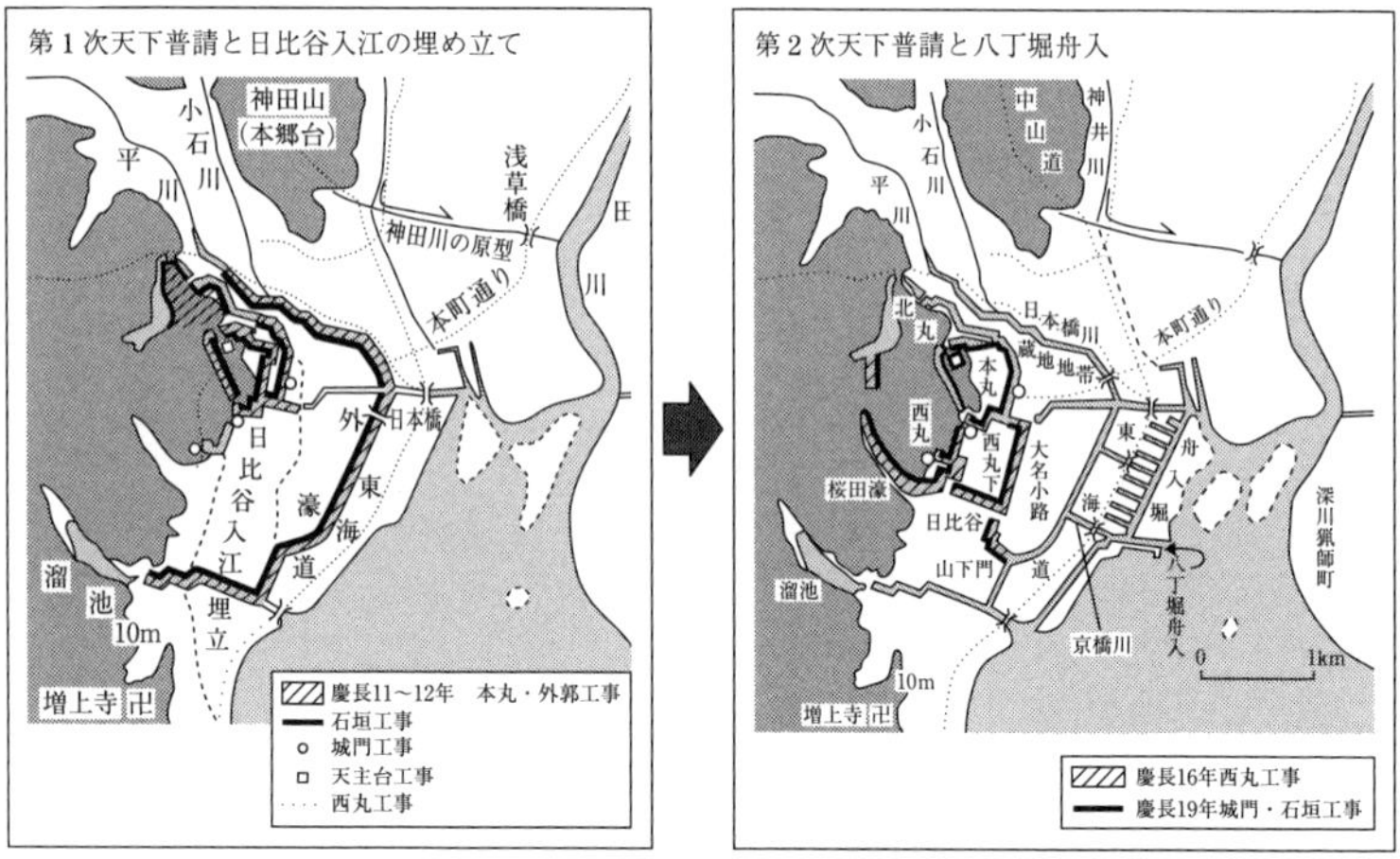

図表2－1　第1次～第2次天下普請（出典：鈴木浩三『江戸の都市力』2016年、P.58、74）

名称は付けられておらず、単に「御濠」「御堀」と呼ばれていた。

一方、すでに付け替えられていた平川（現・日本橋川に相当）の沿岸の石垣整備も進み、上流側から雉子橋《きじばし》門、一橋《ひとつばし》門、神田橋門、常盤橋《ときわばし》門の橋と城門も築造された。(2)

第1章で述べたように、旧・千鳥ヶ淵川の流路は、現在の三日月濠、蓮池濠、蛤濠《はまぐりぼり》、旧・日比谷入江に注ぐ河口部は桔梗濠《ききょうぼり》と重なっている。これらの濠によって、田安台側の本丸と、番町・麴町台の延長部の西丸が隔てられることになった。このように、江戸城の天下普請では、最初の段階から自然地形を忠実に活かした形で建設が進められた。(3)

武蔵野台地は、普請が繰り広げられた江戸湾に近い場所ほど浸食を受けている。それゆえ、複雑な樹状となった台地や、深く入り組んだ谷が普請現場となっていた。江戸に船で到着した建設資材は、日比谷入江で荷受けされた後、工事現場に運ばれた。標高の高い現場に重量物を運搬する場合は、日比谷入江に注ぐ河川の谷筋にダムを築き、その水面を利用して最上流部まで船や艀《はしけ》で運んで陸揚げされた。

そのため、武蔵野台地に刻まれた谷地の奥の部分から濠や石垣、城門が整備され、工事が終わるとダムを締め切って濠としたため、江戸城の濠の海抜高度はまちまちである。重量物の運搬が水運に依存していた以上、大規模な城郭建築ほど地形に忠実にならざるを得なかった。こうした工法は日本古来の灌漑技術で、棚田の原理と同じである。

埋め立てられた日比谷入江――西丸下・大名小路・外濠・溜池

日比谷入江の埋め立ても城の整備と一体的に進み、城下町建設のための広大な用地を生み出した（図表2―1）。西丸の濠工事や江戸城本体の工事で生ずる残土、神田山を崩した土砂も使われた。水面下ないしは葭原などの低湿地を、屋敷地として諸大名に割り当てて宅地を造成させたケースもあった（4）。

最初の天下普請から一六一四（慶長一九）年の第二次天下普請までの間に、後の西丸下《にしのまるした》や大名小路の一部が造成された。現在の皇居外苑や日比谷公園などの一帯である。なお、本丸は将軍の居城、西丸は将軍の隠居城ないしは御世継の居城と使い分けられ、「御本丸《ごほんまる》」、「西御丸《にしのおんまる》」と呼ばれ、それぞれに同様の組織（官僚機構）が併存し、大奥も別々にあった。

西丸下（現・皇居外苑一帯）や大名小路（現・千代田区丸の内）は、江戸城の直下に位置し、政庁としての江戸城に勤務する高官の屋敷地にもなっていった。老中、若年寄、奏者番などの高位者が住み、役職の退任や転勤に伴う屋敷替えも多かった。

　その一方で、埋め立ての進む日比谷入江に流れ込んでいた表流水の排水と、築城工事に必要な資材運搬のため、入江に代わる水路が必要となった。そこで入江を埋め残しながら、天下普請で用いる資材の運搬のための水面を確保した。工事が完成すると、和田倉濠、馬場《ばば》先濠《さきぼり》、日比谷濠などとして整備した。

　馬場先濠と日比谷濠が直接的な形をしているのは、皇居側は日比谷入江を直線的に埋め残し、丸の内側は江戸前島の不定形な西岸を直線的に整形した名残である（写真2―1）。

写真2－1　直線的な日比谷濠と馬場先濠（2023年3月、「ミッドタウン日比谷」9階より筆者撮影。手前が日比谷濠）

「東京ミッドタウン日比谷」九階からは、この直線の眺めを目にすることができる。東京は高層建築物で覆われているという印象も強いが、建築規制の強い皇居一帯という場所だけあって、江戸の中心部の自然地形や天下普請の痕跡を実感することができる。

　第一次天下普請に伴った資材運搬や排水のため、外濠《そとぼり》も掘られた（外濠の大部分は戦後埋め立てられ、現在は外堀通りとなっている）。完成した外濠によって城郭（曲輪）と町地の区別もつくことになった。現在も外堀通りによって、丸の内・大手町の一帯と、日本橋・京橋・銀座の一帯が分けられている。外濠は工事のしやすい江戸前島の西側を尾根筋に平行に開削し、幸橋門からは江戸前島の先端部を横切るように汐留川も掘られている。これに伴って、呉服橋門、鍛冶橋門、数寄《す》屋《きや》橋《ばし》門、山下橋門、幸橋門が築造された。

一方、この埋め立てによって、日比谷入江に流れ込んでいた江戸城南側の小河川の出口が失われた。そこで、排水路を兼ねた外濠（虎ノ門付近から幸橋門）が掘られ、汐留川とつなげられた。ところが、その結果、潮汐の干満が内陸部に及ぶようになり、それを防ぐために虎ノ門近くにダムを築いた。このダムの上流側に出来た水面が溜池であった。(5) 家康入府直後の江戸城の普請に動員された松平家忠の工事でも見られたが、江戸の城と町づくりは、このような試行錯誤を繰り返しながら進んでいった。

溜池は、現在の赤坂や虎ノ門、芝、西丸下など江戸市街の南西部の水源となったが、玉川上水の完成後は、水道用としての役割を終え、埋め立てが進んで明治時代には姿を消している。

町割の時期

第一次天下普請の前年の一六〇三（慶長八）年、日本橋が架橋され、東京のメインストリートである中央通り（銀座通り）の前身である通町筋もこの時に確定した。江戸時代の都市では身分別の居住が原則で、江戸も武家地、寺社地、町地に分かれていた。「町」「町地」とは、町人が居住することが指定された場所で、その範囲と形状を定めることが「町割《まちわり》」であった。この「町」というのは、現在のような住居表示を表すものではなく、一定の土地の範囲を持った町人の自治的組織であった。

『慶長見聞集』(6)では「江戸町わりは十二年以前の事也《ことなり》」「件の日本橋は、慶長八癸卯の年江戸町わりの時分新儀に出来たり」とし、一六〇三(慶長八)年を江戸の町割の始めとしている。日本橋の架橋や、その翌年に発令された第一次天下普請に伴う通町筋の整備により、まとまった町人居住地が造成された年を町割の始めと認識したのだろう。

一方、『駿府記』(7)には、一六一二(慶長一七)年六月二日、家康が後藤庄三郎光次に「江戸新開の地町割の事」を命じたと記載されている。『台徳院殿御実紀』(8)でも同じ日付で「江府新築の地を市街とし、京・堺の市人に市廓の地を分ちあたへしむ。後藤庄三郎光次この事を沙汰さる」となっている。この「江戸新開の地町割の事」とは、後述の第二次天下普請に伴うものだが、初めから町人居住の「町」を前提にした土地を造成して「新開の地」を作るという意味では、慶長一七年が江戸の町割の始まりであった。

時代は下るが、一七八二(天明二)年の「江戸町割年月答申」(撰要永久録(9))という文書がある。これは、「江戸の町割が始まったのはいつか?」という町奉行所の質問に、江戸の草創名主《くさわけ》が回答したものである。それによれば「(家康の)入国以前から町人が居住していた場所もあれば、以後の町地もあるので、統一的な江戸の町割というのはわからない」と述べている。つまり、江戸時代でも町割の明確なスタート時期は不明だったのである。一六〇三(慶長八)年の江戸幕府開設から約一八〇年後の回答は、町割の始期に特段の関心が寄せられていなかったことを物語る。

なお、明治時代から偽書説のあった『天正日記』を根拠に、一五九〇(天正一八)年の家康入府直後から「江戸の町割」が行われたとする説もあったが、東京大学史料編纂所所長であった伊東多三郎が「天正日記と仮名性理」[10]で「眼もあてられないほどの偽作」と断じて以降、これは偽書であることが確定している。

当時は、現代の都市計画のようにマスタープランが初めからあって「町割」がなされたのではない。天明二年の「江戸町割年月答申」は、如実にそれを物語っている。

通町筋の確定——不自然な屈曲の理由

通町筋は江戸前島の尾根筋に沿って割り付けられたため、筋違橋《すじかえばし》（現・万世橋《まんせいばし》付近）から日本橋、日本橋から京橋、京橋から新橋の三区間はそれぞれ直線だが、日本橋と京橋で曲がっている。その理由は、下水の排水処理と、上水の配水のためであった。

万世橋から日本橋は、旧・石神井川《しゃくじいがわ》の谷筋と並行していたので、通町筋に沿った排水路によって下水を流すことができた。旧・石神井川は、現在の不忍通り《しのばずどおり》（旧・谷田川《やたがわ》の流路に相当）から、当時は湿地だった不忍池、お玉が池を経て（図表1―1）、現・中央区日本橋小網町《こあみちょう》にあった西堀《にしぼり》留川《どめがわ》（伊勢町堀）と東堀留川の付近から江戸湊に通じていた。現在は埋め立てられて姿を消した西堀留川と東堀留川は、旧・石神井川の河口部を河岸地とするために港湾（舟入堀）として整備したものであった。

また、この日本橋川の北岸の地域は、神田上水の給水区域となっており、外濠に沿って布設された幹線からは、ほぼ直角に数本の樋線が北東方向に延び、本町通りに埋設された樋線は浅草橋付近まで達している。この地域では、通町筋を横断する樋線はみられるが、縦貫する樋線は支線も含めて見られないのが特徴である。

　一方、日本橋から京橋、京橋から新橋の区間は、江戸前島の尾根筋と一致するので、最も標高の高い通町筋から、その両側に向かって排水を流すことができた[11]（図表2—2）。

図表2－2　通町筋の屈曲と下水の排水（出典：鈴木浩三、2022年、口絵3）

　それは下水の排水だけでなく、上水の配水でも同様だった。神田橋方面からの神田上水の幹線は、一石橋《いっこくばし》を渡ると日本橋川に沿って日本橋南詰まで延び、そこからは通町筋を縦貫しながら左右に支線を延ばす形態となっている。分水嶺を通る幹線から、両側の低い土地に配水する仕組みとなっていたわけである。

　なお、通町筋の沿道では、神田上水の給水区域は京橋川の北岸まで、京橋川より南側は玉川上水の給水区域となる。現在、京橋川は埋め立てられており、上部には首都高速が通る（西銀座J

CT〜京橋JCT)。ただし、『貞享《じょうきょう》上水図』によれば、外濠に沿って南下した樋線が京橋川を北から南に渡って南紺屋町《みなみこんやちょう》一丁目から三丁目まで伸びており、玉川上水の給水区域と重なっていた。この場所は、現・中央区銀座一〜三丁目の外堀通り沿いの一角である。

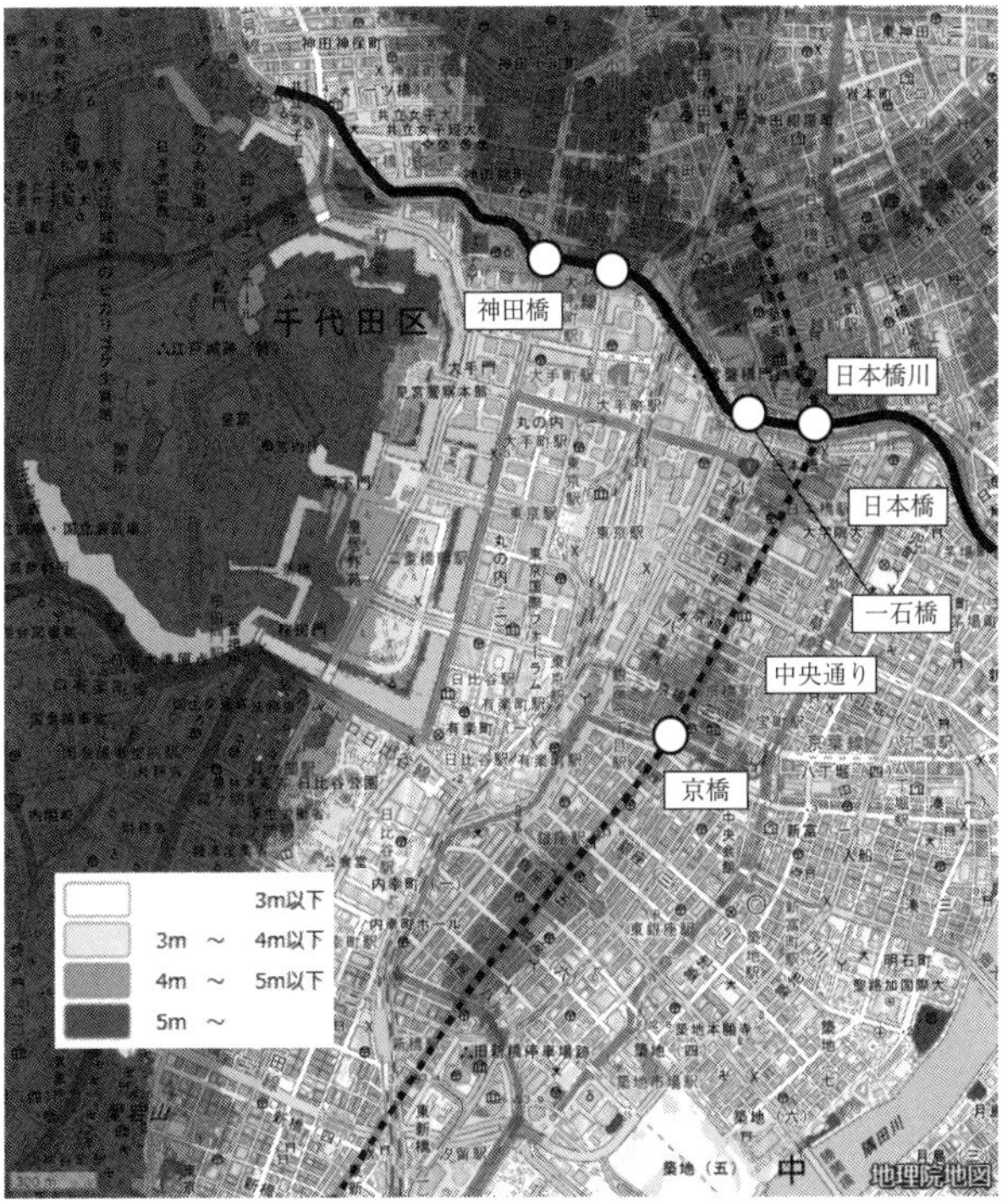

図表2-3　現在も残る江戸前島の微地形（出典：国土地理院 HP［自分で作る色別標高図］により筆者作成。黒の実線が日本橋川、破線が中央通り）

この給水区域の重複は、『貞享上水図』が成立する約三〇年前の一六五四(承応《じょうおう》三)年に玉川上水ができるまでは、神田上水が京橋川の南側もカバーしていた痕跡だった可能性もある。

こうした旧・江戸前島の微地形を明瞭に描き出すのが国土地理院HPから作成した標高三m、四m、五mの等高線による色別標高図である(図表2―3)。旧・江戸前島に重なる部分は標高三〜四m（薄いグレー）の微高地で、その中心の中央通り沿いは四〜五m（濃いグレー）となっている。中央通りの屈曲は、現在も微高地の分水嶺の緩いカーブと重なっている。江戸の中心部の町割でも、上・下水道の布設のために、土地の高低を含む自然地形が微細なレベルで活かされていたことがわかる。

2　第二次天下普請

谷筋を掘り広げた桜田濠

一六一一（慶長一六）年三月から七月にかけて、西丸の築城や濠の工事が行われた。これは第二次天下普請の前段にあたり、本多正信が工事を統括し、内藤忠清や石川重次などの幕府高官が奉行となり、主に東国の大名が工事を行った。濠の普請に続いて建物の建築が控えていたため、約五カ月という短い工期が設定され、将軍・秀忠の工事現場の視察も度々にわたった。動員された大名本人たちも、連日、工事現場に張り付くような状況であった。

貝塚（現・千代田区永田町付近）の濠工事、半蔵濠の芝の植栽、竜《たつ》ノ口（大手町）、桜田濠の開削は、仙台藩の伊達政宗に命じられた。西丸の濠工事は、蒲生秀行、上杉景勝、最上《もがみ》義光《よしあき》、佐竹義宣、相馬《そうま》利胤《としたね》、保科正光など東北信越の大名の負担であった。

それらの中で、地形との関係が現在でも一目でわかるのが半蔵濠（当時は千鳥ヶ淵と一体の水面）と桜田濠である。半蔵濠は旧・千鳥ヶ淵川の谷筋の延長部を掘り拡げて造られ、桜田濠は現・千代田区三宅坂付近から日比谷入江に流れていた小河川を堰き止めるとともに、谷筋の底部を掘り下げて造った（写真2―2）。谷筋を濠に転用する手法は、一六三五（寛永一二）年からの第五次天下普請で造られた市ヶ谷濠や牛込濠などでも用いられている。

写真2－2　半蔵門の下流部に広がる桜田濠（筆者撮影）

現在も桜田濠の最上流地点（半蔵門付近）に立つと、濠に沿った内堀通りの長い下り坂に加えて、法面《のりめん》の手入れが行き届いているため、谷地を利用して濠が造られたことを実感できる。桜田濠の工事のうち、現在の千代田区隼町東側の掘削部分は伊達政宗、桜田土橋の石垣と濠の工事は浅野長重（下野国・真岡《もおか》藩）であった。[12] 谷筋の掘削と、水を堰き止める土橋（ダム）の築造では分業が成立していたのであった。

なお、第五次天下普請では、東国大名は「掘方」、西国大名は「石垣方」になっていた。伊達氏は複数の城門や枡形《ますがた》の築造も担当しているが、桜田濠や第五次天下普請の真田《さなだ》濠《ぼり》（四谷濠）だけでなく、駿河台の開削によって神田川を開くなど、「掘方」の専門家となっていた。多くの濠の開削工事を経験して、自ずとノウハウを蓄積していったのだろう。

江戸舟入堀と八丁堀舟入——江戸前島を活かした港湾施設

一六一三（慶長一八）年、いよいよ第二次天下普請が発令された。その準備のために、一六一二（慶長一七）年に江戸前島の東岸に舟入堀（江戸舟入堀）と八丁堀舟入が造られた（図表2—1、図表2—4）。これらの水路と港湾施設は、一連の天下普請が終了した後は、全国から物資を集めて発展していく江戸の基礎的なインフラとなった。

江戸舟入堀は海路で輸送されてきた石垣用石材や材木などの資材を陸揚げし、普請現場に送り出す施設であった。

九本の舟入堀が掘られた場所は、家康の入府直後に開削された日本橋川と、一六〇三（慶長八）年発令の第一次天下普請で確定した京橋川に挟まれた一帯だった。現・中央区日本橋一丁目から京橋三丁目の旧・楓川《かえでがわ》を埋め立てて造った首都高速都心環状線に面した場所である。

第一次天下普請が始まった頃の江戸前島の東側には埋立地はなく、江戸湾に直接面していた。この湾に面する部分を陸地に向かって櫛の歯状に掘り進んだものが江戸舟入堀である。現代ならば、陸から海に向かって桟橋を建設して埠頭を造るが、そうした技術がなかったこともあり、自然の陸地である江戸前島を利用して埠頭を造った。資材を積んだ外航船を陸地に横付けさせられるだけの水深を備えた水路を掘ったのである。その後、第二次天下普請と前後して、江戸舟入堀の江戸湾側（現・中央区八丁堀の一帯）の埋め立てが始まったが、舟入堀への入港ルートとして埋め残されたのが楓川であった（図表2—1）。

外航船が舟入堀に入港すると、積荷を神楽桟《かぐらさん》（ウインチ）や修羅《しゅら》（荷物用のソリ）などで陸揚げし、あるいは小舟に移し替えて外濠や日本橋川を経て普請現場に運んだ。神楽桟は船と陸の双方に備わっていた。それぞれの舟入堀には入港した船への給水のために上水も通じていた。完成当初の江戸舟入堀は、江戸前島を横断する形で、通町筋あるいは外濠まで伸びていたとみられる。

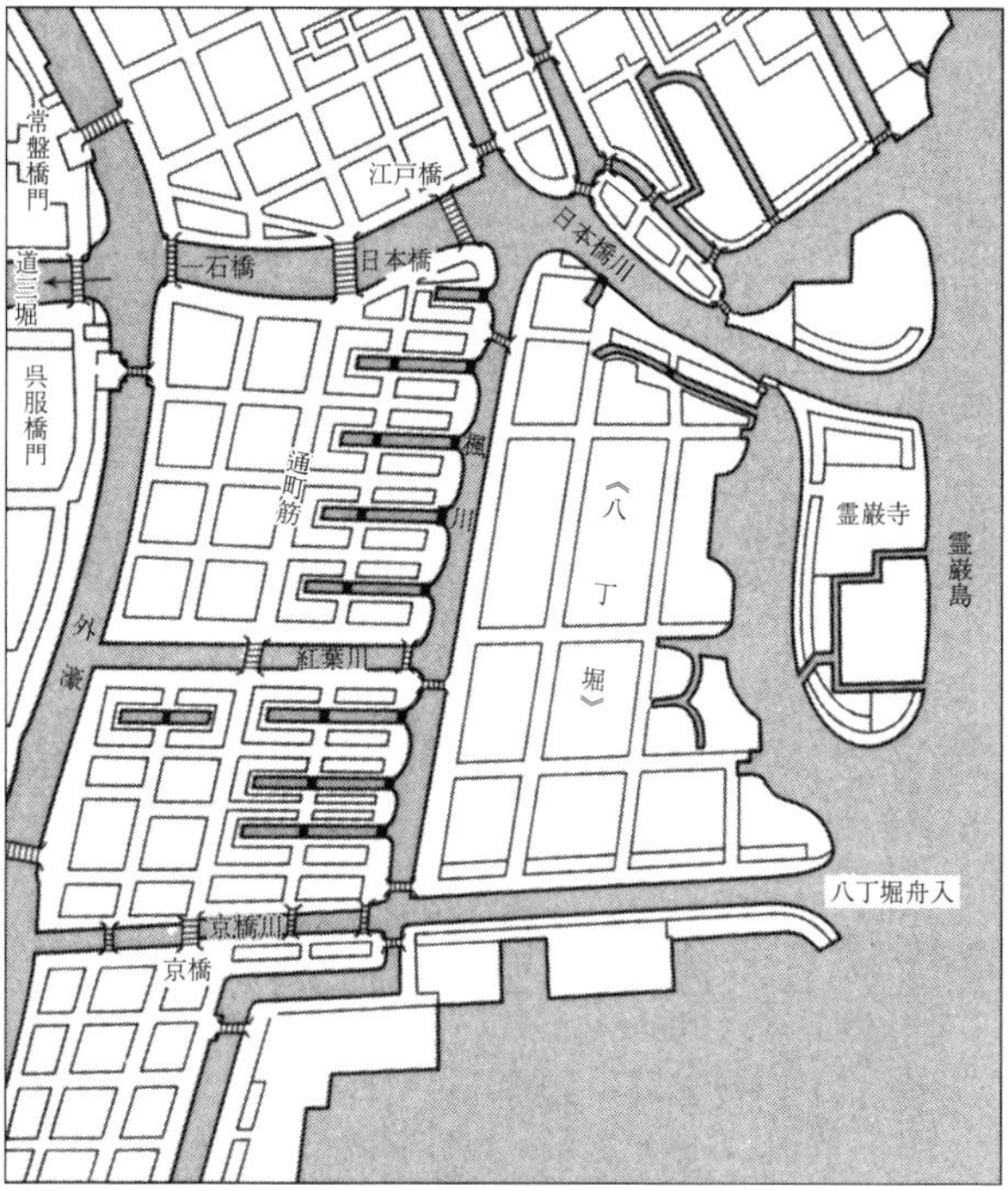

図表2－4　第2次天下普請と八丁堀舟入（出典：鈴木理生、2000年、P.147）

しかし、一六三二（寛永九）年に刊行された最古の江戸の都市図である『武州豊嶋《ぶしゅうとしま》郡江戸庄図《ごおりえどしょうず》』（『寛永図』ともいう。口絵１）の拡大図（図表２―４）では、江戸舟入堀の埋め立てが外濠と通町筋の間で進み、楓川（現・首都高都心環状線）から外濠に通じる水路は紅葉《もみじ》川（現・八重洲通り）だけになっている。江

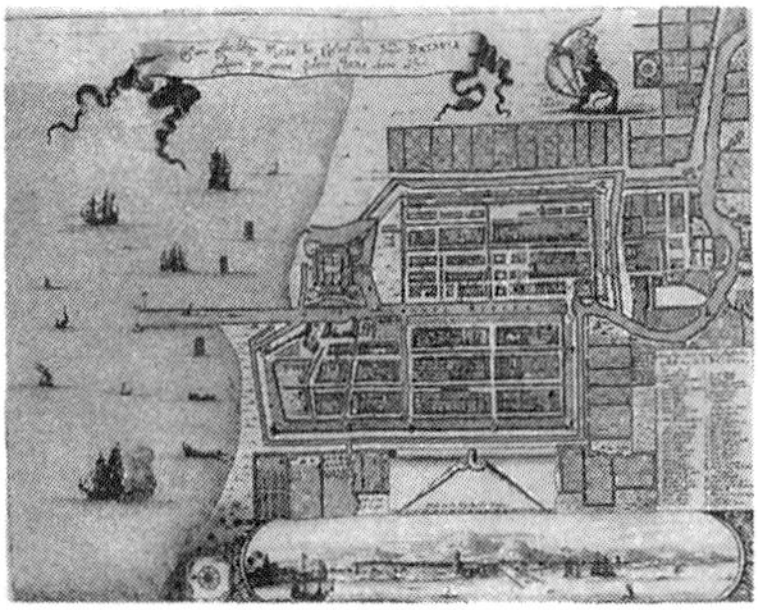

図表2－5　バタヴィアの八丁堀（出典：モンタヌス『日本遣使紀行』アムステルダム版、1669年、千代田区立日比谷図書文化館内田嘉吉文庫所蔵）

戸城の天下普請が終わり、不要になった江戸舟入堀が埋められて町地になったからである。また、江戸舟入堀の対岸には、楓川を隔てて八丁堀（八町堀）の埋立地ができ、道路も整備されている。楓川は、この埋立地を造成する際に水路として埋め残されたものである。

八丁堀舟入は、外航船を江戸湾から江戸舟入堀に導く水路であっただけでなく、江戸城や市街を防衛する施設でもあった。また、日比谷入江の埋め立てには、市街地の造成とともに、江戸城直下への大型船の侵入を防ぐ狙いもあった。

当時の洋式帆船などの外航船の大砲は、第二次世界大戦で用いられた戦艦のように砲塔が旋回する構造ではなかった。砲身は船の横方向（舷側《げんそく》）に向けられていたのである。それゆえ、仮に外航船の侵入を許したとしても、その舷側が重要施設に向けられていなければ決定的な被害を避けることができた。

八丁堀舟入は、江戸湊に入港する外洋船を、城の方向に直進させて、舷側を城や市街の重要部分に向けさせせない機能を持っていた。しかも、この八丁堀舟入の入口には鉄炮洲《てっぽうず》と船手頭《ふなてがしら》（幕府の海軍長官）の屋敷も置かれていた。八丁堀舟入が造られたのと同じ時代のバタヴィア（ジャワ島西部に位置し、一六一五［元和五］年にオランダが租借。オランダ東インド会社のアジアの本拠地となった）にも、ほぼ同じ構造の施設が造られていた（図表2—5）。

この図には沖合で艦砲射撃をする帆船も描かれている。当時は大航海時代であり、強力な火力を持つ外国船を江戸城近くに侵入させない工夫が必要だった。そうしたリスク管理が不十分な場合、天草・島原の乱を平定する際に、幕府がオランダ船に艦砲射撃を依頼して一揆勢の立てこもる原城を壊滅させたような結末が待っていた。

江戸舟入堀や八丁堀舟入などの基本設計は、駿府（現・静岡市）で海外貿易を専管していた大御所・家康が決めた。工事の始まる前年の一六一一（慶長一六）年一二月、家康は、秀忠付の年寄（後の老中）に任じられたばかりの安藤対馬守重信《しげのぶ》を江戸から呼び、江戸に舟入の水路を開削して水運の便を図ることと、その役務を中国・九州の大名に負担させることを命じた。

重信は翌年二月に「江戸御普請舟入之図書」を駿府に持参して家康の了解を得ている。[13] 工事に必要な石材は、第一次天下普請の時と同様、伊豆から海上輸送された。

本格化する第二次天下普請

第二次天下普請の本体工事となる城門・石垣工事は、一六一三（慶長一八）年一〇月に西国大名三四家に予告され、大坂冬・夏の陣を目前にした一六一四（慶長一九）年三月に起工された。本丸・西丸・西丸下の石垣工事と、江戸前島の江戸城外郭への取り込みの工事も行われた。

この天下普請には、豊臣方に付く可能性のある大名の経済力を弱めるとともに、江戸城の強大さを諸大名に認識させて、敵対する戦意を喪失させるものでもあった。しかし、大坂冬の陣とともに工事は中止になり、普請を命ぜられた西国大名はそのまま参陣した。

第二次天下普請と並んで諸大名の江戸屋敷の建設も進んだ。これは、徳川氏への臣従の証であり、差し出した人質の住居でもあったほか、相次ぐ天下普請のための現地事務所という性格も持っていた。『当代記』の慶長一九年正月の記載には、この一両年の間に、豪華な江戸屋敷を諸大名が次々に建てたことが記されている。『台徳院殿御実紀』(『東京市史稿　産業篇第三』所収)にも「すべて近年、江戸府内諸侯邸宅華麗を極め、大廈高楼を連ね、甍《いらか》をならべ金碧《こんぺき》映照す」となっている。[14]その中心地は第一次天下普請の時から埋め立てが進んでいた旧・日比谷入江であった。

3　本郷台の開発と平川放水路

駿河台の宅地造成

一六一六(元和《げんな》二)年になると、本郷台の先端部である神田台(神田山)の開発が始まった。この年の四月に大御所・家康が駿府で没したため、家康に付き従っていた者たちが江戸に戻ることになり、彼らの宅地(屋敷地)を江戸で準備するためであった。『徳川実紀』によれば工事は六月に始まり、九月一八日には「神田辺の経営成功しければ、駿府より来りたる諸士、宅地を賜ふ」[15]と、関係者に宅地が与えられた。この工事の責任者は「是月神田台の土功成功す。阿部四郎《ママ》五郎正之奉行する所なり」(16)とあるように阿倍正之《あべまさゆき》であった。

工事は当初、平川(江戸川)の水路を北東に直流させ、一六五七(明暦三)年の明暦大火で焼失・移転することになる吉祥寺(現・都立工芸高校付近)の北側から本郷台を掘り通して隅田川に連絡する計画であった。城に近い場所になるべく多くの宅地を確保するためだった。しかし、計画が変更され、吉祥寺の南側を掘り進めるとともに、平川の旧河口部＝小川町低地に面した田安門の北東側を、その残土で嵩上げすることになった(17)。

当初の計画どおりでは、本郷台の標高の高い部分を開削する難工事が予想されたためだったのだろう。この設計変更は、六月から秋までというタイトな工期内に、まとまった広さの屋敷地の造成を完了させるためであった。

ただし、最低限の工期は必要である。そこで、六月一一日には「休暇を与えるから、京坂でもどこでも好きなところに行って、秋になったら江戸に来るように」という指示(18)が出されている。すぐに江戸に来られては、幕府が困るからであろう。

そうした急ぎの日程の中で、「神田川を掘替て、地所を経営せらるゝため、関東八州の役夫を催促あり」と、関東一円から作業員を集めている。九月一八日になると「神田辺の経営成功しければ、駿府より来りたる諸士、宅地を賜ふ(19)」と、造成した宅地を、駿府から戻る旗本たちに割当てるところまで漕ぎつけた。

これらの工事により、神田台の標高の高い箇所だけでなく、平川付替の後に、埋め立てていた小川町低地の一帯も宅地供給の対象地にしたことは、短期間のうちに広大な宅地を〝ひねり出す〟上で効果的であった。台地を削り、水路を掘った残土で、田安門の北東部となる小川町低地を平らに嵩上げしたからである。

この場所は、江戸城から見れば北側になり、付け替え前の平川や小石川が作った低湿地で、現在の雉子橋《きじばし》や竹橋のある千代田区一ツ橋や神田神保町、神田小川町一帯にあたる。田安台と本郷台に挟まれており、旧・平川などの増水が集中して洪水になりやすい場所であった。そうした場所が屋敷用地として造成されただけでなく、平川の付け替えに伴って開削された日本橋川に沿った地域に、幕府の米蔵なども建てられ始めた。しかし、低湿地の開発は、洪水のリスクを増大させた。

平川放水路と堤防の築造

一六二〇（元和六）年になると、この場所の洪水対策として、本郷台（神田台）を掘り進んで、平川の水を隅田川方面に逃すための平川放水路（神田川放水路）が開かれ、一六〇五（慶長一〇）年に掘られていた隅田川から柳橋を遡って本郷台の東側に至る運河につなげられた。この運河は、現在の不忍池付近にあった低湿地や、お玉が池を経て江戸前島の東側に注いでいた旧・石神井川（谷田川）を、隅田川に流すための水路であった。旧・石神井川の流路が、平川放水路に向かって直角に曲げられた場所は、「筋違《すじかえ》」と呼ばれ、後に江戸城三十六見附の一つである筋違橋《すじかえばし》門が置かれている。[20] この直角の瀬替えは、洪水時の濁流が日本橋の市街地や河岸地に及ばないようにするためであった。

平川放水路は、増水時の平川や小石川の水を隅田川方面に流すためのバイパスとして造られたが、家康入府直後に造られた江戸前島を横断する水路（現・日本橋川）ではなく、当時の市街中心部（神田一帯、大名小路、日本橋など）を避けて隅田川に抜けるようにしたのが特徴である。完成した放水路には、本郷台の西から平川本流、谷端川《やばたがわ》（小石川に合流）、小石川、東側では旧・石神井川の洪水期の水が流れるようになった。平川放水路ができると、本郷台地から切り離された先端部は「駿河台」と呼ばれるようになった。

この平川放水路がJR御茶ノ水駅付近を流れる神田川の原形で、現在の飯田橋～小石川橋（三崎橋）～水道橋～お茶の水橋～万世橋《まんせいばし》にあたる。ただし、当時、船は通れなかった。放水路の工事と並行して、本郷台の掘削で生じた残土（揚げ土）を用いて、小川町低地の北側と後に「柳原」と呼ばれた日本橋・神田地域の北側の二カ所に堤防が築かれた。本郷台の開削工事と柳原などの堤防築造は、四月一一日に始まり、完成すると、将軍・秀忠が一一月二五日に視察に訪れた。

堤防の築造には特色があった。小川町低地の北側の洪水対策として、JR飯田橋駅からJR水道橋駅の東側にかけた神田川の南岸には堤防が築かれ、その一部は、明治時代になると甲武鉄道の線路敷（現・JR飯田橋駅付近）として利用され、現代に至っている。

さきほど、筋違橋門付近で、旧石神井川を直角に曲げたのは、日本橋の市街地などの洪水防止のためだったと述べたが、筋違橋門付近から浅草橋付近までの神田川南岸に築かれた堤防の狙いも同様である。この堤防は、柳が植えられていたので柳原土手として有名になり、錦絵などにも描かれているが、その対岸にも堤防は築かれなかった。そのため、後に向柳原《むこうやなぎはら》と呼ばれた現・千代田区神田佐久間町、東神田、台東区浅草橋などは洪水常襲地帯となった。これは、市街中心部の洪水被害を防ぐことを優先したからであった。

一方、平川の放水路の工事と併行して、旧・平川は放水路の起点であった現・三崎橋から九段堀留までが埋め立てられた。なお、一六六四（寛文四）年に一部の水路が復活し、一九〇〇（明治三三）年の市区改正事業のなかで、現・日本橋川の流路が復活した。日本橋川と呼ばれるようになったのは一九六四（昭和三九）年の河川法改正による。

阿倍正之

一六一六（元和二）年に神田台の宅地造成の奉行であった阿倍正之は、一六二〇（元和六）年の平川放水路の開削工事に伴う堤防築造でも奉行となっていた。『徳川実紀　第一編』では「此秋（元和六年）はじめより神田台の下に堀をうがち、堤を築かしめる。堀の方は松平右衛門大夫正綱奉行し、堤は阿倍四郎五郎正之奉行す。廿五日（一一月）、神田台へならせられ、溝渠疎鑿の地を巡視し給ふ」[21]と記している。松平正綱が責任者となって神田台に平川の放水路を開き、阿倍正之が責任者となって神田台の下（現・JR飯田橋駅付近と柳原）に堤防を築いたのであった。

なお、正之は元和二年の工事と同時期に御先弓頭《おさきゆみがしら》となっていた。御先弓頭（先手弓頭）と御先筒頭《つつがしら》（先手鉄炮頭）とを併称した職名が御先手頭《おさきてかしら》である。ここには宅地開発に関する事項は記されていないため、元和六年の工事が洪水防止に絞られていたことがわかる。

さらに、これらの工事がそれぞれ施工された元和二年と元和六年にはさまれた一六一八（元和四）年、正之は「この年仰《おおせ》をうけたまはり、府内の道路を巡見し、水道の事を沙汰す」と、江戸の道路と水道の統括を秀忠から命じられている(22)。

阿倍正之は一五八四（天正一二）年、三河国に阿倍忠政の三男として生まれ、二代将軍・徳川秀忠、三代将軍・家光に仕えた旗本で、御書院番《ごしょいんばん》、御目付、御先手頭（御先弓頭）などの武官を歴任。大坂冬の陣で秀忠から、若年ながら軍略に長じているのは「最も奇特なり」と信頼を得る。一六一五（元和元）年、大坂夏の陣直前の肥後国熊本に派遣され、加藤忠広の家臣が大坂方に付くことを阻止。元和二年、御先弓頭に任ぜられた後、家康六男・忠輝が改易《かいえき》されると、検使として越後国高田に赴き、改易に伴う事後処理を行う。一六二〇（元和五）年には肥後国で発生した椎葉山《しいばやま》騒動を鎮圧。他にも改易された大名の封地没収や城受け取りなど強面を発揮しつつ、戦国の遺風の残る中で着実に実務をこなした。

その一方で、土木工事にも精通し、これまで述べた神田台の開発や江戸の道路と水道の統括の他にも、日光東照宮造営の際の木材輸送（元和二年）、江戸城三丸の石垣普請の奉行（元和六年）、江戸城天守台などの石畳工事の奉行（一六二二［元和八］年）を務めた。江戸城下の屋敷割り（一六二五［寛永二］年）、地震による江戸城修復において奉行たちに指南（一六四七［正保四］年）、日光山の地震修復（一六四九［慶安二］年）にも携わっている。当時は、江戸幕府の官僚機構が発展段階にあり、番方（武官）と役方（事務官）は未分離であり、将軍親政の色彩も残っていた。それゆえ、秀忠、家光から信頼されていた正之は、時に応じて重要な職務を任せられている。なお、一六三〇（寛政七）年に常設となった普請奉行は、先手頭との兼務であった。

元和四年に「道路を巡見し、水道の事を沙汰」することを将軍・秀忠から命じられたということは、秀忠（幕府）が道路と水道を重視し、その責任者として正之を適任と認めていたからだろう。松平正綱とともに担当した平川放水路と堤防（飯田橋付近と柳原土手）が完成した二年後の元和六年一一月二五日には、秀忠の視察を受けているのも、これらの工事の重要性を示している。

4　第三次天下普請から神田川整備工事まで——谷筋を利用した外濠

第三次天下普請

一六一五（慶長二〇）年の大坂夏の陣で豊臣家は滅亡したが、第二次天下普請は冬の陣の時から中断されていた。

二代将軍・秀忠（一六二三［元和九］年大御所、一六三二［寛永九］年死去）の時代になると、一六二〇（元和六）年に第三次天下普請が命じられ、四月から工事が始まった。第二次天下普請は西国大名を中心に課せられたが、この工事は東国の大名に課されていたほか、本郷台の平川放水路と堤防築造の工事と時期が重なっている。

この時は、桔梗門《ききょうもん》付近の内桜田から清水門までの石垣や、本丸、北丸、三丸や天守台の石垣築造とともに、外桜田門、和田倉門、竹橋、清水門、飯田町口（小石川門）、麹町口（半蔵門）などの枡形も築かれた。一六二二（元和八）年になると、本丸殿閣と天守台の工事も始まり、天守台の工事は、土木工事の専門家ともいえる阿倍正之が奉行で、浅野長晟《あさのながあきら》、加藤忠広、松平忠昌、安藤重長、堀直寄が助役《すけやく》を務めた。

第四・五次天下普請と外濠整備

一六二三（元和九）年、秀忠は大御所となり、家光が三代将軍になった。一六二八（寛永五）年になると第四次天下普請が命じられ、一六三〇（寛永七）年まで続いた。この第四次天下普請による工事では、第三次天下普請と重なるものが多かった。同じ場所に手を加えながら、江戸城は段階的に整備されていった。また、外様大名だけではなく、御三家や老中以下の譜代大名にも課せられている。

一方、外郭の虎口や城壁は、主に東北や信越の大名が負担し、日比谷門、数寄屋橋、鍛冶橋、大橋（常盤橋）、神田橋、一橋、雉子橋などが修築された。

当時は幕藩体制の強化・確立する時代であり、諸大名が国内生産の大きな割合を年貢として取り立て、それが天下普請に投入されていた。そこでは、年貢を貨幣に替えた上で、工事に必要な労働力や資材を購入する構造が成り立っており、徴収された年貢が天下普請を通じて次の需要を喚起する流れが出来あがっていた。それゆえ、天下普請は、大名の存立を保障するための一種の〝大名税〟に相当するものになっていた。

第四次天下普請による江戸城修築の直後の一六三二（寛永九）年、『武州豊嶋郡江戸庄図』（口

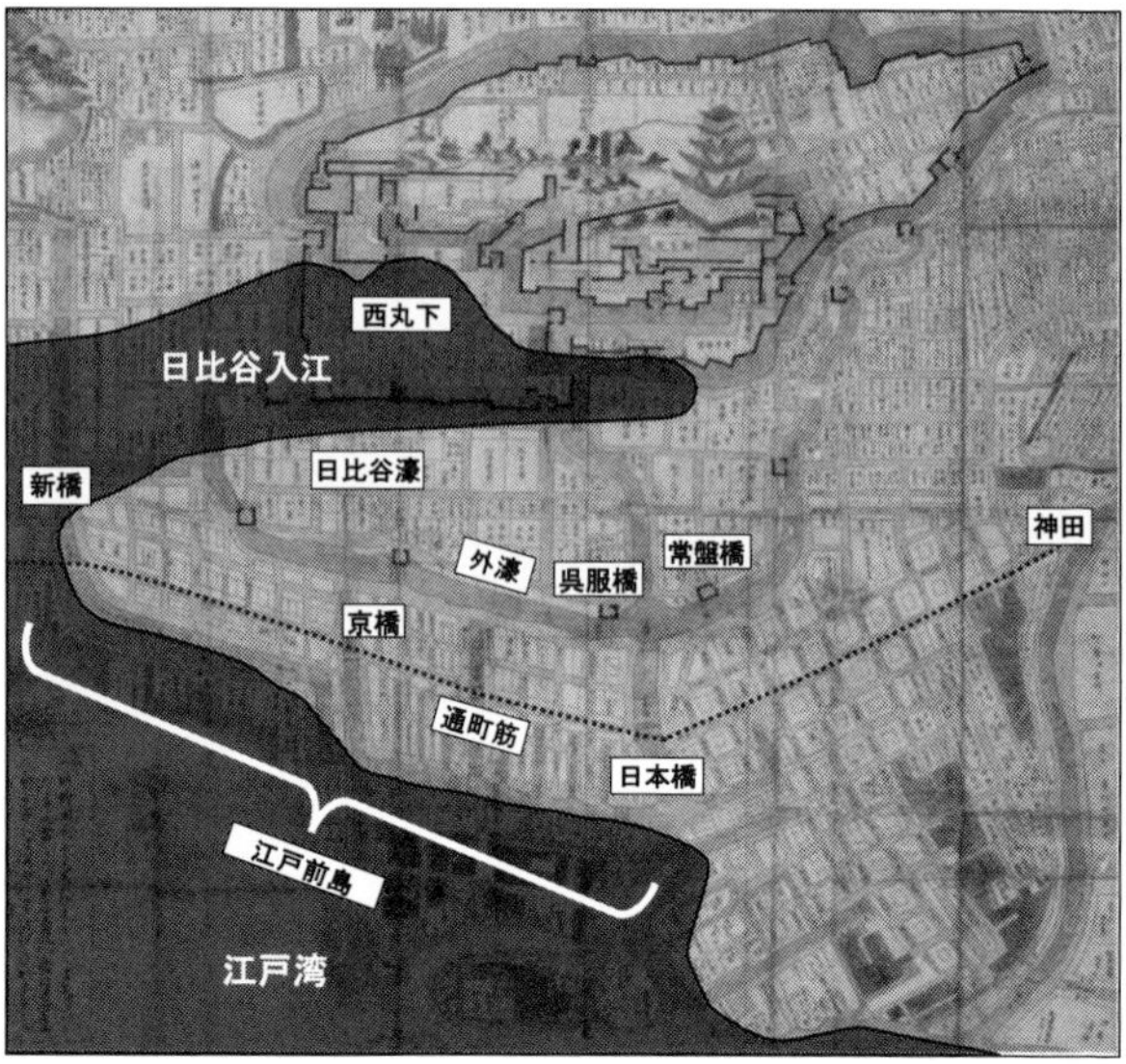

図表2－6　武州豊嶋郡江戸庄図と家康入府当時の海面（出典：東京都立中央図書館蔵に筆者加筆。網掛け部分は、家康入府当時は海面だった場所［推定］）この地図が出版された寛永9年になると、日比谷入江はすでに埋め立てられ、西丸下などの大名屋敷街となっていた。江戸前島の東側の埋め立ても進んでいた。半島状の江戸前島は跡形もなくなっていた。

絵1）が刊行された。これは最古の江戸の都市図で、その後も版を重ねたが、これ以前は江戸の都市図は公刊されていない。そこには事情があった。

　一五九〇（天正一八）年の江戸入り直後から、家康は江戸前島の開発に手を付けていた。日本橋の架橋、通町筋の確定、日比谷入江の埋め立てなどである。ところが、『円覚寺文書』[23]によれば、江戸前島は一三二五（正和《しょうわ》四）年の時点で、鎌倉の円覚寺の荘園（領地）となっていた。家康を江戸に封じた秀吉も、家康には「円覚寺の領地には手を付けるな」と命じていたが、各地に散在する円覚寺の領地を鎌倉付近にまとめて交換する形で、江戸前島は家康の事実上の支配となった。これは儒教に基づく法治主義を原則としていた徳川政権にとっては、江戸の発展が家康の不法行為の上に成り立つという「不都合な事実」

であり続けた。それゆえ、〝地誌の時代〟と呼ばれる江戸時代において、江戸前島に関する記述はほとんど見られない。そこには強力な〝忖度〟ないし〝情報統制〟が働いていた可能性も否定できない。

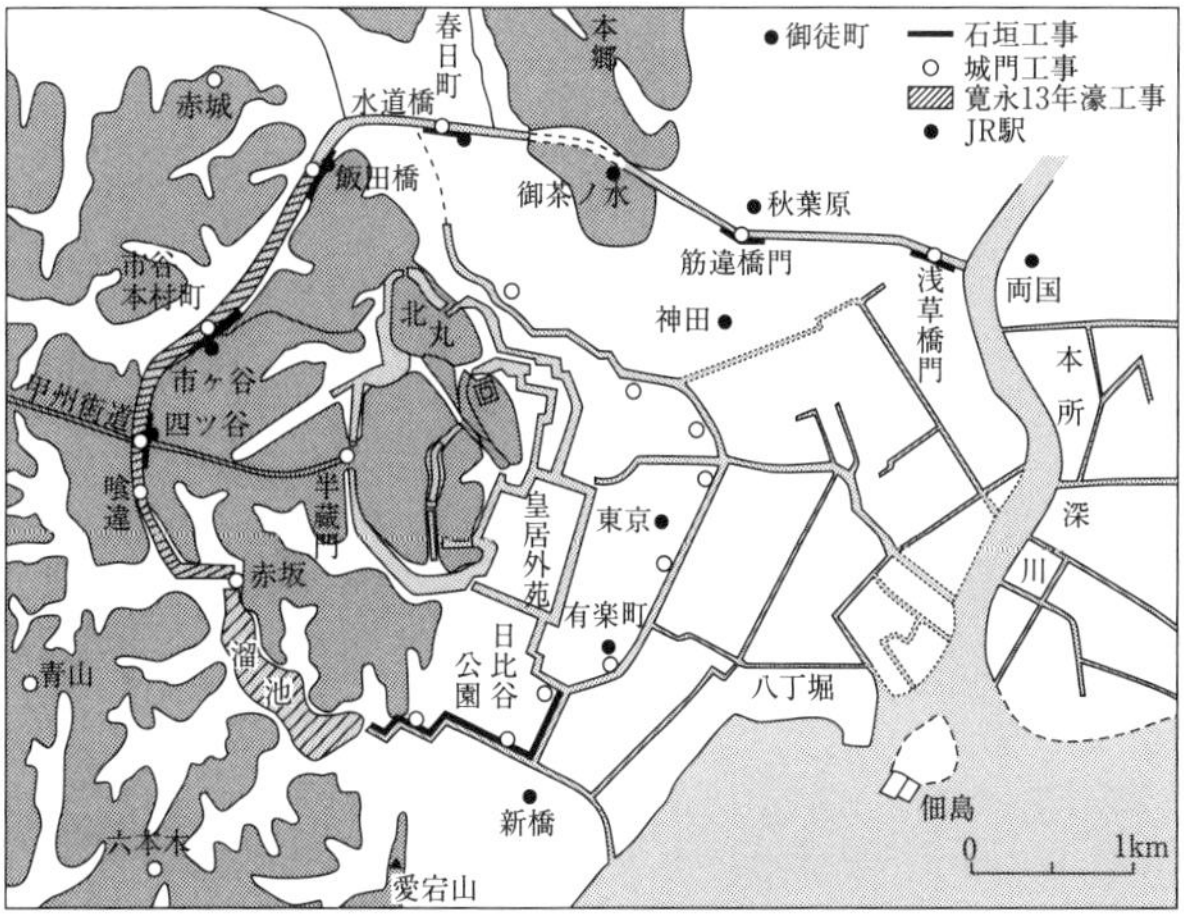

図表2－7　第5次天下普請（出典：鈴木理生、2000年、P.231）

一六三二（寛永九）年になって、ようやく江戸の都市図が公刊されたのは、江戸の開発が進み、江戸前島や日比谷入江の痕跡が見えなくなったからだろう（図表2―6）。

秀忠は寛永九年に死去し、家光の時代になると、一六三五（寛永一二）年から第五次天下普請が始まった（図表2―7）。寛永一二年の二丸《にのまる》拡張工事、翌年の江戸城惣構《そうがまえ》と天守の改築、外郭の石垣・堀の工事と続き、一六三九（寛永一六）年八月に本丸改築工事が竣工した。

この工事は天下普請では最大規模となった。一二〇家が動員され、現存する田安門、外桜田門のほか筋違橋門、四谷門、常盤橋門、幸橋門、雉子橋門、牛込門、市ヶ谷門、呉服橋門、鍛冶橋門、虎ノ門、山下門、小石川門、赤坂門、外桜田門な

写真2－3　JR飯田橋駅から見る牛込濠と牛込見附跡（筆者撮影）

どの枡形門も完成した。

第四次天下普請の時と同様、すでに完成している箇所との重複も多く、天守も造り替えられたのは典型的である。なお、天守に限れば、一六〇七（慶長一二）年、一六二三（元和九）年、一六三八（寛永一五）年と三回も新築されている。

その一方で、第五次天下普請における外郭・濠の造成工事は、現在の江戸城の外郭を確定する新たな工事であった。外郭の確定にあたっては、ここでも自然地形を活かしているのが特徴で、とりわけ外濠工事では、喰違門《くいちがいもん》から牛込門までの外濠と城門工事は、神田川水系（旧・平川水系）の支谷を利用している。[24] ＪＲ中央・総武線から見える市ヶ谷濠、牛込濠、飯田濠（現在は埋め立てられ、飯田橋セントラルプラザが建つ）や枡形門なども整備された。谷地の底部を掘り下げ、拡幅し、土橋《どばし》（ダム）を築いて濠にしたのであった。

等高線（図表2―7）を見ると、第五次天下普請で造られた外濠のほとんどが谷筋を利用したものだとわかる。市ヶ谷濠、牛込濠は標高五～一〇ｍの谷に納まっている。

掘り上げた残土は、麹町や番町周辺の樹状谷の底を埋めて宅地を造成するために用いられた。また、一六二〇（元和六）年の平川放水路の開削工事の時と同じように、堤防の築造ないし嵩上げにも用いられた。現在のＪＲ中央・総武線の飯田橋駅から水道橋駅西側の三崎橋付近までの築堤（盛土）は、その名残である。

このように、江戸の城づくり・都市づくりの基本は、地形との関係から導くことができる。いわゆる四神相応説《しじんそうおう》（方位論）による通町筋の屈曲の説明や、無限の発展を期して江戸が「渦巻状」に作られたといった説明は、地形を無視した荒唐無稽の論の域を出ない。

一方、島原の乱では、砲撃への対策がなければ城郭の防備は成り立たないという教訓を得た。そのため外郭の整備では、石垣よりも砲撃に強い土手が主流となり、濠の幅も、当時の大砲の有効射程を考慮した設計となった。

これらの外郭の姿は現在もよく残されており、JR中央・総武線の四ツ谷から飯田橋にかけては外濠に並行して電車が走るので、四季折々に変化する市ヶ谷濠と牛込濠の景色を車窓から楽しむことができる。JR飯田橋駅の駅ビル二階の「史跡眺望テラス」からは牛込濠と牛込見附の城門跡の石垣が見えるが、牛込濠が旧・平川（神田川）の谷地を活かして造られたことがよくわかる（写真2―3）。

明暦大火と埋立地の開発

こうして出来上がった江戸であったが、一六五七（明暦三）年の明暦大火（振袖火事）により、『台徳院殿御実紀』が「大廈高楼を連ね、甍をならべ金碧映照す」と描いた市街は失われた。江戸城も、風向きが変わって焼け残った西丸を除いて焼け落ちた。諸大名の江戸屋敷、日本橋などの町地のほとんども焼失した。

この火事は、武断政治によって大名の改易が積極的に行われたことによる「失業武士」の起こした反幕テロのひとつであった。家光の没した一六五一（慶安四）年の由井正雪《ゆいしようせつ》事件や、一六五二（承応元）年の戸次《へつぎ》庄左衛門事件も、このような浪人によるテロ未遂事件だった。

しかし、壊滅した江戸の復興は早かった。海運・水運やその荷受けシステムなど、全国から江戸に向けた物流網が完成し、江戸の消費によって上方の大坂や京都、その後背地となった全国の生産活動が刺激される構造がすでに成立していたからである。こうした場所で大きな復興需要が生じたため、経済は大いに刺激されたのであった。

しかも、過密・飽和状態になっていた市街中心部から、武家地や町地が周辺部に移転して江戸の地理的空間は拡大した。幕府は市中の復興と本所・深川の市街地づくりも進めた。隅田川の東岸に拡がる東京下町低地では、自然堤防に近い場所を足掛かりにする形で道路や水路が整備され、低湿地の埋め立ても進められた。そこに倉庫や商家などが移転した。

家康の入府直顔に確定した小名木川運河に加えて、それに並行して東西に延びる堅川《たてかわ》と北十間川《きたじつけんがわ》、南北方向の大横川と横十間川《よこじつけんがわ》が掘られた。それらの工事は天下普請ではなく、幕府の工事であった。また、湿地の排水路を兼ねた運河も掘られている。

ただし、いくら開発が進んだとはいえ、隅田川の東岸まで上水によって飲料水を供給することはできなかった。水船《みずふね》によって江東地区などに飲料水を運ぶ商売はあったが、豊富な水量は期待できなかった。

さらに、城内（現在の吹上）にあった尾張家、紀州家、水戸家の上屋敷は、庭園などのオープンスペースに替えられた。紀州家の上屋敷は麹町（現・千代田区紀尾井町）、尾州家の上屋敷は市ヶ谷（現・防衛省）、水戸家の上屋敷は小石川にあった中屋敷（現・東京ドームシティや小石川後楽園の一帯）に、それぞれ移されている。

一方、現・日本橋川沿いの一ツ橋付近にあった幕府の御米蔵を浅草（現・台東区蔵前）に移す動きが加速され、享保期（一七一六〜一七三六年）頃までには浅草に吸収されている。米蔵の他にも、幕府の倉庫の多くが浅草・本所・深川に移転したほか、多くの寺院も郭内（ほぼ現在の千代田・中央区の範囲）から郭外に移された。延焼防止のための明地《あけち》（町地では「広小路《ひろこうじ》」、武家地では「火除明地《ひよけあけち》」と呼ばれた）を確保するため、白銀町《しろがねちょう》（神田、旧・竜閑川《りゅうかんがわ》沿い）、四日市（日本橋）、飯田町（麹町）を移転させたほか、道路の拡幅も行われた。

神田川が水路に――万治三年の御茶ノ水の開削

一六二〇（元和六）年に平川の放水路（バイパス）が掘られていたが、一六六〇（万治三）年になると、その深さと幅を掘り広げて、常に舟が通航できるようにした。洪水対策のための堤防の嵩上げも行われた。それによって現在の御茶ノ水付近の神田川の掘割が完成した。これらの工事では、本郷台に水路を開くという自然の大改造が行われたのが特色だった。

『柳営日次記《りゅうえいひなみき》』によれば、この万治三年の工事は、同年二月に「牛込より和泉橋までの舟入堀の普請」として伊達綱宗の一家に命じられている。幕府が発した工事の仕様[25]では「牛込土橋（牛込門と神楽坂間の土橋）まで船が入るように御堀を掘り」「水道橋より仮橋（小石川門の橋か）まで堀の幅は水の上で八間《けん》」「水道橋より牛込門まで、土手の嵩上げを行い、低い場所は二間、その他は土手の高さによる」といった大まかな指示とともに、水路工事の区間、水面の幅、堤防の築造などが細かく指定されていた。

洪水対策のための堤防の嵩上げでは、上流側の現・千代田区三崎町一丁目（水道橋付近）から現・千代田区飯田橋四丁目（船河原橋《ふながわらばし》付近）までの約一kmの堤防と、下流側では現・千代田区神田淡路町（昌平橋付近）から柳橋（現・中央区東日本橋二丁目）までの約二kmにわたる柳原の土手が築かれている。これら2か所の堤防は神田川の南岸、つまり、江戸の中心部を洪水から守るためのもので、それぞれの堤防の対岸に位置していた水戸徳川家の中屋敷をへて上屋敷になる一帯（現・東京ドームシティや小石川後楽園）と、江戸時代には向柳原と呼ばれた秋葉原の電気街がある現・千代田区外神田から台東区の南部は、江戸時代を通じて洪水被害に悩まされ続けた。

しかし、神田川の水路の完成により、内陸である牛込見附付近まで水運網が広がった。牛込見附は江戸市内から神楽坂《かぐらざか》を経て上州道に通じる道筋の城門であるが、その直下に水運と陸路の結節点となる神楽河岸が成立し、牛込船河原町（現・新宿区揚場町《あげばちょう》、神楽坂一丁目、船河原町）にも、新たな湊が生まれた（図表3―2）。それが、市ヶ谷・四谷、赤坂・牛込、早稲田・高田、目白・戸塚、小日向《こびなた》・関口といった山の手の内陸部の市街地化を促進した。

江戸の土地利用には大きく分けて城も含む武家地、町地、寺社地があり、その割合は、江戸初期には武家地が九で、残りの一が町地と寺社地となっていた。その後、江戸の拡大や武家地への町人居住などもあって、幕末には武家地七、町地と寺社地がそれぞれ一・五程度になっている。

また、これらの工事によって、家康入府から七〇年、将軍の代では秀忠、家光、家綱までの四代にわたる江戸の城と市街地整備が完成し、「大江戸」と呼ばれる範囲の基礎が定まった。

(1)以下、第一次から第五次天下普請については、鈴木理生『江戸はこうして造られた』ちくま学芸文庫、二〇〇〇年、一一六～一六〇、二二三～二三七頁に拠った。
(2)鈴木理生編『図説　江戸・東京の川と水辺の事典』柏書房、二〇〇三年、九四～一〇七頁。
(3)鈴木理生『江戸はこうして造られた』ちくま学芸文庫、二〇〇〇年、一三七頁。
(4)大道寺重祐「落穂集追加」『史籍集覧』観奕堂版、一八八四年。
(5)鈴木理生編『図説　江戸・東京の川と水辺の事典』柏書房、二〇〇三年、一七二～一七八頁。
(6)「慶長見聞集ト江戸繁栄状況」『東京市史稿　産業篇第三』東京市公文書館、一九四一年、四九八～五〇〇頁。
(7)「江戸新開地町割及京堺商人移住」『東京市史稿　産業篇第三』東京市公文書館、一九四一年、一一一～一一二頁。
(8)「江戸新開地町割及京堺商人移住」『東京市史稿　産業篇第三』東京市公文書館、一九四一年、一一一～一一二頁。
(9)「江戸町割年月答申」『東京市史稿　産業篇第二十八』東京都公文書館、一九八四年、一八二～一八三頁。
(10)伊東多三郎「天正日記と仮名性理」『日本歴史』第一九六号、一九六四年九月、二～一三頁。
(11)鈴木理生『江戸はこうして造られた』ちくま学芸文庫、二〇〇〇年、一五八～一六〇頁。
(12)『寛政重修諸家譜　第2輯』国民図書、一九二三年、七〇六頁。
(13)「運送著船之為舟入堀築造」(駿府記、大徳院殿御実紀)『東京市史稿　産業篇第三』東京市公文書館、一九四一年、九六～九七頁。
(14)「諸侯邸宅建築」『東京市史稿　産業篇第三』東京市公文書館、一九四一年、四二〇～四二一頁。
(15)「台徳院殿御実紀　巻四十三」『徳川実紀　第1編』経済雑誌社、一九〇四～一九〇七年、八三九頁(国立国会図書館デジタルコレクション四二六／五二二)。
(16)「台徳院殿御実紀　巻四十四」『徳川実紀　第1編』経済雑誌社、一九〇四～一九〇七年、八四三頁(国立国会図書館デジタルコレクション四二八／五二二)。
(17)「台徳院殿御実紀　巻四十五」『徳川実紀　第1編』経済雑誌社一九〇四～一九〇七年、八四八頁(国立国会図書館デジタルコレクション四三一／五二二)。

(18)「台徳院殿御実紀　巻四十二」『徳川実紀　第1編』経済雑誌社、一九〇四〜一九〇七年、八二三頁（国立国会図書館デジタルコレクション四二三／五二二）。
(19)「台徳院殿御実紀　巻四十三」『徳川実紀　第1編』経済雑誌社、一九〇四〜一九〇七年、八三九頁（国立国会図書館デジタルコレクション四二六／五二二）。
(20)鈴木理生編『図説　江戸・東京の川と水辺の事典』柏書房、二〇〇三年、二一五頁。
(21)「台徳院殿御実紀　巻五十三」『徳川実紀　第1編』経済雑誌社、一九〇四〜一九〇七年、九二三頁（国立国会図書館デジタルコレクション四六九／五二二）、市街篇第四、六四〜六五頁。
(22)『寛政重修諸家譜　第4輯』国民図書、一九二三年、三九一〜三九三頁（国立国会図書館デジタルコレクション二〇四〜二〇六／六一七）。
(23)鎌倉市『鎌倉市史　史料編　第二（円覚寺文書）』吉川弘文館、一九五六年、五九頁。
(24)鈴木理生編『図説　江戸・東京の川と水辺の事典』柏書房、二〇〇三年、二一七〜二二〇頁。
(25)「牛込筋違橋間ノ城濠疏濬」『東京市史稿　皇城篇第二』東京市役所、一九一二年、二七七〜二九四頁。

第3章

城下町・江戸と神田上水

家康の江戸入府直後から整備された小石川上水は、その後、神田上水に発展した。それは、現在の神田川の支流であった小石川から、神田川本流に水源をシフトさせ、豊富で安定した取水を実現するプロセスでもあった。

小石川上水や神田上水の成立についての一次史料は残されていない。そのため、従来の上水研究においては、小石川上水や神田上水の成立についての報告は限られていたが、本書では、本郷台（駿河台）から神田・日本橋周辺までの上水の主なルートと当時の地図に記された主要道路がほとんど一致することを明らかにした。

しかも、国土地理院地図の等高線から見ても、上水のルートは自然流下によって小石川から水を送る上で最適なコースであった。これは、当時の利水技術の一面を現代に伝えている。

小石川上水と神田上水は、武家地とは別に、神田や日本橋の町地、廻船の入港する河岸地といった江戸の経済活動を支える地域への給水を重視するものであった。

1　小石川から神田上水へ

神田上水

家康は、貯水池として千鳥ヶ淵と牛ヶ淵を造るとともに、本郷台の西側を南に流れていた旧・平川支流（現・神田川支流）の小石川に水源を求めた。これが小石川上水といわれるものである。

小石川上水が発展した神田上水は、当時の平川（現・神田川）の関口（現・文京区関口一丁目の大滝橋付近）に設けた取水堰（関口大洗堰《せきぐちおおあらいぜき》）から、目白台と春日台の南側を白堀《しらぼり》と呼ばれた開渠《かいきょ》の導水路によって本郷台の西側に導水した後、後ほど詳しく述べる樋線《ひせん》によって江戸市中に配水した。関口に堰を設けたのは、汐の干満の影響を受けずに淡水を取水できる最下流の地点だったからであるが、大洗堰と白堀の成立期は不明である。現在の関口は海抜約六〜七ｍ（神田川の水面は約〇ｍ）で、満潮時には海水が遡上するのは変わらない。

白堀は、標高を徐々に減らしながら流れる平川よりも、さらに河川勾配が緩やかとなるルートを取っている。この緩やかな勾配は、武蔵野台地の一部である目白台と春日台の麓の斜面を選びながら確保され、本郷台の西側を回り込みつつ、神田や日本橋方面に自然流下によって水を導水するのに必要となる高度を稼いでいる。こうした「『水盛《みずも》り』技術は、わが国古来の灌漑《かんがい》技術そのものであって、技術的には手なれた導水方式[1]」であった。

平川（現・神田川）からの取水は、小石川からよりも、大量の水を江戸市中に供給することを可能にした。それゆえ、関口大洗堰と白堀を含む神田上水の成立は、新たな水源を開発したに等しかった。小石川という平川支流から、武蔵野台地の東側に広い流域を持ち、標高約五〇ｍの井の頭池（東京都三鷹市）や善福寺池（東京都杉並区）、妙正寺池（東京都杉並区）などを水源とする平川本流に水源をシフトさせたのである。

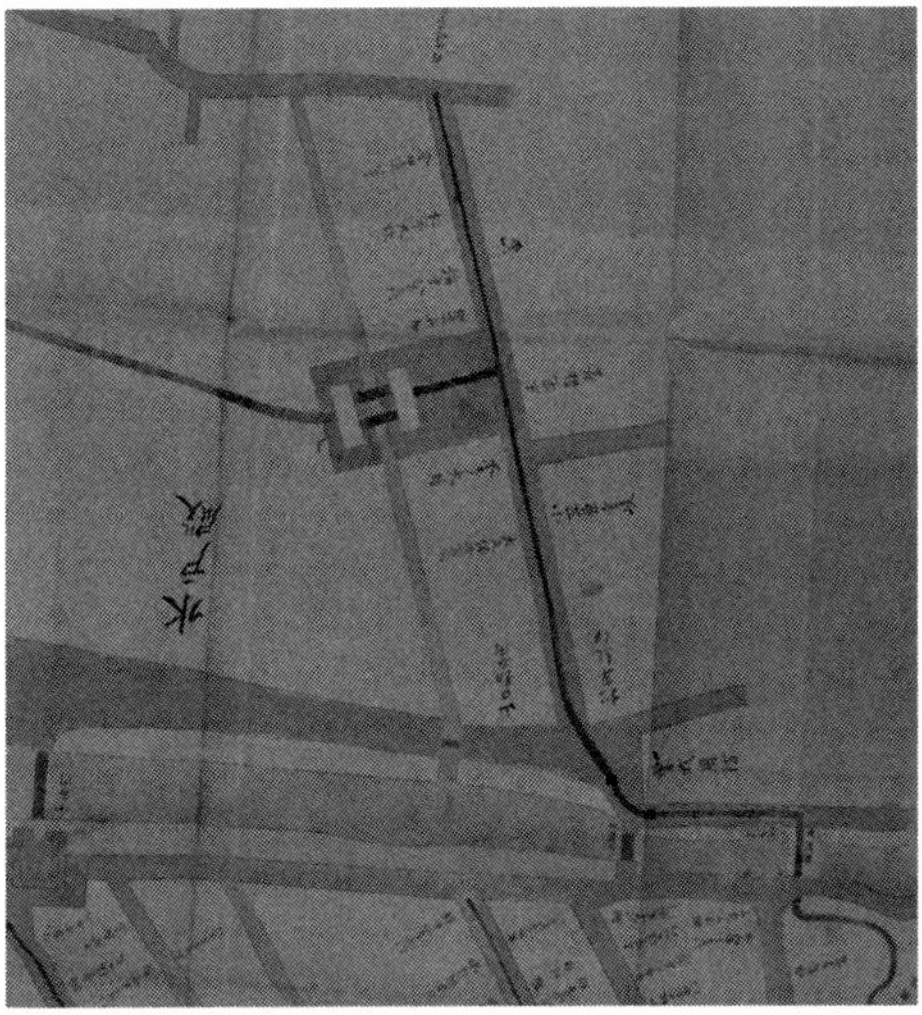

図表3－1　水戸家上屋敷〜大下水〜懸樋（出典：『神田上水大絵図』東京都公文書館蔵）

白堀は、水戸徳川家の広大な屋敷（明暦大火後、上屋敷となる）を抜けた箇所で、小石川を改修した「小石川大下水」を小規模な懸樋《かけひ》（「かけとい」とも呼んだ）によって横断した後、神田川を渡る大規模な懸樋に至っていた（図表3―1）。この懸樋とは、水路どうしを立体交差させるときに用いる樋《とい》のことで、現代の水道橋《すいどうきょう》ないし水《すい》管橋《かんきょう》に相当するが、神田川に架けられた時期は不明である。寛永期（一六二四〜一六四四年）に成立した『江戸図屏風』（国立歴史民俗博物館蔵）には、水道橋の東側に、簡素な懸樋が描かれている（図表3―2）。

なお、江戸の下水は、自然河川を利用した排水路である「大下水」、生活排水や雨水を流す「小下水」、それを集めて大下水に流す「横切下水」から構成されていた。

また、水戸徳川家の上屋敷は江戸城内（現・吹上付近）にあったが、一六五七（明暦三）年の明暦大火で焼失し、中屋敷のあった小石川（現・東京ドームシティや後楽園の一帯）に移転している。中屋敷の時代から神田上水が邸内を通過するとともに、それを利用した「大泉水」と呼ばれた池も備わっており、三代将軍・徳川家光も訪れている。

神田上水は白堀によって本郷台（神田川が開削された後は駿河台）の西側に導水され、神田川の

写真3-1　石樋　神田上水の石樋（本郷給水所公苑内に移築復元）。本来、上部は蓋をされていた。

写真3-2　木樋（写真はともに東京都水道歴史館提供）

図表3-2　水道橋付近の懸樋（『江戸図屛風』右隻第6扇上、国立歴史民俗博物館蔵）

懸樋に差し掛かる直前で、家康入府直後に整備された小石川上水の水路ないし樋線に合流したものと考えられる。懸樋の先は、万年樋と呼ばれた石製の配水管である石樋《せきひ》（「いしどい」ともいった）（写真3―1）と、木製の配水管である木樋《もくひ》（「もくとい」ともいった）（写真3―2）によって神田橋内の江戸城内、神田、日本橋などの町地に配水した。

小石川と神田上水の関係

小石川が上水として最初期に利用され、それが神田上水に発展したとはいえ、いつ・どのように・どこを引き継いだのか、といった基本的なことがらを裏付ける一次史料は残されていない。そうした事情を反映して『東京近代水道百年史　通史』（東京都水道局[2]）による神田上水の説明は簡素である。多少の重複はあるが紹介すると、「天正一八（一五九〇）年に徳川家康は、家臣大久保藤五郎忠行に命じて水道の調査を行わせ、藤五郎は約三箇月かけて小石川など自然の流れを利用し水道を造ったといわれる。これは小石川上水といわれ、後に発展して神田上水になったもので、東京水道の遠い起源である」、「水源（井の頭池、善福寺池及び妙正寺池）から取水口の小石川関口に至る間は、自然河川（現在の神田川）を利用し、総延長五里（二〇km）余、上流部幅二～四間（三・六～七・三m）、下流部幅八～一二間（一四・五～二一・八m）であり、関口の目白大洗堰《せき》以下の導水路は、幅三間（五・五m）であった。この導水路は、水道橋の東で水道懸樋を渡り、地中配管（石樋《ひ》）で神田猿楽町から神田橋外へ至り、以後は木樋《ひ》となる」などとなっている。その給水区域は「神田・日本橋・大手町・京橋の一部で、水道管の延長は七里（二八km）余であった。神田川の水源発見には、内田六次郎という者に功績があったといわれる」としている。

2　上水の布設ルートの検討

地形図と樋線図からのアプローチ

史料類が限られているので、こうした簡素な説明は致し方ない側面もあるが、結論を先に述べると、少なくとも神田川に架かる懸樋のあった場所から、神田・日本橋方面に自然流下で水を送るとなると、神田上水の樋線（幹線）が設定されていたルートは、地形的に最も適したコースであり、かつ、最短に近いという事実が浮かびあがる。ということは、小石川から神田・日本橋方面に導水したルートのうち、少なくとも神田川を渡る懸樋の地点よりも下流の幹線部分は神田上水に引き継がれた可能性がある。

これを検証するにあたり、等高線ないし土地の高低の情報が豊富に含まれる国土地理院の地形図と、断片的に残された史料である上水の「樋線図」を組み合わせる。

樋線図とは、現代の水道事業でいえば、主な配水管の布設状況を一覧できるもので、現代の「配水管路図」や「配水本管配管図」などの図面に相当する。神田上水と玉川上水の樋線網、すなわち江戸全市の「配水管網」を一覧できる史料としては、貞享期（一六八四～一六八八）の『貞享上水図』が知られている。また、一七九一（寛政三）年に当時の普請奉行・石野広通《いしのひろみち》が作成させて将軍家斉《いえなり》に献納・老中首座の松平定信《さだのぶ》に進達した『上水記』（東京都水道局蔵）に記載されている絵図、幕末から明治初期の『樋線図第4種』なども用いることができる。

このうち、本書でいう『貞享上水図』(3)は、東京都公文書館が所蔵する貞享期頃に成立したとされる『神田上水大絵図』（二枚組で「明治三十七年三月以旧幕引継本謄」の記載あり）と『玉川上水大絵図』（四枚組で、同じく「明治三十七年三月以旧幕引継本謄」の記載あり）、および、それらを基に作成された『東京市史稿　上水篇第一』に付図として所収されている『貞享上水図』（以下、特記する箇所を除き、『神田上水大絵図』と『玉川上水大絵図』および『貞享上水図』を総称して『貞享上水図』という）を指す。この『貞享上水図』は、元禄期直前の江戸の上水の全体像を描いたもので、神田上水系と玉川上水系のそれぞれの樋線が記載されている江戸市中の〝樋線一覧図〟となっている。

一方、将軍への献納を前提に作成された『上水記』には、幹線に相当する樋線のみが描かれ、末端の枝線《しせん》は省略されているが、江戸の「管路網」の概要は知ることができる。

さらに、幕末から近代水道が始まるまでの間の東京市内の樋線網を細かく記載し、実務でも使用された形跡の残る五種類の「樋線切絵図」も見ることができる。本書では、五つの中から、樋線のほか各樋線の材質や断面積の記載がある『樋線図第4種』(4)を参照する。

両上水の市中における樋線の配置と地形の関係を時系列的にみていくには、『貞享上水図』『上水記』『樋線図第4種』の三点が、ちょうど江戸初期、中期、幕末から明治の時期に相当するので好都合である。そして、これら三点の史料に基づく樋線の配置を、現代の国土地理院地図に反映させる作業を通じて、地形と樋線の関係を把握していく。[5]

地形図への樋線の投影

次に、これら三つの樋線図のおおまかな特徴を示し、その上で、地形や江戸の土地利用などとの関係をみていくことにする。

『貞享上水図』の元になった『神田上水大絵図』と『玉川上水大絵図』は文字通り大判の図面で、江戸時代前期の江戸市中の樋線がすべて記載されているとみられる。『神田上水大絵図』は二m×二・五mの二図、『玉川上水大絵図』は一・五〜一・七m×一・八〜二mの四図に分かれる。これだけ大きな地図だが、石か木かといった樋線の材質、断面の寸法（現在なら配水管の口径に相当）は記されていない。

一方、享保期に廃止された青山上水のほか、『上水記』と『樋線図第4種』には掲載のない番町・麴町台付近や春日台の下の水道町《すいどうちょう》（現・文京区水道）にも樋線が記されている。

この二つの大絵図（『貞享上水図』）に描かれた樋線を国土地理院地図から作成した四m、一〇m、二〇mの等高線の分布図（以下、『等高線の分布図』という）に反映させたものが口絵2である（水道町付近の樋線は省略）。

この図の作成では、まず、『貞享上水図』に記載された街路と樋線を、大日本帝国陸地測量部が発行した二万分の一地形図『東京首部』[6]（一九〇九［明治四二］年測図、一九一一［明治四四］年発行）および『東京南部』[7]（明治四二年測図、一九一五［大正四］年発行）に反映させた。江戸城内や大名屋敷が取り壊され、市区改正による影響もあるが、基本的に街路は江戸から引き継がれており、地形図に記載された町名なども場所を特定するのに役立つからである。

また、『貞享上水図』は実測図をベースにして樋線を記載したものとみられるので、この作業は煩雑ではあるが困難ではない。しかも、自然地形は現在まで、意外に残されている。

次に、その結果を、等高線の載った国土地理院地図に転写する[8]（口絵2）。現代の地図に『貞享上水図』の樋線を投影したわけで、ごく細かな部分は別として、土地の高低と樋線の関係を把握するには十分な精度となっている。同様の手順で『上水記』の樋線を示したものが後述の口絵3、『樋線図第4種』については口絵4となる。

3　小石川上水と神田上水のルート

懸樋の架けられる前と後

一六二〇（元和六）年になると、本郷台が開削されて、洪水時の平川の水を隅田川方面に流すための放水路が掘られ、堤防も築かれた。これが現在の神田川の前身であるが、少なくとも、この放水路が造られたときから、懸樋が架けられたといえるだろう。

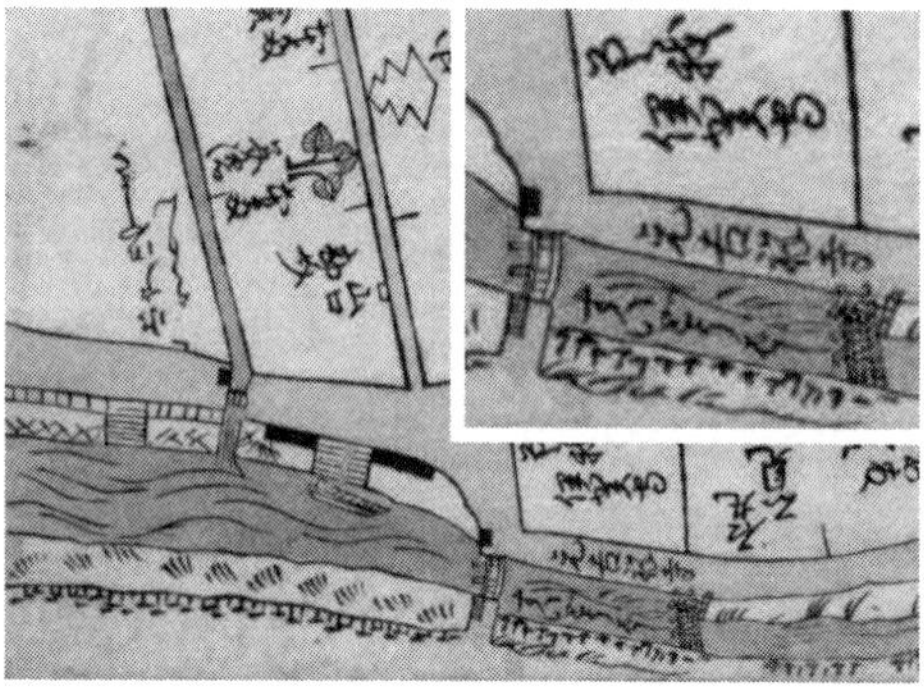

図表3－3　江戸方角安見圖鑑に描かれた懸樋（左下）（出典：国立国会図書館デジタルコレクション）。神田川を渡る懸樋（図左下）には屋根が付いているように見える。懸樋のすぐ西側（左側）には「すいどうばし」や河岸（船着き場と町地を表す黒色の帯線）、大下水の放流口、水戸家用の船着き場も見える。

放水路が掘られるまで、小石川（ないしはそれを引き継いだ神田上水）の水は、本郷台の西側を回り込みながら懸樋の架けられる場所を経て、神田や日本橋方面に導水されていたとみられる。まだ掘られていない〝神田川〟を渡る必要はなかったからである。しかし、神田上水の大洗堰からの白堀は、正保期（一六四四～一六四八）から地図に掲載される反面、懸樋の記載がない時期がしばらく続いている。その後、一六八〇（延宝八）年の『江戸《えど》方角《ほうがく》安見《あんけん》圖《ず》鑑《かん》』(9)になると本格的な懸樋が描かれるようになる（図表3―3）。

さらに、一六七一（寛文一一）年には、懸樋を修理した可能性のある工事の入札を公告する町触(10)も出されている。「神田上水元吉祥寺前上水つり戸樋やらひ」と「川野権右衛門殿屋敷之前上水戸樋」の工事である。これは「吊り戸樋《とひ》矢来《やらい》」と「上水戸樋」で、前者は懸樋の周囲に設置された柵（神田川北岸）、後者は懸樋の本体とみることもできる。

こうしてみると、寛永期の『江戸図屏風』に見られるような簡素な懸樋は、一六五七（明暦三）年の明暦大火の復旧・復興の中で、神田上水の施設として拡充・強化されたとみられる。

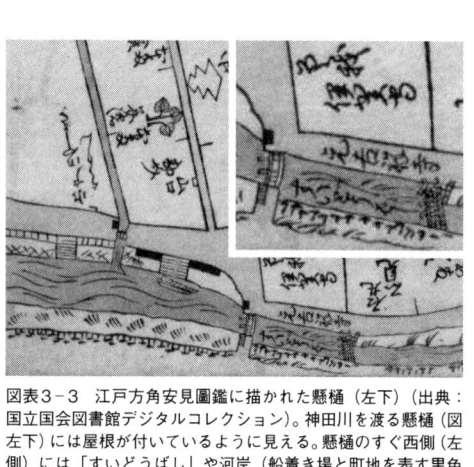

本郷台（駿河台）と神田上水――神田上水の幹線ルート

次に、神田上水の懸樋より下流を中心に、『貞享上水図』、『上水記』、『樋線図第4種』の中で最も古い『貞享上水図』と、一九一一（明治四四）年発行の大日本帝国陸地測量部『2万分の1地形図』（東京首部）に樋線を重ねた口絵2から神田上水の主要樋線を見ていく。

その上で、『貞享上水図』と国土地理院地図[11]に基づく等高線や標高との関係を詳しく検討する。ただし、国土地理院地図の標高データは地表のものであるので、埋設に伴う「土被り」の厚さや、万年樋ないし木樋の断面の大きさ等によって、当然差異が生じる。

なお、神田上水の樋線（幹線）のルートでは、場所によっては樋線の前後で標高データに凹凸もあるが、懸樋の下流は地下に埋設された樋線によって実際に水を送っているので、現代の標高に若干の高低があったとしても勾配は確保されていたと判断できる。

また、いずれの樋線図も、神田上水の懸樋から延びる幹線が描かれた道路については、拡幅などはあっても現在の道路とほぼ重なるので、現在の呼称を用いる。

まず、懸樋の標高は約七・〇mで、小石川の水源（標高七・三m）から懸樋までは、本郷台西側斜面の標高六～七mの等高線（図表3―4では六～七m）に沿って進んでいたとみられる。そして、懸樋を渡った対岸の猿楽《さるがく》通り入口（六・〇m）を経て猿楽通りの中央（六・四m）までは標高六～七mに沿って東進し、錦華《きんか》通り（五・六m）を抜けて靖国通りに出る。江戸時代には猿楽通りは「裏猿楽町《ちょう》」、錦華通りから靖国通りにかけては「表猿楽町」と呼ばれていた。[12]

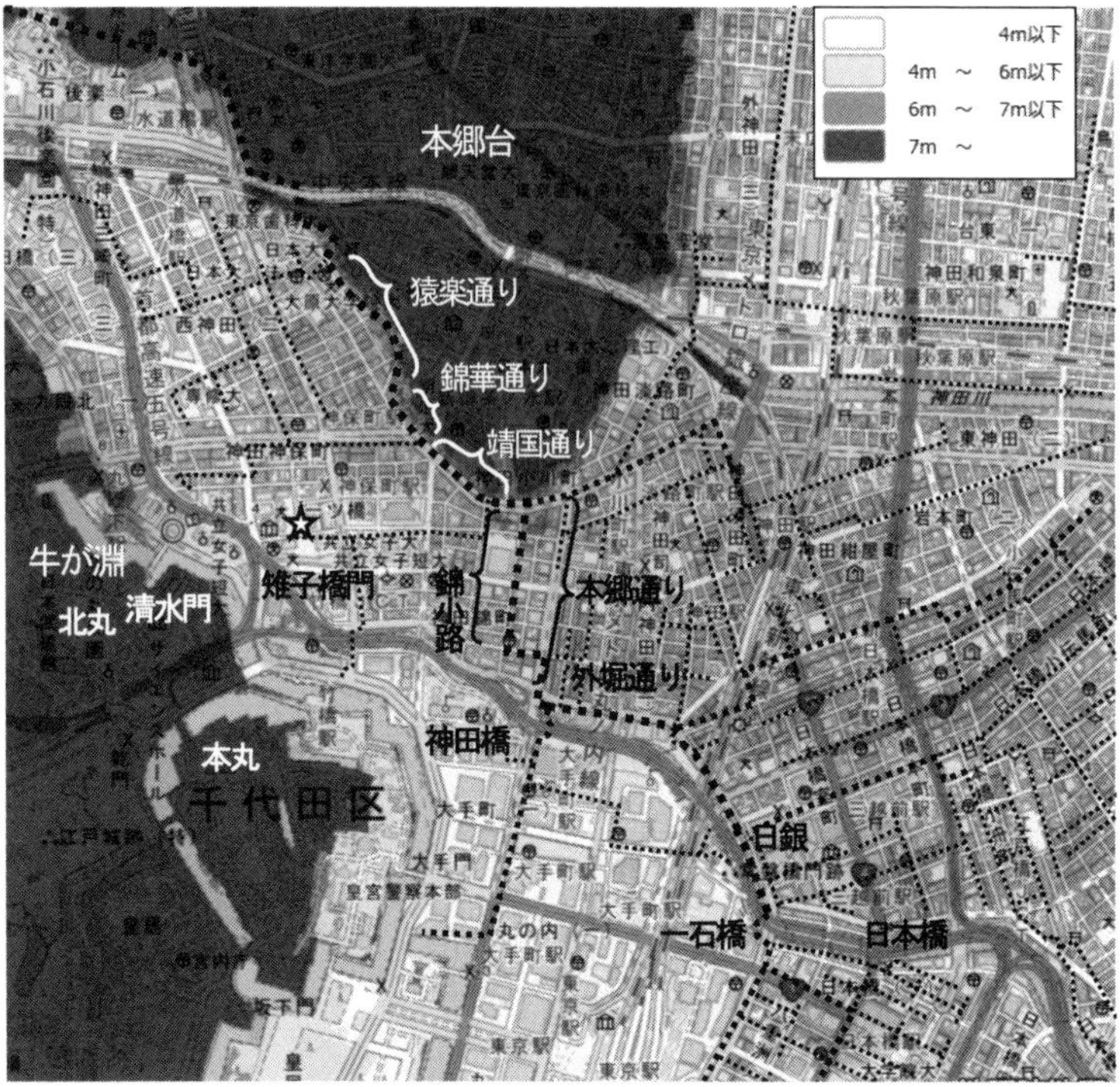

図表3－4　本郷台と神田上水の樋線網（点線は樋線［太点線は幹線］。☆印は一橋中学校。出典：『貞享上水図』、大日本帝国陸地測量部『2万分の1地形図』［東京首部］、国土地理院地図）

なお、東京都水道歴史館に所蔵されている懸樋の模型製作を主導した五《ご》味《み》碧水《へきすい》によれば、懸樋の水面の標高が五m強、平均勾配一‰（一／一〇〇〇）となっている[13]。

その後、駿河台下交叉点（五・八m）を通り、小川町交叉点の約一〇〇m前の神田《かんだ》錦町《にしきちょう》一丁目と同二丁目を分ける通りを南に左折する（神田錦町）。この道路は江戸切絵図等では「錦小路《にしきこうじ》」と呼ばれていた。駿河台下交叉点から錦小路（五・八m）を右折するまでの区間は、標高六mの等高線とほとんど一致している。この付近で靖国通りが南側に大きく張り出して湾曲した形状は、標高六mの等高線の形状そのものといってもよいだろう。本郷台の台地の標高面を忠実になぞる形で、主要樋線（幹線）のルート選定がなされているわけである。

懸樋（幹線）の下流側では、その勾配を緩く保ちながら、本郷台が南に張り出した部分を等高線に沿って〝巻く〟コースを取っている（本郷台の裾野を回り込みつつ距離を稼いでいる）。樋線は、最も張り出した地点（錦小路に右折する箇所）で本郷台の尾根筋に達している。それは、神田上水の幹線が本郷台の縁を〝登りきった〟イメージといってよい。

その後、錦小路を南に進み、出世不動通りを左折したのち、本郷通りを右折して神田橋（江戸時代は神田橋御門、五・〇m）に至る。ここは緩やかになった本郷台の尾根筋の傾斜に沿って南に進むルートである。そこからは、外堀通り沿いに鎌倉橋（鎌倉河岸、五・〇m）、竜閑橋《りゅうかんばし》、常盤橋（四・七m）、日本銀行（金座）前、一石橋に至っている。これは、付け替えられた平川の現代の姿である日本橋川に沿った標高五mの地域を東進するルートである。

一方、神田錦町で分岐して直進し、筋違橋（現在の万世橋付近、四・八m）に向かう幹線もあった。この樋線は、この分岐点付近で本郷台の尾根筋を西から東に〝越えて〟いる。また、小石川の水源P（図表1―3）から懸樋までの区間も、本郷台西側の等高線に沿っている。

以上の検討からすると、神田上水の樋線（幹線）のコースは、水道橋付近の懸樋から自然流下によって神田や日本橋の一帯に水を送る上で、地形的に最適な場所をピンポイントで結びながら設定されていたといえる。

ということは、平川の放水路が掘られるまでは、小石川からの上水の水路も、懸樋が架けられることになる場所の近くを通っていたことになる。その地点に導水しなければ、それより下流には流れないからである。

そうなると、神田上水のうち、懸樋より下流の主要な部分は小石川を上水として利用し始めた頃、すなわち家康の江戸入府から短期間のうちに定まっていた可能性が高い。しかも、懸樋が設置されることになった位置から、最も遠い日本橋方面（一石橋）までを結ぶにしても、このルートは、ほぼ最短コースとなっている。

小石川を上水として開発した内容や、その運用、さらには神田上水との具体的な関係などは不明であるとはいえ、以上のように、等高線や標高を含む地形図と道路の形状と、神田上水の幹線ルートを照らし合わせてみると、小石川からの導水経路の主要な部分は、懸樋のおよその位置も含めて、神田上水に引き継がれたといえるだろう。

発掘報告と『貞享上水図』

次に、先ほど紹介した「一橋中学校」付近の発掘箇所を中心とする場所、『貞享上水図』の樋線、現代の国土地理院地図を重ねて得た図表3―4を見ることにする。

まず、木樋の出土箇所（☆印）は小川町低地であり、現在も、周囲よりも一段と標高の低い地区となっている（清水門、雉子橋門付近の薄いグレーの部分）。

報告書では、「明治一六年　参謀本部陸地測量局作製の五千分の一、東京図中」には「江戸時代からの水道管（木管）の埋設状況が、多くは道路上に点線で表現されているものである」という前提に立ち、「この道路には水道管をしめす点線は、えがかれていないこと、および図と現場との位置関係から、地図作成の時点では確認されていないものと判断した」としている。明治初期の『樋線図第4種』では、この箇所に樋線は通じていないので、参謀本部の地図に掲載されていないのもうなずける。

この出土現場を『貞享上水図』と照合すると、神田上水の幹線からみて末端の行き止まり部分ではあるが、樋線は通じている。しかし、この出土現場付近を含め、牛ヶ淵と千鳥ヶ淵を水源とするような樋線は見当たらないので、『貞享上水図』の時代には、すでに二つの貯水池は水道施設としての役目を終えていたとみられる。この場所は、牛ヶ淵の直下にあたるので、牛ヶ淵が水源として使用されていれば、樋線も描かれていた可能性がある。

一方、神田上水からの樋線は、日本橋川を一ツ橋で渡って平川門の前まで伸びる路線と、神田橋門から大名小路（現・大手町、丸の内）に入る二つの路線を除いて、日本橋川よりも南側（江戸城側）には伸びていない。

こうしてみると、少なくとも小川町一帯については、牛ヶ淵からの給水が、神田上水からの給水になった可能性を指摘できる。その時期は、小石川から導水を始めた当初からか、あるいは大洗堰から取水する神田上水が本格的に稼働してからなのかは定かではないが、水源の水量からすれば、後者の可能性の方が高いだろう。

竣工直後の牛ヶ淵からは、小川町低地の一帯をなす旧・平川の河口部の埋立地に、埋め立て工事中から木樋を布設したうえで給水していたが、大洗堰から取水する神田上水が完成すると、小石川からの用水は実質的に神田上水に吸収され、牛ヶ淵も役目を終えた可能性も指摘できる。『貞享上水図』の樋線の配置をみても、小川町低地の一帯は、神田上水の幹線（現・猿楽通り〜靖国通り）からは標高も低く、配水上も末端になっている。江戸の発展は水道需要の増加をもたらしたが、それによって水源や樋線も変化していったのである。

道路が先か、水道が先か？

『貞享上水図』などを見ると、大洗堰から小石川を渡るまでの開渠（白堀）の区間や、懸樋の部分を除き、樋線はいずれも道路敷に記載されているが、これは、樋線図が成立した時点では、すでに石樋ないし木樋が道路に埋設されていたことを意味する。ということは、これまで取り上げてきた道路の成立時期が、神田上水ないしは小石川からの導水施設が布設された時期を絞り込むのに役立つ可能性も高い。

現在、既成の市街地に配水管（水道管）や下水管、ガス管などのライフライン施設を布設するときには、当然のこととして、道路を掘削した上で埋設する。電線や通信回線などを地中化する場合も同様である。ただし、土地区画整理や埋立地造成など、新たな都市や市街地を建設する場合には、道路よりもライフラインの布設が先行する。

家康入府後の江戸のように、急速に海面の埋め立てや、台地を切り崩した宅地造成が行われた場合、旧・一橋中学校の遺跡に見られるように、道路整備の前に、当時の唯一のライフラインであった上水の樋線を通したとしても不思議ではない。

しかも、神田上水の主要樋線のルートは、自然流下で神田や日本橋一帯に送水できる唯一といってもよいコースである。したがって、主要路線については、道路の下に樋線を布設したのではなく、上水の幹線を布設した場所が道路になった可能性がある。

この小石川からの導水ルートのうち、懸樋から本郷台の南側を回り込む場所は、第2章で紹介した一六一六（元和二）年から一六二〇（元和六）年にかけての本郷台（神田台）などの造成、放水路開削や堤防築造の現場と、ほとんど重なり合っている。しかも、一六一八（元和四）年には「この年仰をうけたまはり、府内（江戸）の道路を巡見し、水道の事を沙汰す」（寛政重修諸家譜[14]）と、神田台の造成や堤防築造の責任者だった阿倍正之は、将軍・秀忠から江戸の道路と水道の両方を統括するように命じられている。

こうした人事や工事の状況は、道路の整備と管理、水道に関する業務、宅地開発（台地と埋立地の双方）とそれに伴う治水事業が、一体的に処理されていたことを物語っている。それらの工事は、家康の江戸入り直後に整備された小石川からの導水ルートを巻き込む形で施工しなければ不可能であったからである。また、元和二年の神田台の宅地造成も元和六年の吉祥寺南側の放水路開削も、小石川からの水路が、本郷台の西側から後の駿河台の南側を回り込む箇所と重なり合っている。

こうした〝状況証拠〟を積み上げると、開渠であったか樋であったかはともかく、既存の小石川からの導水路の上に道路を通した結果として、導水路は道路下になったと見るのが自然である。

自然流下の導水路のコースは地形によって制約を受けるので、新たな流路を模索するよりも、導水路と道路を一体的に整備する方が、迅速かつ確実に、宅地開発に不可欠な道路を割り付け、かつ、飲料水の送水も支障なくできたはずであった。それが、正之に「道路を巡見し、水道の事を沙汰」させる意味であった。

そうすると、神田台の宅地開発が始まるまでは水路（開渠）で、宅地造成が始まるとともに導水路が樋線として道路下に埋設された可能性も浮上する。

本郷台の地形をみると、水道橋の懸樋より下流の神田上水の幹線ルートについては、自然流下で神田や日本橋方面まで導水するには最適なルートであった。したがって、その成立期は、小石川上水によって神田や日本橋への給水が始まった時点といってよいだろう。

寛永期は江戸城や市街の拡大に伴って神田上水の給水区域が大きく拡がった時代で、一六二八（寛永五）年から一六三〇（寛永七）年までは第四次天下普請により本丸や西丸の工事のほか、雉子橋付近から一石橋までの現・日本橋に沿った石垣や外濠沿いの石垣工事も行われた。旧・平川（現神田川）の関口大洗堰とそこからの白堀（開渠）の成立時期ははっきりしないが、この天下普請の頃に小石川よりも水量を安定して確保できる関口大洗堰や白堀が造られたという見方も成り立つ。それゆえ、神田上水については、大洗堰や白堀の成立時期と、本郷台よりも下流部分の幹線部分の成立時期を区別して語る必要があろう。

東京都水道局のＨＰでは、神田上水が「完成したのは寛永六（一六二九）年頃[15]」とあるが、水《すい》道橋《どうばし》の懸樋よりも下流側の幹線部分は小石川からの導水が始まった時点、あるいは、少なくとも一六二〇（元和六）年よりも前の段階まで遡れる可能性も否定できない。

4　江戸図と神田上水

『武州豊嶋郡江戸庄図』と樋線

ここで、『貞享上水図』の中で、神田上水の幹線が布設されていた道路を、江戸の都市図と照らし合わせてみよう。まず、第2章でも紹介した『武州豊嶋郡江戸庄図《ぶしゅうとしまごおりえどしょうず》』[16]（東京都立中央図書館蔵）を見ることにする（口絵1、図表2―5）。『武州豊嶋郡江戸庄図』で描かれている範囲は、東は隅田川、西は千鳥ヶ淵から山王日枝神社、南は溜池・増上寺、そして北は浅草橋門から九段下あたりまでで、この図が刊行された一六三二（寛永九）年当時の江戸の範囲は、まだ狭かったといえる。この地図では駿河台の南半分までしか描かれておらず、それより以北の部分は不明で、小石川や水道橋付近も描かれていない。

駿河台の南から神田橋門の部分を拡大すると（図表3―5）、猿楽通りの途中から東に向かって錦華通りに合流する部分、その延長部に当たる靖国通りの原形になった道路までは、ギリギリのところで描かれている。それらの道路をつなげると、駿河台（本郷台）の山麓をグルリと半周するような形状になっている。この図では、さらに靖国通りよりも下流側の日本橋方面に至るルー

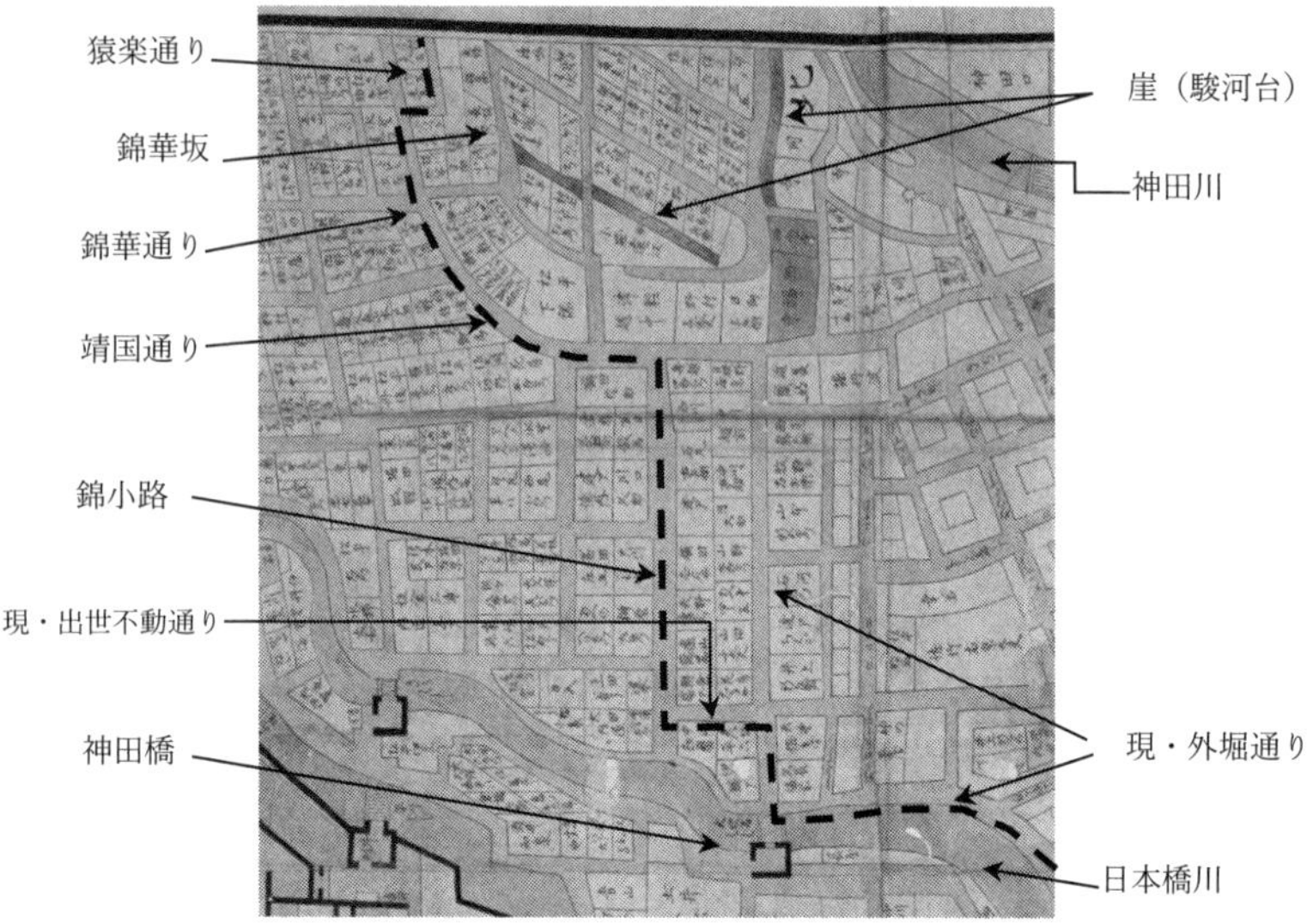

図表3－5　『武州豊嶋郡江戸庄図』における神田上水の幹線ルート・駿河台～神田橋門（出典：東京都立中央図書館蔵）。口絵1も参照。

トも追うことができる。ということは、デフォルメされているとはいえ一六三二年の段階で、猿楽・錦華・靖国の各通りは、現在の道路の形状とあまり変わらない形で通じていたことになる。なお、この図表3―5と図表3―4を比べると、道路の形状が似ていることがわかる。

一方、駿河台（本郷台）の南側には、等高線に沿う形で崖地が二カ所描かれている。現在、この付近には明治大学の複数の関連施設などが建っており、台地の上と下を行き来する階段状の道路もある。図表中にも、現在の錦華《きんか》坂《ざか》に当たる場所には階段が描かれているほか、同様の道路が一カ所見られる。このように、駿河台が台地であることや、その台地を迂回していた神田上水の幹線が通る道路も良く描かれている。一六三二（寛永九）年よりも以前の段階で、神田上水の主要樋線が確立されており、それが道路の形状に反映されていたのであった。

この図が刊行された数年後、江戸城で続いた天下普請のなかで、最大規模となった一六三五（寛永一二）年から一六三九（寛永一六）年の工事（第五次天下普請）が行われ、平川支流の谷などを活用して、現在の江戸城の外郭を確定させている。水道橋の懸樋の上流となる外濠（現在の通称名は市ヶ谷濠、牛込濠など。前述の通り江戸城の濠はすべて「御濠《おほり》」と呼ばれた）も、この時に造られている。また、四谷門、赤坂門なども整備されて、江戸城の西側から南側にかけての地域の市街化も進んだのであった。

なお、正保期（一六四四～一六四八）に描かれた『正保年中江戸絵図《しょうほうねんちゅうえどえず》』（図表3―6）には、大洗堰そのものの表記はないが、その付近から水戸徳川家の上屋敷付近まで神田上水（白堀）が描かれている。この図は、国立公文書館蔵ＨＰ[17]によれば「幕末の嘉永六年（一八五三）に模写」、「描かれているのは正保元年（一六四四）か二年の江戸の町の様子であると推定」、「明暦大火（一六五七）以前の江戸の様子が分る貴重な地図」となっている。

また、同じ図を所蔵している東京都立中央図書館の解説では「明暦の大火（一六五七）以前の江戸全体をうかがい知ることのできる唯一の資料とされ」、「内容が詳細な割には方位や縮尺が正確ではないものの、実測図とされ[18]」となっている。

これは、『武州豊嶋郡江戸庄図』から一一～一三年後の江戸の姿ということになり、地図の範囲も、東が隅田川までというのは変わらないが、西は現在の中野坂上付近、南は広尾や麻布付近、

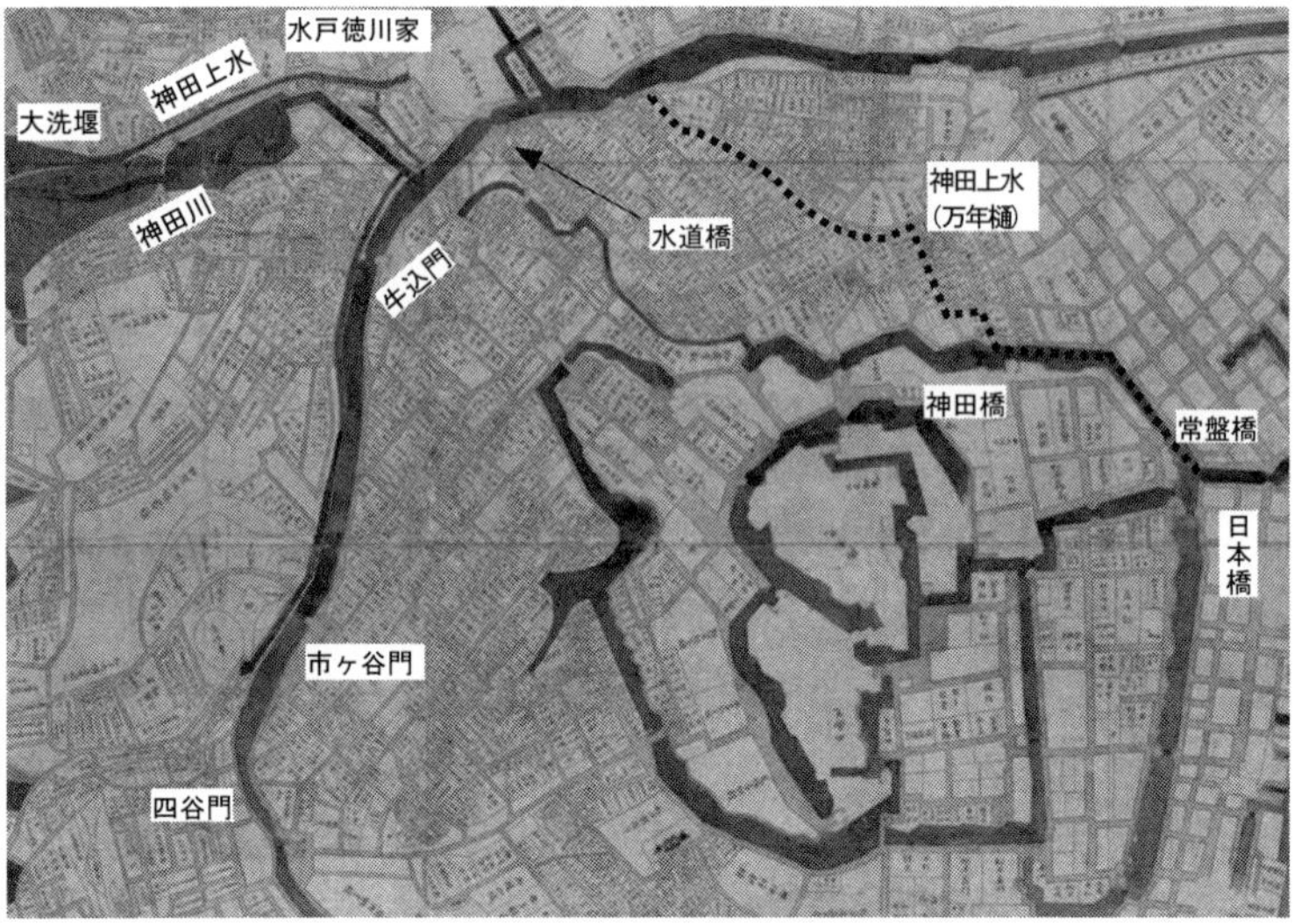

図表3-6　正保年中江戸絵図（部分）（出典：国立公文書館蔵）

北は浅草寺の北側から駒込近辺まで、と江戸近郊まで広く描かれている（ここでは省略）。

それが、一六八〇（延宝八）年の『江戸方角安見圖鑑』（図表3―3）になると、水道橋の下流には、屋根で覆われた懸樋が登場し、周囲には一六七一（寛文一一）年の修復工事の対象になった「矢来《やらい》」と目される柵も記されている。場所も、現在の「懸樋跡の石碑」の位置とみて差し支えないだろう。『江戸図屏風』と比べると、本格的な設備となっている。さらに、大洗堰、白堀、金杉《かねすぎ》水道町なども明瞭に描かれている。神田川が常時通航可能になったことを反映して、牛込濠の下流側には河岸や舟も見える。この図は、表題の通り、現在でいえば「江戸のガイドブック兼道路地図」に相当するものなので、ランドマークになるような施設、地名、大名、旗本の屋敷の一つとして、神田川に架かる懸樋も描かれている。この時点で、その後の錦絵や『江戸名所図会』にある「神田上水懸樋」（この場合の読み仮名は「かけとひ」）のような屋根付きの懸樋と周囲に廻らされた柵が揃っていたのであった（図表3—7）。

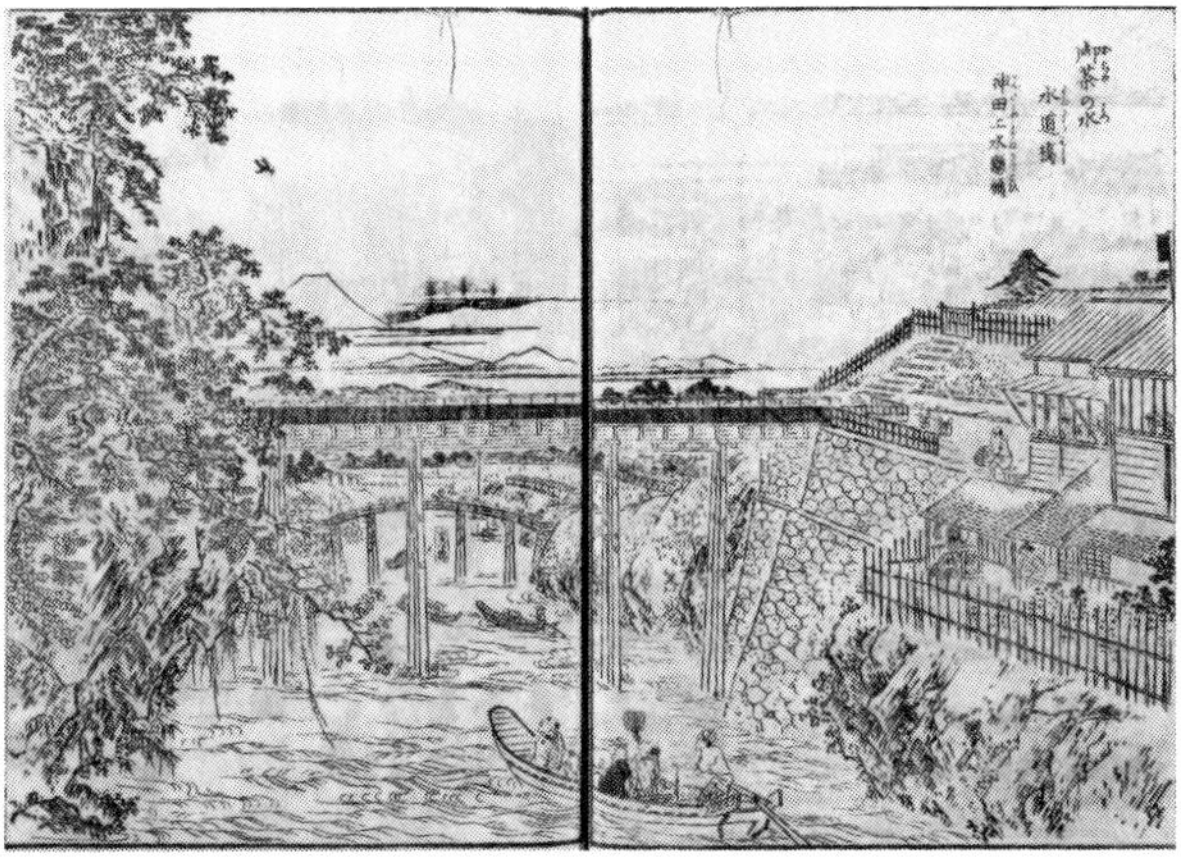

図表3－7　江戸名所図会　御茶の水　水道橋　神田上水懸樋（出典：国立国会図書館デジタルコレクション）

この神田川拡張工事の四半世紀後となる『貞享上水図』では、上水管理のための図であることを反映して、白堀が水戸家上屋敷の中まで描かれている。さらに、神田川を渡る箇所には「大渡樋」と表記され、懸樋であることが表現されているほか、その少し上流部分は両岸とも石垣で補強され、江戸の水道の基幹施設として相応しい形態になっていた。

白堀は水戸家上屋敷を横断した後、小石川大下水を小さな懸樋で渡った先で、小石川方面から南下してきた水路に合流する（図表3—1）。この水路は上水と同じ紺色で着色されており、河川や濠、大下水が水色であるのとは明らかに異なる扱いとなっている。

『貞享上水図』の凡例では、上水は紺色、その他の水面は水色となっている。ということは、元は自然河川であった小石川大下水とは異なる上水用の水路ということになり、家康の江戸入り直後に造られた小石川からの導水路（小石川上水）の痕跡であった可能性もある。この「上水」の痕跡は、前章で述べた小石川の水源P付近から懸樋の場所までに相当し、本郷台の西側斜面の標高約七mの場所を直線的に結んでいる。

5　神田上水の樋線網

神田上水の目的地——神田・日本橋地区への給水

次に、神田上水の流れに従って、神田、日本橋方面に延びた下流部とともに、その〝給水区域〟の特徴などについても触れていきたい。

『貞享上水図』と地形との関係（口絵2）をみると、神田上水（破線）の給水区域は、武家地では江戸城の外郭内の神田橋門内から常盤橋門内（現・千代田区大手町の一帯）の大名・旗本の屋敷街、駿河台下から筋違橋門にかけた地域、浅草橋門周辺の現・神田川に沿った地域などであった。町地としては、神田や日本橋、日本橋から京橋の通町筋（現・中央通り）や江戸舟入堀の一帯、現・日本橋浜町などの隅田川に至る日本橋地区の東部まで、となっていた。

懸樋を渡って駿河台の西側に取りついた樋線（幹線）は、猿楽通りから錦華通り、靖国通りなどを経て、現・千代田区神田小川町で南に折れて神田橋門に至っている。
この樋線は神田小川町から南側に向かうルートと、そのまま筋違橋門の前を通って浅草橋門の西側（現・千代田区岩本町）に至る路線に分かれる。筋違橋門から神田川の北の対岸に向かう樋線も見える。

南側の神田橋門に通じる樋線は、大名・旗本屋敷の集まった江戸城外郭（現・千代田区大手町）に入る路線と、日本橋川（平川）と鎌倉河岸に沿って常盤橋門外（現・中央区日本橋本石町）に至り、そこから旧・本町通りに沿って現・中央区日本橋本町《ほんちょう》と日本橋大伝馬町を経て、浅草橋門の南側（現・日本橋馬喰町付近）に通じる路線に分かれる。日本橋北側の町地の中心部は、この幹線によって給水されており、先端部は現・中央区日本橋箱崎町まで伸びていた。途中の鎌倉河岸《かまくらがし》からは、浅草橋門の南西側（現・千代田区東神田）まで通じる樋線も伸びている。

神田橋門の前を東に進む樋線（幹線）は一石橋で日本橋川を渡り、外濠に沿った樋線と通町筋（現・中央通り）を通って現在の中央区八重洲、日本橋、京橋に至る路線に分かれる。通町筋の樋線からは、複数の江戸舟入堀に直接配水する樋線が櫛状に分岐している。

このように、神田上水系の樋線は神田、日本橋など京橋以北の町地を中心に給水していただけでなく、最末端では現・日本橋箱崎町や現・日本橋浜町《はまちょう》などに集積していた有力諸侯の物揚場《ものあげば》（港湾施設）を兼ねた中屋敷にも延びていた。

神田上水と地形

次に、若干の重複もあるが、樋線のルートと地形の関係を細かく見ていくことにする。

関口〜水道橋　まず、神田川（旧・平川）からの取水場所である関口（目白台の崖下の部分）から白堀によって本郷台に向かって東に向かう。この区間の水路は、南南東から南に急角度で曲がる神田川本流から徐々に離れ、取水地点の標高を維持しながら春日台の下部（口絵2、3、4）では標高七mの等高線に沿って進んでいる。それが本郷台（駿河台）に突き当たる場所で南東方向に進路を変え、本郷台西側の急傾斜地に差し掛かったところで水道橋付近の懸樋によって神田川を渡っている。

目白台、春日台、本郷台の最高地点の標高は二〇mを超えるが、取水地点の関口から水道橋までの水路は、これらの台地が平川に落ち込む急斜面の底部を縫うようにして引かれている。これは、玉川上水が羽村《はむら》〜拝島《はいじま》で段丘壁を「登る」技術・発想に通じている。

水道橋〜神田小川町　この区間については、すでに詳しく述べた通りであるが、懸樋で神田川を渡って、本郷台（駿河台）の西に到達した上水は、ここでも本郷台の標高六〜七mの等高線に沿って、万年樋（石樋）によって神田小川町まで続いている（図表3―4）。

神田小川町〜神田橋門　一方、神田小川町付近で現・靖国通りを南側に大きく湾曲した万年樋は、そのカーブの南端を東に少し過ぎた神田錦町から南側に直角に曲がった錦通りを進んだ後、現・本郷通りに沿って神田橋門外に通じる。

神田橋門～竜閑橋・常盤橋（現・外堀通り沿い）　このルートは、家康入府直後に開削された日本橋川に沿っている。なお、運河であった竜閑川《りゅうかんがわ》の開削は一六九一（元禄四）年で、元和年間に開通していた浜町堀《はまちょうぼり》と結ばれた。竜閑橋付近の日本橋川は、駿河台の下部では標高五ｍの等高線に沿って回り込んでいる（図表２―３）。

神田小川町～筋違橋門～神田一帯　現・本郷通りから外堀通りに通じる石樋（幹線）からは、小川町付近で駿河台を回り込みつつ樋線の標高を保ち、筋違橋門に向かって北東方向に向かう木樋が分岐する。筋違橋門からは南東方向に直角に曲がり、駿河台から旧・江戸前島などの南東方向に向かって続く微高地（尾根筋）と平行に、神田須田町などの神田一帯から竜閑川方面に向かっている。

神田～和泉橋、浅草橋門の西側　神田一帯からは、旧「お玉が池」などがあった低地を経て和泉橋《いずみばし》に向かうルートと、竜閑川の北岸に沿って、浅草橋門の南西に至るルートが東北東方向に向けて平行に伸びており、後者は駿河台から続く微高地と一致する。

常盤橋門～竜閑川南岸～浅草橋門東側、常盤橋門～本町通りから浅草橋の東側　石樋のルートに戻ると、常盤橋門付近から竜閑川南岸を経て浅草橋門の東側に通じる幹線が伸びている。この途中の現・日本橋馬喰町《ばくろちょう》二丁目付近からは、現・日本橋浜町方面に向かう長大な樋線も分岐している。その南側には本町通りに沿った幹線のほか、常盤橋付近から複数の支線が通町筋に直交しながら日本橋本町や日本橋室町などの日本橋中心部に伸びている。

『樋線図第４種』によれば、断面が一尺四方の大型木樋や、それに準じた八寸四方の木樋が並行

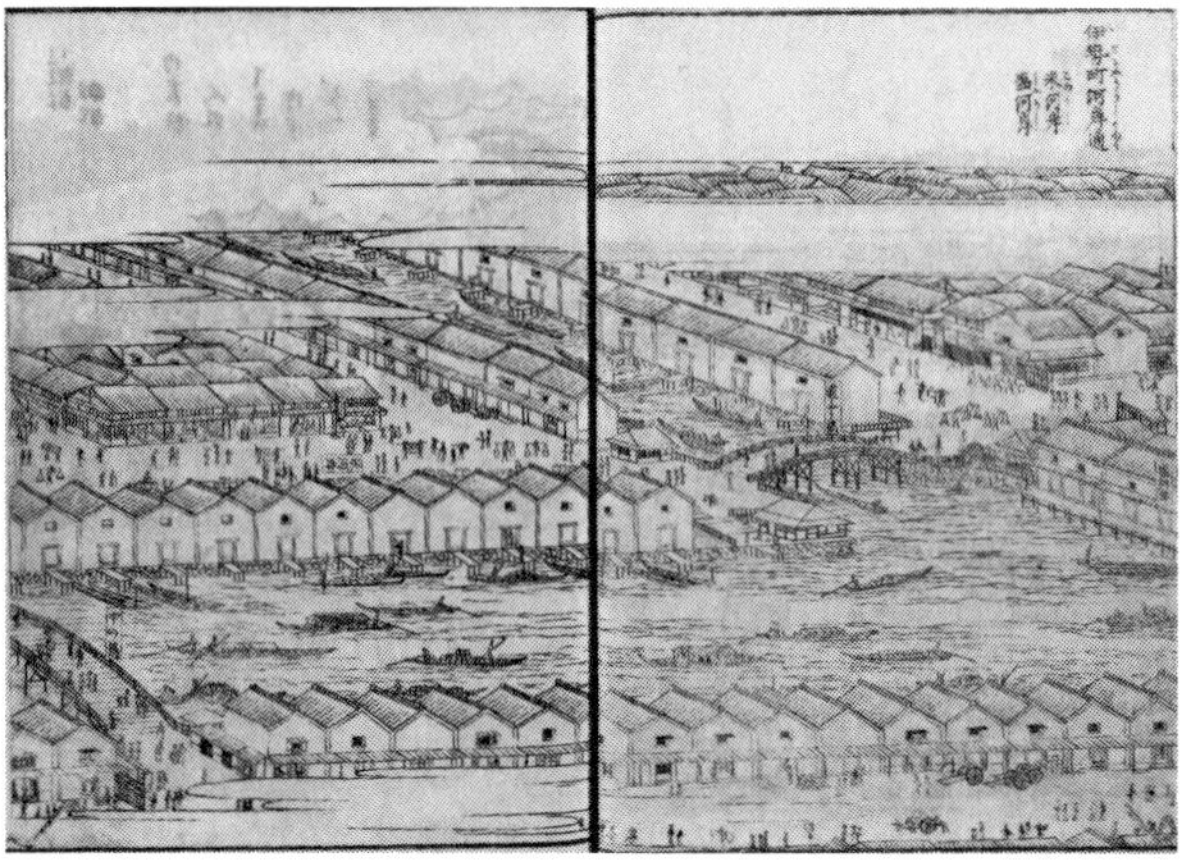

図表3－8　江戸名所図会　伊勢町米河岸（出典：国立国会図書館デジタルコレクション）

するとともに、網の目のように枝線が布設されている。経済の中心地だった日本橋川の北岸だけあって、給水需要が大きかったためである。この周辺では、すべて通町筋を横断し、通りを縦貫する樋線がないのも特徴である（口絵4）。

日本橋川北岸の伊勢町（現・日本橋本町一・二丁目、日本橋室町一丁目）、日本橋小舟町《こぶなちょう》、堀江町（現・日本橋小舟町、日本橋小網町《こあみちょう》）、日本橋堀留《ほりどめ》町《ちょう》などは江戸湊の中心部で、水路の両岸に樋線がきめ細かく布設されていた。一八三四（天保五）年から一八三六（天保七）年にかけて刊行された『江戸名所図会』（齋藤月岑《さいとうげつしん》）では、河岸に面して蔵が立ち並んでいる（図表3—8）。これらの場所に通じる樋線の一部は、日本橋小網町などを経て日本橋箱崎町周辺まで伸びていた。

一石橋～京橋、江戸舟入堀　神田上水の配水区域の南端は、外濠、日本橋川、京橋川、楓川に囲まれた範囲であった（口絵2、口絵4）。外濠（現・外堀通り）に沿って、神田橋門から常盤橋門まで伸びた石樋は、一石橋を渡ると東に直角に曲がる。そして、日本橋川に沿って日本橋の南側で通町筋に移り、通町筋を縦貫する形で京橋まで続く点が日本橋川の北岸とは対照的である。これは、江戸前島の尾根筋に樋線を通すことにより、通町筋の左右、特に楓川に面した江戸舟入堀の一本一本への配水量を確保するためだった。一方、通町筋と外濠の間の町地は、通町筋に布設された幹線と、外濠沿いの支線の双方から給水していた。

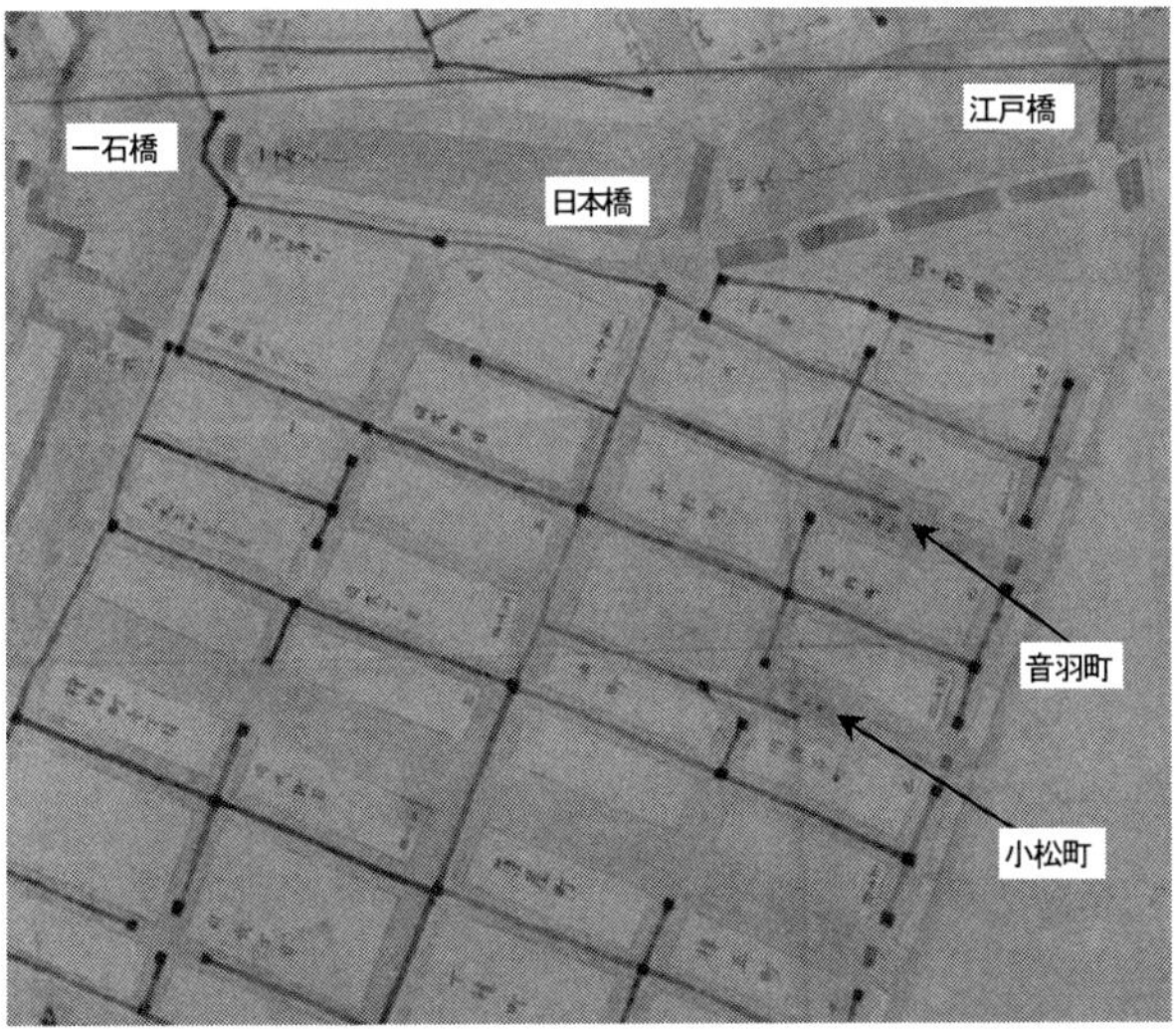

図表3-9　江戸舟入堀に延びた樋線（貞享上水図）（出典：『神田上水大絵図　水上　貞享之頃』東京都公文書館蔵）

『貞享上水図』では河岸地や江戸舟入堀などには幹線から直接配水する形となっており、目的地にピンポイントで配水する設計思想が見て取れる。しかし、『樋線図第4種』では、末端どうしが連絡される傾向が強くなる。舟入堀が埋め立てられて町地化すると、町地全体への面的な給水安定性が必要になったため、それぞれの末端を連絡したといえるだろう。

江戸舟入堀の船舶給水施設

一方、『武州豊嶋郡江戸庄図』の約五〇年後に成立した『貞享上水図』では、江戸舟入堀の水面の中にまで船舶給水のためとみられる樋線が描かれている（図表３―９）。この場所は神田上水の末端の音羽町（現・中央区日本橋一丁目）と小松町（現・中央区日本橋二丁目）である。江戸舟入堀の埋め立ては、『武州豊嶋郡江戸庄図』よりも進んでおり、水路であった場所が道路や町地に変わっている箇所が多い。

これらの舟入堀の中に描かれた樋線は、そこに停泊する船舶への給水を目的に設置されたとみるのが自然である。天下普請を含め、江戸の繁栄が全国からの物資の流入を前提としていた以上、それを支える海運に最大級の便宜が図られていたのは、むしろ当然のことだった。飲料水を豊富に入手できることは、廻船の寄港地としての欠かせない条件だった。

この他にも、すでに埋められた舟入堀の水路跡に、他の町地の樋線とは異なる形態で樋線が描かれている箇所が見られる。こうしてみると、神田上水の目的の一つは、江戸に寄港する外航船への給水であったことがわかる。

（１）鈴木理生編『図説　江戸の川と水辺の事典』柏書房、二〇〇三年、二三〇頁。
（２）東京都水道局『東京都近代水道百年史　通史』一九九九年、一頁。
（３）東京市役所『東京市史稿　上水篇　第一』『上水篇　第二』『上水篇　第三』『上水篇　附図』（一九二一年）の一図。『神田上水大絵図』（東京都公文書館蔵）は『神田上水大絵図　水上　貞享之頃』（請求番号ＺＨ―４２５）二〇八・五㎜×二五二㎜、『神田上水大絵図　水下　貞享之頃』（ＺＨ―４５３）二〇六㎜×二五二㎜の二図からなる。『玉川上水大絵図』（東京都公文書館蔵）は『玉川上水大絵図　元　貞享之頃』（ＺＨ―４４８）一七二㎜×二〇八㎜、『玉川上水大絵図　享　貞享之頃』（ＺＨ―４４９）一四九㎜×一八〇㎜、『玉川上水大絵図　利　貞享之頃』（ＺＨ―４５０）一四九㎜×一八四・五㎜、『玉川上水大絵図　貞　貞享之頃』（ＺＨ―４５１）一四九×一八四㎜の四図に分かれる。

（4）東京都水道歴史館蔵『上水樋線図第4種』は一二点の切絵図から構成される。上水の通じている範囲をいくつかの区域に分けて樋線（送水経路）が描かれている。一八六八（明治元）年のもの。
（5）鈴木浩三『地形で見る江戸・東京発展史』ちくま新書、二〇二二年、九三～一一三頁。
（6）大日本帝国陸地測量部『2万分の1地形図』「東京首部」一九一一年（一九〇九年測図）。
（7）大日本帝国陸地測量部『2万分の1地形図』「東京南部」一九一五年（一九〇九年測図）。
（8）国土交通省国土地理院ホームページ、https://maps.gsi.go.jp（二〇二一年七月二七日閲覧）。
（9）表紙屋市郎兵衛［編］『江戸方角安見圖鑑』表紙屋市郎兵衛、一六八〇年（国立国会図書館デジタルコレクション）。
（10）「神田玉川両上水各所修理」『東京市史稿　上水篇第二』東京市役所、一九一九年、二四八～二四九頁。
（11）国土交通省国土地理院ホームページ、https://maps.gsi.go.jp（二〇二一年七月二七日閲覧）。
（12）「駿河台小川町絵図」影山致恭・戸松昌訓・井山能知編『江戸切絵図』尾張屋清七、一八四九～一八六二年。
（13）五味碧水『お茶の水讃歩』日本経済評論社、一九八六年、二一七～二二四頁。
（14）『寛政重修諸家譜　第4輯』国民図書、一九二三年、三九一～三九三頁（国立国会図書館デジタルコレクション二〇四～二〇六／六一七）。
（15）東京都水道局ＨＰ「玉川上水の歴史」https://www.waterworks.metro.tokyo.lg.jp/kouhou/pr/tamagawa/rekishi.html（二〇二四年三月二四日閲覧）。
（16）東京都立中央図書館蔵
（17）国立公文書館ＨＰ、https://www.digital.archives.go.jp/DAS/pickup/view/category/categoryArchives/0200000000/0201090000/00（二〇二四年一月二九日閲覧）。
（18）東京都立中央図書館ＨＰ、https://www.library.metro.tokyo.lg.jp/collection/features/digital_showcase/043/03/index.html（二〇二四年一〇月八日閲覧）。

第4章
玉川上水の新設

江戸が発展するにつれて、神田上水の給水区域ではない地域にも市街が広がった。一六三六（寛永一三）年には、一二〇家の大名を動員した最大規模の天下普請により、江戸城外郭（市ヶ谷濠・牛込濠など）が定まったが、神田上水や溜池では水道の需要を賄えなくなっていた。江戸城の西から南側（四谷・麴町、赤坂、芝など）や、旧・江戸前島の南東側の埋立地にも市街が形成され、武家屋敷のほか港湾施設や町地も拡大した。しかも、新田開発の始まった武蔵野では、入植者を定着させるための生活用水の供給も必要になっていた。

そうした背景から、江戸に上水を送る玉川上水と、武蔵野の開発のための野火止用水が一体的に整備された。両者のルートを国土地理院地図（等高線）で見ると、多摩川から江戸と野火止の両方に導水する唯一のコースをたどっている。

江戸の水源は小石川からその本流の神田川に移っていたが、さらに大河・多摩川にシフトしたのであった。それは、東京の水道水源が多摩川から利根川・荒川水系にシフトする先駆けでもあった。

1　水道需要の増加と限界に達した神田上水

市街の拡大

第2章で述べたように、一六二三（元和九）年に秀忠は大御所となり、家光が三代将軍になった後、一六二八（寛永五）年から一六三〇（寛永七）年にかけて第四次天下普請が行われた。一六三二（寛永九）年に秀忠が死去して名実ともに家光の時代になると、一六三五（寛永一二）年から第五次天下普請が始まり、翌一六三六年、江戸城外郭が定まった。

第四次天下普請の完成直後の一六三二年に刊行された『武州豊嶋郡江戸庄図』（口絵1）では、江戸城の北側は、神田川の下流～駿河台の南半分～田安門、西側は田安門～千鳥ヶ淵～半蔵門～溜池付近までとなっている。江戸は意外に狭かったのである。

それが、正保期（一六四四～一六四八年）に成立した『正保年中江戸絵図』では、神田上水の白堀のほか、現在の中央区築地から港区芝までの海岸や海面が埋め立てられて屋敷地などになっている。さらに『武州豊嶋郡江戸庄図』の範囲外であった半蔵門の西側の番町・麹町の一帯、赤坂の溜池の南側などの市街化が進んでいる。これらの新たな市街地や、溜池を水源としていた城の南側などは、地形的に神田上水からは給水できなかった。牛込台や番町・麹町台によって隔てられていたからである。

このように、江戸の天下普請の最終段階になると、神田上水に加えて新たな水道が必要になっていた。それが、玉川上水を新設する背景の一つとなっていた。

経済を刺激した参勤交代

こうした市街の発展は、天下普請や参勤交代、それらによって刺激され続けてきた江戸の経済活動によってもたらされた。第五次天下普請の時代は、江戸幕府の支配体制が完成された時期にあたり、なかでも参勤交代の制度は、一六五三（寛永一二）年の武家諸法度改正に伴って実施された。各大名を原則として在府《ざいふ》一年・在国《ざいこく》一年で一時帰国させるもので、大名の妻子は人質として江戸に永住させた。それに伴って、大名に付き従って江戸と領国を往復する家臣と、大名の江戸屋敷に常駐する「江戸留守居《るすい》」などの家臣団とその家族など、武士の人口だけでも江戸への集中が続くのであった。一六六〇（寛永一九）年には譜代大名にも参勤交代が命じられ、全大名が参勤交代の対象になった。ただし、水戸徳川家や幕府の老中、若年寄、奉行などに在任中の大名は定府《じょうふ》とされ、参勤交代はしなかった。

江戸での天下普請は家康入府から七〇年間で終息したが、参勤交代は江戸時代を通じて江戸の消費活動を刺激し続けた。参勤交代や大名の江戸在府制度は全国の富を江戸に集中させたからである。参勤交代の旅行費用、大名と正妻、嫡子などの生活費、家臣の俸禄だけでなく、交際関係や江戸屋敷の建築費、維持管理費用など多岐にわたっていた。

参勤交代を含む大名の江戸在府に関連した費用の中で、大きな割合を占めていたのが幕府や他の大名との交際費であった。交際には、幕府高官の人事動向や、場合によっては次の将軍が誰になるかといった情報収集、天下普請や役務を回避するための〝根回し〟も含んでいた。交際というよりも、大名家の存続をかけた営業活動ともいえる。

そうした活動は江戸屋敷に常住した「留守居」の役目で、高級料亭や吉原（新吉原）などが舞台となった。交際に伴う多種多様の贈答品は、書画・骨董・工芸品をはじめ料理・服飾など多彩な分野にわたり、それらの分野の産業が江戸で大きく発達した。

玉川上水の通水から約半世紀後、一七〇七（宝永四）年二月に大名の留守居の実態を反映した触書[1]が出されている。内容は、「諸大名の留守居たちが、〝不慥成儀《ふたしかなるぎ》〟が書かれた書類・メモを廻しあっており、今後、書付の内容によっては詮議され、越度《おつど》となることもある。かつ、留守居（の仲間）の〝寄り合い〟が〝好ましくない場所〟で行われているとも聞く。以後そのようなことの無いように申し付ける」というものである。

さすがに〝不慥成儀〟の内容までは記されていないが、わざわざ幕府が規制するところをみると、実子のいない五代将軍・徳川綱吉の後継をめぐるものだった可能性が高く、しかも、そうした情報収集活動が不適切な場所、たとえば新吉原やそれに類するような場所で繰り広げられていたこと想像できる。当然、莫大なコストもかかったはずである。

一七〇九（宝永六）年一月に綱吉が死去した後、翌年六月にも、留守居たちの交際規制の通達が発せられた[2]。ここでは〝公儀向之勤〟（幕府の業務）に関して間違いの起こらないように話し合うことは必要だとは認めつつも、〝無益之雑説〟を〝廻状に書いて触れ回る〟行為が具体的に禁止されている。幕府としても、諸大名に命じる普請や役務、たとえば忠臣蔵の浅野内匠頭《たくみのかみ》が命じられた「勅使接待役《ちょくしせったいやく》」などが、留守居たちの事前調整によって円滑に消化されることは重要だった。この〝公儀向之勤〟には、幕府の担当役人に〝しかるべき〟運動をすることはもとより、他の大名家の了解をあらかじめ取っておくことも含まれていた。大名家側の相談と幕府の担当者などとの事前調整＝談合によって、天下普請や役務の担当大名が決まるシステムだったと考えられる。それゆえ、留守居たちが集まって〝無益之雑説〟で盛り上がることを一片の通達だけで止めさせることは困難であった。

大名に随行して地方から江戸に来る家臣団も江戸の消費需要を継続的に刺激した。第3章で紹介した『江戸方角安見図鑑』のような手軽な江戸案内、屋敷の所在地も含め大名諸侯の〝データブック〟となっていた武鑑《ぶかん》の出版も盛んだった。江戸時代の後半になると葛飾北斎や安藤広重などが活躍し、『富嶽三十六景』『江戸名所百景』『東海道五十三次』などの錦絵が盛んに出版された。これらは高級な江戸土産であり、江戸や道中のガイドブックでもあったので、参勤交代で江戸に集まる武士たちが買い求める定番だった。

一方、諸国から集まる武士どうしのコミュニケーションによって、全国の情報が集まる江戸では、他国の情報にも接することができた。それらに関連する消費をまかなう商工業も発展しただけでなく、江戸には人・物・金および情報が全国から集まり、それらが交流を重ねるなかから新たな価値が生み出される場となっていたのであった。

水運網の発達

天下普請が進むにつれて、江戸には水運によって建設資材とともに消費物資も大量に流入するようになっていた。江戸舟入堀のあった江戸前島よりも沖合にあたる八丁堀（現在の中央区八丁堀や茅場町など）や霊巌島《れいがんじま》（現在の中央区新川）にも埋立地が拡大し、物揚場《ものあげば》として有力大名家の中屋敷や蔵屋敷が置かれ、町方の河岸や倉庫も進出していた（図表2―4）。

大名屋敷には上屋敷、中屋敷、下屋敷、蔵屋敷などがあった。上屋敷は、その大名家の当主の江戸における本拠である。幕府に対する公館、その家の管理事務所、当主と正室の私生活の邸宅、それらの運営にあたる家臣の〝職員住宅〟、参勤交代で国元から従ってきた家臣の居住場所（長屋）からなっていた。

中屋敷は、その大名家の世子《せいし》（世継ぎ）や親（隠居）の居住する場所で、それぞれの「奥」を持ち、複数あることが一般的だった。下屋敷も複数あり、それらは火災が多発した江戸における避難場所、別荘・保養所、あるいは野菜などの自給場所でもあった。

蔵屋敷は、隅田川や海岸沿い、霊巌島などの一帯に多くが立地していた。これは大名家の本国から船で物産を江戸に運び、江戸の流通経路に乗せるための施設である。実務は商人の手に握られていたが、大名家の経営において重要な役割を果たしていた。

家康が臨海部の江戸を本拠にしたのは、当時唯一の大量かつ長距離の輸送手段であった海運と、江戸の後背地である利根川流域の河川水運の双方を利用するためであった。それに加えて、江戸で続いた天下普請は、江戸と日本各地を結ぶ海運網と江戸市内の運河網を発達させ、それが全国規模の商品流通の基盤となり、日本全体の経済を支えるインフラとなった。

天下普請のステージが進むにしたがって、普請を命じられた大名が手船＝直営で運ぶ形態から、運賃を支払って輸送することが多くなり、民間ベースの傭船・賃船の採算が取れるようになった(3)。それが、上方の中心地である大坂と、新興都市江戸を定期的かつ商業的に結ぶ民営の菱垣《ひがき》廻船組織の成立につながった。一六一九（元和五）年のことである。一方、北前船などの日本海沿岸の廻船は「買積船《かいづみふね》」が中心であった。買積船とは船主が自己資本で積荷を買って船に積み、適当な相手に売るもので、商品の仕入額と売却額の差益を獲得するビジネスである。

この時代、関東の水運網も発達した。家康の江戸入り直後に江戸・行徳間の小名木川運河が通じたが、江戸での天下普請を命じられた東北の大名たちは持ち船で米や資材を江戸に運んだ。これが後年、東廻り航路の開設に結びつくが、その支援のために一六〇九（慶長一四）年、東北地方と江戸の中継地点である銚子湊の築港工事を彼等に命じている。

さらに、一六一六（元和二）年の日光東照宮造営の天下普請を契機に、利根川の川普請（運河や河岸の築造、治水工事）が天下普請として施工され、江戸と日光が水路で結ばれるとともに、関東地方の水運網の整備が急速に進んだ。

那珂湊《なかみなと》または銚子湊から北浦・霞ヶ浦を経て、大小の河川を通って江戸に至るコースも成立した。これが「奥川廻し《おくかわまわし》」と呼ばれた河川水運で「風待ち」があって確実な航行予定が立てにくい太平洋経由よりも有利な側面があった(4)。当初、このルートには、鬼怒川《きぬがわ》水系と利根川水系の間に分水嶺の微高地があり、一部は陸路となっていた。家康の江戸入り当時の利根川（古利根川）は江戸湾に流入し、銚子は鬼怒川の河口となっていたのである。

この陸路部分の水路化が利根川の「瀬替え」で、一六二一（寛永一〇）年と一六三五（寛永一二）年に現在の千葉県野田市関宿《せきやど》付近で利根川を鬼怒川の支流の常陸川《ひたちがわ》に分流させる工事が天下普請として施工された。利根川河口を江戸湾から銚子に付け替えた目的は、江戸の洪水防止のためではなく、利根川と鬼怒川を一体化させて関東地方の水運網を完成させるためであった。瀬替えの結果、関東圏の経済的な結びつきが強まり、江戸や関東を中心とする「地廻り経済」の発達につながった。なお、瀬替えの前も後も、現在の江東地区に相当する範囲を除けば、江戸には利根川による直接の水害は及ばなかった。

八丁堀と霊巌島――水道の役割

民営の廻船でも大名の手船でも、千石船が寄港するには、帰路で消費する飲料水の補給が不可欠であった。飲料水の確保できない場所には、外航船は事実上入港できなかったのである。そのため、第一～二次の天下普請の際にフル稼働した江戸舟入堀には、神田上水の末端の給水施設が整備されていた。さらに、江戸城の第五次天下普請が始まり、参勤交代制度が定まった一六三五（寛永一二）年頃になると、江戸への物資の流入ははるかに大規模になっていた。

それに伴って、従来の江戸湊は沖に向かって拡大していった。『武州豊嶋郡江戸庄図』（口絵1、図表2―4）では、江戸舟入堀のあった江戸前島よりも海側には八丁堀、その先には霊巌島（霊岸島）が出現している。八丁堀舟入の北側の楓川《かえでがわ》に面した水運の便の良い場所には松平中務の中屋敷、向井将監（幕府の船手頭《ふなてがしら》＝海軍長官）の本邸があり、内陸部には寺町が形成されていた。これは現・中央区八丁堀から兜町にかけての一帯である。

埋め立て中だった霊巌島には道本山・霊巌寺、海岸沿いの町地とともに南側には越前松平家の蔵屋敷があった。家康の次男・秀康の系譜である越前松平家は幕末まで親藩の待遇であったが、船手頭の向井将監とともに江戸湊の一等地を蔵屋敷として与えられている。ただし、この時期の霊巌島は地盤がまだ安定しておらず、「蒟蒻島《こんにゃくじま》」とも呼ばれていた。

霊巌島周辺には、四日市町・塩町・長崎町、東湊町、川口町、富島町、霊巌島町、南新堀町、大川端町《おおかわばたちょう》などがあった。天下普請が最盛期を過ぎた時期になると、廻船の船頭（船長）などの不正を防止するために、原則として廻船は沖合に停泊し、小舟に荷物を積みかえて陸揚げする運用となっていた。霊巌島周辺の町々は、本湊町《ほんみなとちょう》や船松町《ふなまつちょう》（いずれも八丁堀舟入の南側）とともに、江戸湊に入津《にゅうしん》する諸国廻船と直接取引をすることが許され、廻船が必要とする水や食料、日常品などを供給していた。

『図説　江戸・東京の川と水辺の事典』（鈴木理生編著）によれば、(5)「実際に船舶を運用する輸送業者に対しては確実な輸送と価格維持のために、「抜け荷」・「瀬取《せどり》」などの密貿易行為を、組合自体はもちろん幕府からも厳重に監視され」「廻船に使用された千石船と河岸・物揚場をつなぐ艀《はしけ》業務の組合がこの監視役の主体でもあった。霊巌島の町々の役割は「廻船と直接交渉が出来る限られた町」だった点にあった」としている。

なお、時代は下るが、菱垣廻船など廻船組織は、商品別の荷受《にうけ》問屋と荷積《にづみ》問屋のそれぞれの同業組合とその連合体（荷受問屋の連合体が江戸の十組問屋《とくみどいや》、荷積問屋の連合体が大坂の二十四組問屋《にじゅうしくみどいや》）が運営した。十組問屋は、菱垣廻船を使って上方からの「下り物」の荷を仕入れる問屋が、海難や船頭（船長）の不正などに共同して対処するために一六九四（元禄七）年に結成した。当初は一〇組だったが、その中の酒店組《さけだな》が脱退して樽廻船組織を結成した。十組問屋に対応する二十四組問屋は、江戸向けの商品を全国から買継いで、菱垣廻船に積んで送り出す大坂の問屋仲間の連合体で、元禄七年に結成された。

余談になるが、一六五七（明暦三）年の明暦大火では、江戸舟入堀の火の手が八丁堀や霊巌島に延焼し、それが沖合に停泊していた多数の廻船に次々に燃え移っていった結果、佃島まで延焼した(6)。それほど諸国の廻船が集まっていたのが霊巌島周辺の海域だった。

江戸の市街化の進行や寄港する廻船の増加などにより、神田上水の供給能力は限界に達していた。八丁堀や霊巌島の町々は当初は神田上水の末端であったが、水源からの距離が長く、後述のように「水の出」が悪く、事実上、上水としては機能していなかった。

2　玉川上水の新設

江戸と武蔵野

以上が、玉川上水の開発前夜における江戸の経済と水需要の関係であるが、当時は、武蔵野の新田開発が本格化する時代にも差し掛かっていた。

諸大名が年貢の増収のために積極的に行っていた耕地拡大は、寛文期頃（一六六一～一六七三）までに飽和状態となっていた。『享保改革の経済政策　増補版』（大石慎三郎）によれば、「わが国の農業は水田稲作農業であるので、耕地の造成は何よりも大河川を安定せしめ、それに灌排水設備を設定することにある（中略）。このような工事は（中略）慶長～寛文期に集中している[7]」となっている。そして寛文期前後になると河川の流域での沖積地水田にできる土地は開発し尽されていたのが実情だった。

そのため、水の得にくい武蔵野台地の上なども耕地開発の対象になり始めた。武蔵野の新田というと享保改革が有名だが、後ほど詳しく触れる野火止《のびどめ》用水が通水したのが一六五五（承応四）年であり、まさに寛文期の直前であった。水の乏しい武蔵野で農地開発をするには、まず、耕作者の定住に欠かせない生活用水の供給から始めなければならなかった。それが野火止用水で、灌漑用ではなかった。なお、野火止は「野火留」ともいった。

『新座市史　第五巻通史編』（新座市教育委員会）では、「藩主が幕政をリードし、また所領が江戸周辺にあり天領・旗本領等と入組んでいることもあって、その年貢増徴の諸政策の成功は、直ちに幕府財政をうるおすことも意味したのである。実に、関東譜代藩の農政は、幕府農政の試行であり、モデルケースともなった[8]」としている。

玉川上水の開削

玉川上水は「江戸の水道」と「武蔵野の開発」のための施設であった。

幕府は一六五二（承応元）年、羽村《はむら》（現・東京都羽村市）から四谷大木戸（現・新宿区内藤町）まで、玉川上水を開通させる計画を作った。老中・松平伊豆守信綱《のぶつな》を工事の総奉行、伊奈半十郎忠治《ただはる》を水道奉行とし、工事請負人を庄《しょう》右衛《え》門《もん》、清《せい》右衛《え》門《もん》の兄弟とした。一六五三（承応二）年四月に着工し、一一月までの八カ月間で（この年は閏年で六月が二度あった）法面《のりめん》の補強を伴わない素掘りの水路が完成した。延長約四三km、標高差九二mを平均二‰の緩やかな勾配で下るという、精緻な設計の自然流下方式による導水路である。

翌年六月には、四谷大木戸から虎ノ門までの地下に石樋、木樋などが布設され、武蔵野台地上の江戸城をはじめとする四谷、麴町、台地の下部や埋立地にあたる赤坂や芝、八丁堀、霊巌島に至る一帯への給水を開始した。兄弟はその功績により玉川の姓と二〇〇石の扶持米を与えられるとともに、永代水役を命ぜられた。

羽村から四谷大木戸までの間では、水路の標高・勾配と土地の標高のバランスを取りつつ多摩川の河岸段丘を経て、武蔵野台地の尾根筋に取り付き、以後は尾根筋を巧みにたどっていた。また、江戸市中の樋線のルートでは、特に埋立地のように自然勾配を得ることが難しい場所にも、微妙な土地の高低差などを利用しながら水を送っている。

なお、玉川上水の上流部（羽村取水堰から野火止用水と分岐する東京都水道局の小平監視所［現・立川市］まで）は、今も現役の導水施設として使われている。多摩川の原水を村山、山口貯水池を経て境《さかい》浄水場や東村山浄水場などに送り、そこで浄水処理された水道水は、都民に届けられている。また、小平監視所の下流側は排水路として使われているほか、一九八六（昭和六一）年からは東京都の清流復活事業により下水の再生水が流れている。

玉川上水についての以上の説明は、東京都水道局のＨＰに掲げられた解説[9]をさらに整理したものである。それは、玉川上水が竣工してから一三七年後の一七九一（寛政三）年に当時の普請奉行・石野広通が作成させて将軍家斉の台覧を受け（献納）、老中首座の松平定信に進達した『上水記』（東京都水道局蔵）を基礎として、それを『玉川上水起元』で補う構成となっている。なお、『玉川上水起元』とは、普請奉行佐橋佳如《さはしよしゆき》が一八〇三（享和三）年に老中松平信明《のぶあきら》に提出した『玉川上水掘割之起発並野火留村引取分水口訳書』[10]を指している。『玉川上水起元』によれば、工事には二度の失敗があり、信綱の家臣で野火止用水を開いた安松金右衛門の設計により、羽村を取水口とする玉川上水が成ったとされている。

玉川兄弟は請負業者

玉川上水というと玉川兄弟が有名である。『上水記』では、幕府が工事資金六〇〇〇両を与えたが、途中の高井戸付近で資金が尽きたので、玉川兄弟が自ら不足分を負担したとなっている。しかし、庄右衛門と清右衛門の出自は不明である。彼らのバックグラウンドや、工事を請け負うことになった経過をはじめとする記録も残されていない。

その割には、小学生向けの教材などでは、玉川兄弟は自分たちの家や財産を売却して不足を補い、玉川上水を完成させた旨が述べられるなど、玉川兄弟はまるでヒーロー扱いである。このような戦前の「修身」の教科書に出てくるような話は、後述の玉川氏の報告書に基づいているのだろう。また、そうした教材のなかには、家康の江戸入府から、いきなり玉川上水の建設に話が飛んで、神田上水についての記述がすっかり抜け落ちているものもある。

しかし、よく考えれば、契約によって工事を請け負った者が、自らの見込み違いで工費が見積額よりも多くなった場合は、その負担は請負人に帰するのは当然のことである。こうした記述の背景には、明治政府が自らの正統性を演出するために、前政権である江戸幕府の政策を否定的に捉える傾向が強かったことに遠因があるのかもしれない。さらに戦後においても、「遅れた江戸時代 対 文明開化の明治」といった文脈による〝歴史認識〟が一般的であったことも、そうした記述が二一世紀の現在まで引き継がれていることの背景になっている可能性もあろう。

玉川上水の建設は、あくまでも江戸幕府内において意思決定された事業であり、その実現においては、松平信綱とその家臣の安松金右衛門が大きな役割を果たしたのであった。

また、幕府の公式記録でもある『徳川実紀』によれば、一六五三(承応二)年正月一三日に「麹町・芝口の市人等が多摩川の水を府内に引く工事を願い出て許され、費用として金七五〇〇両を与えられた」となっている。[11] そして翌年六月二〇日「玉川上水が竣工し、それを請け負った市人に金三〇〇〇両の褒美が与えられた」とある。[12]

いずれにせよ、神田上水と同様、玉川上水に関する完成当時の一次史料は残されておらず、上水のルート選定や工事で用いられた測量、土木技術等の重要な部分は明らかになっていない。しかも、工事費用という重要事項だけでも、史料によって異なっている。

一方、三田村鳶魚《みたむらえんぎょ》『安松金右衛門――玉川上水の建設者』（電通出版部、一九四二年）によれば、『上水記』の作成にあたっては、一七一五（正徳五）年に玉川庄右衛門と清右衛門が先祖の功績を膨らませて幕府に提出した可能性のある書上《かきあげ》（報告書）が基礎になっているという指摘もある。[13]この書上は由緒書に似たもので、『上水記　第八巻』に所収されている。鳶魚によれば「玉川の書上を鵜呑にしたのは宜しくありません。是非穿鑿《せんさく》して庄右衛門清右衛門の書上が何程信憑《しんぴょう》すべきものであるか否かを吟味しなければならなかつた」「是は上水記の過怠《かたい》だつたと存じます。以来玉川上水の話をするには、此の上水記が玉川の書上と並んで無二の典拠になつてをるのは、寒心に堪へません」とまで評している。

全一〇巻から成る『上水記』については、図面や事務手続などは書かれた当時の実態を反映しているとみられるものの、史料面からの分析・検証には限界があることも踏まえておく必要がある。しかし、神田上水と同様、建設された時期の政治状況や社会、経済の環境、とりわけ地形との関係を少し掘り下げてみると、あらたな視点・視座が開けてくる。

新たな水源開発と給水区域

旧・平川（神田川）とは水系の異なる多摩川を水源とした玉川上水は、現代の水道事業ならば

「新規水源の開発」に相当する。大河の中流部から直接導水するもので、神田川よりも水質が良好で、かつ、豊富な水量を期待できた。時代は下るが、戦前から戦後の高度経済成長期における水需要の急増の中で、東京都の主要な水源が多摩川水系から利根川水系にシフトしたのと同様のプロセスが、すでに江戸初期にも出現していたのであった。

次に、玉川上水の給水区域を大まかに述べると、それまでの神田上水では供給出来なかった地域が大部分となっている。江戸城内では、神田上水の水が供給されていたのは神田橋門内から常盤橋門内の狭い範囲であったのに対して、玉川上水は本丸や西丸などの主要な場所にも給水した。『徳川実紀』（厳有院殿御実紀）の一六五五（明暦元）年七月二日（四月一三日に承応から改元）の項には「二日麹町より上水を二丸庭内へ引せらる」とあり、四谷大木戸から甲州街道に沿って布設された樋線（幹線）から半蔵門を経て二丸《にのまる》に引き込んでいる。(14)

これは一六〇四（慶長九）年以降の第一次天下普請に伴って造られ、江戸の南部の水源となっていた赤坂の溜池に代わるものでもあった。玉川上水の成立期になると、江戸城南側の開発が進み、溜池は水量・水質ともに限界に達していた。こうした江戸城の南側（大名小路の南側、桜田門外、赤坂、芝など）のほか、旧・江戸前島よりも東側の埋立地も、玉川上水によってカバーされた（図表4―1）。

旧・楓川を東に隔てた八丁堀一帯もその給水区域となった。現在の中央区八丁堀一～四丁目、日本橋茅場町、日本橋兜町にあたり、江戸時代の町名では本八町《ママ》堀町一～五丁目・坂本町・南茅場町となる。その先の亀島川《かめじまがわ》を隔てた霊巌島にも玉川上水系の樋線が延びていた。現在の中央区新川一～二丁目に相当し、江戸時代の町名では四日市町《よっかいちちょう》・塩町《しおちょう》・銀町《しろがねちょう》・長崎町、東湊町、川口町、冨島町《とみじまちょう》、霊巌島町、南新堀町、大川端町などであった。

一方、八丁堀舟入を隔てた南側の埋立地にも給水した。その場所は、現在の中央区新富《しんとみ》、入船、湊、明石町、築地にあたる。江戸時代の町名では、南八町堀一～五丁目・本湊町・船松町《ふなまつちょう》一～二丁目・十軒町・明石町、木挽町《こびきちょう》一～七丁目などとなっていた。

なお、樋線・樋筋が運河や河川を横断する場合には、サイフォン構造の潜樋《くぐりひ》や懸樋などを用いた。これらの場所への樋線の布設は、そこに居住ないし働く人々の飲料水や生活用水はもちろん、江戸湊に寄港する廻船などの船舶への給水も重要な目的となっていた。

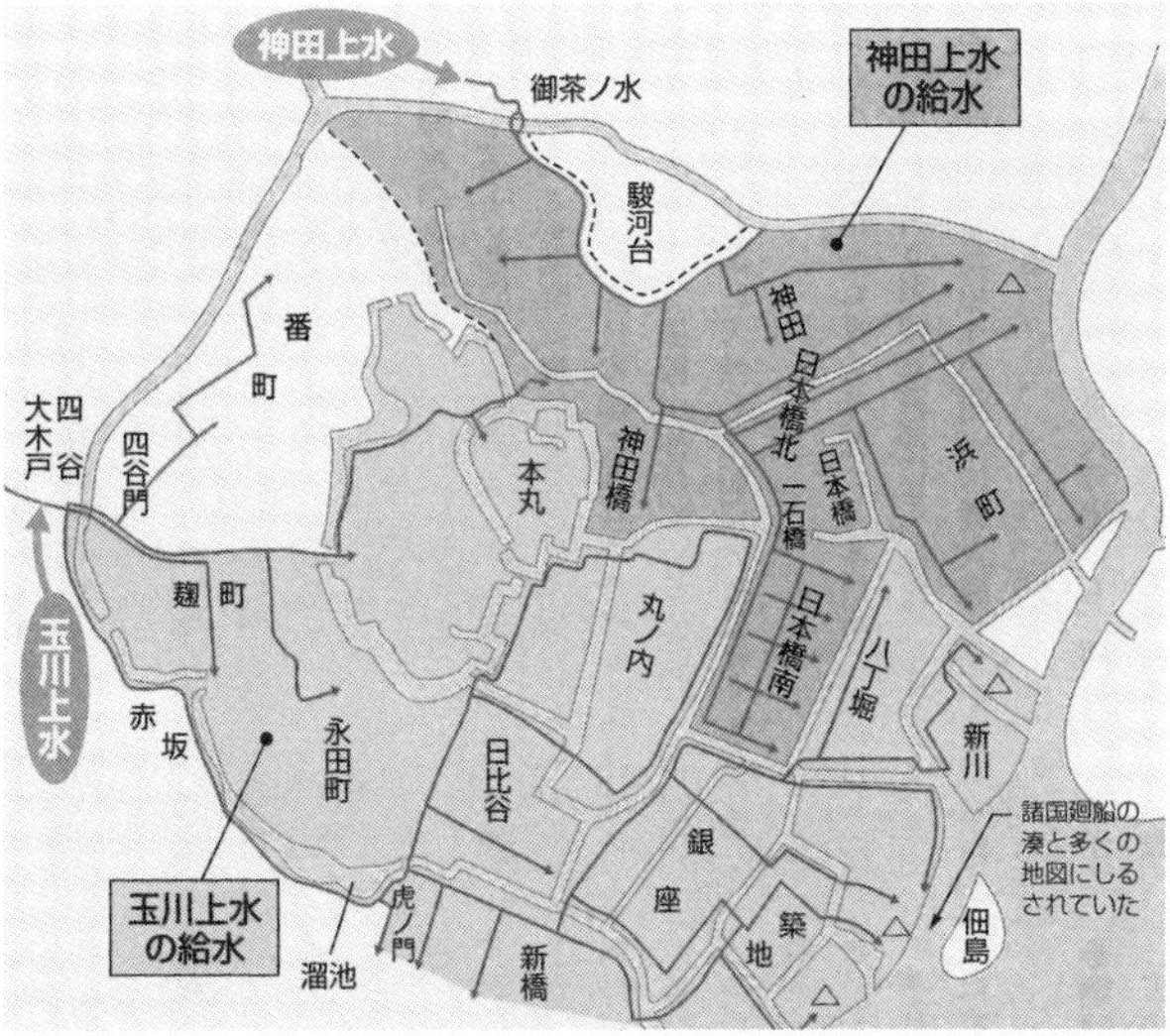

図表4－1　神田上水と玉川上水の給水系統図（出典：鈴木理生・鈴木浩三『ビジュアルでわかる　江戸・東京の地理と歴史』日本実業出版社、2022年）

3　玉川上水と地形

尾根と谷、微高地を活かして

こうした市中の樋線の配置も、神田上水と同様、地形を活かしていた。周囲よりも標高の高い尾根筋を選んで通すとともに、勾配を利用するために谷筋も利用している。

江戸城内や武家地はもちろん、町地、河岸地、物揚場への配水については最大限に配慮されていた。山の手を下って旧・江戸前島の微高地や、日比谷入江を埋め立てた平地に達した後も、微妙な土地の高低を利用し尽している。それは、後述のように、江戸と野火止の両方に上水を導くにあたっても同様であった。玉川上水の上流から末端まで、高度な測量技術や水路の築造技術の上に成り立っていたのであった。

しかし、羽村取水堰から段丘を〝登って〟武蔵野台地の尾根に取りつく部分、そこから武蔵野の緩やかな尾根筋を縫うように四谷大木戸に至る部分、それより下流の江戸市中いずれの部分に関しても、具体的な史料類が残されていない。それとは対照的に、後ほど詳しく述べるが、天保期から一八六九（明治二）年までの江戸（東京）の上水の維持管理や工事、料金に関しては、幕府普請方やそれを引き継いだ明治政府の土木司上水方で作成した『玉川上水留《どめ》』『神田上水留』

『神田玉川上水留』という詳細な史料が残されている。

江戸市中の玉川上水

そこで、第3章の『貞享上水図』により、江戸市中における玉川上水系の樋線と地形の関係を大きく概観したのち、個々の区間について紹介していく(口絵2)。

四谷大木戸からは淀橋台の尾根筋に沿って、四谷門から半蔵門を経て番町・麴町台から田安台の上の北丸《きたのまる》や本丸に至るルートと、四谷門を右に折れて永田台と青山台・麻布台にはさまれた溜池の南側から虎ノ門に至る路線に大きく分かれる。四谷門から虎ノ門までの樋線は、武蔵野台地の尾根筋と谷筋を利用して布設されており、江戸城の南側から東側の低地に自然流下によって水を送るには最適のコースとなっていた。虎ノ門からは、西丸下《にしのまるした》や大名小路に向かうルートと、新橋から京橋にかけた町地(現・中央区銀座)を経て八丁堀や霊巌島方面に向かうルート、さらには新橋の南側の芝に至るルートに分かれている。

ただし、四谷門から半蔵門まででは一本の樋線ではなく、四谷門から本丸方面と半蔵門内の南側方面に通じる樋線が平行して走っている。また、四谷門と半蔵門の間からは、永田馬場《ながたのばば》周辺(永田台付近)の大名屋敷への樋線が屋敷の数だけ何本も平行して分岐している。

大木戸~四谷門~半蔵門~江戸城内　四谷大木戸(標高約三五m)まで玉川上水(導水路)で導水された水は、内藤新宿付近から万年樋(石樋)で四谷門(標高約三一m)に向かう。この区間は、玉川上水の延長のような形で淀橋台の尾根筋(甲州道)を通っている。四谷門から半蔵門(標高約二九ｍ）にかけても、淀橋台の延長部である番町・麴町台の尾根筋をたどり、途中から永田台の永田馬場、喰違門方向への分岐もある。この区間の特徴は、本丸に向かう木樋と半蔵門内の南側へ向かう木樋（いずれも一尺四方）などが複数並行していた点である。

半蔵門前に達した木樋のうち、本丸などの江戸城中心部に向かう樋線は、半蔵濠と桜田濠の間の土橋から半蔵門を過ぎて左に曲がり、標高の高い千鳥ヶ淵の横（現在の吹上）を経由して本丸北側の北桔橋《きたはねばし》門の前（標高約一四ｍ）に至っている。この経路は『上水記』には載っているが、『樋線図第4種』には明治になって皇居の一部になったこともあって記載がない。『貞享上水図』では、北桔橋門の前から清水濠の横を通って平川門（標高約五ｍ）に至る樋線や、千鳥ヶ淵付近から現・北の丸公園方向に向かう樋線も描かれていた。

本丸などの江戸城中枢部への給水は、標高の関係から神田上水では元々無理であったが、取水地点の標高の高い玉川上水が出来て初めて、それが実現したのであった。

四谷門〜溜池〜虎ノ門　一方、四谷門（標高約三一ｍ）まで伸びた玉川上水系の石樋は、そこから左に直角に曲がり、番町・麴町台と青山台に挟まれた谷地の傾斜を利用して下流の赤坂（標高約八ｍ）、溜池などを経て虎ノ門外（標高約七ｍ）に通じ、この谷地の底は溜池となっていた。各所の標高をみると、四谷門から赤坂周辺までの勾配が急である。この区間の樋線には、万年樋（石樋）とともに白堀（開渠）も組み合わされていたが、急勾配に伴う水圧の開放が目的だった可能性もある。また、『上水記』のみに記載された半蔵門（標高約二九ｍ）から虎ノ門外の樋線は、桜田濠の谷を利用したものだったが、『樋線図第4種』には記載はない。途中には井伊《いい》掃部頭《かもんのかみ》の広大な屋敷しかなく、片側は桜田濠で需要が少なかったことや、樋線の勾配が急で維持管理が煩雑だったために廃止された可能性が高い（口絵3、口絵4）。

虎ノ門の下流側　この場所は、日比谷入江や江戸湾の埋立地が大部分で、虎ノ門からは、西丸下や大名小路に通じる樋線、現在の銀座にあたる外濠、京橋川、三十間堀《さんじつけんぼり》、汐留川で囲まれた区域、さらには築地のほか、芝の海岸に至る樋線の起点になっていた。先ほど紹介した八丁堀舟入を隔てた南側の埋立地も含まれ、現在の中央区新富、入船、湊、明石町、築地にあたる。

虎ノ門〜新橋〜京橋〜八丁堀〜霊巌島（新川）　虎ノ門外までは万年樋などによって導かれた上水の幹線は、新《あたら》シ橋、幸橋門付近を経て新橋に達する。そこからは通町筋の尾根筋に沿って京橋まで続く。通町筋からは左右の町地に配水された。尾根筋から左右の低い場所に流す構造は、日本橋〜京橋と同様だが、新橋から京橋にかけては尾根筋の下流側から配水しているのが特徴である。樋線を布設する際に、埋設深度で調節したとみられる。京橋からは京橋川に沿って東に向かい、楓川を渡って八丁堀から現・日本橋兜町や日本橋茅場町、霊巌島（新川）に至っている。八丁堀、霊巌島周辺の町々が廻船との〝窓口〟になっていたこと、船舶への給水の重要性については、すでに述べた通りである。

虎ノ門〜桜田門〜西丸下〜大名小路　虎ノ門からは門を入って外桜田門を経て西丸下、さらには和田倉門付近から呉服橋門内の大名小路北部に通じる樋線と、外桜田門から日比谷濠に沿って数寄屋橋門内の大名小路南部に至る路線が布かれていた。これらの地域のほとんどは日比谷入江を埋め立てた場所で、土地の高低差はほとんどないのが特徴である。

4　玉川上水と野火止用水

二度の失敗と野火止へのルート

野火止用水も地形を巧みに活かしながら玉川上水と一体的に整備された。玉川上水からの分岐点（現・立川市幸町六丁目の東京都水道局小平監視所付近）から野火止台地を経て新河岸川までの全長約二四㎞、玉川上水と同様、素掘りの水路である。ただし、低地を通過する場所には堤も築かれている。

『玉川上水掘割之起発並野火留村引取分水口訳書』（玉川上水起元）には、玉川上水の建設は玉川兄弟が請け負って工事を進めたが「二度の失敗」があったので、幕府の上水建設の総責任者であり、かつ川越城主として野火止一帯の領主でもあった老中の松平信綱が、家臣で利水技術に長じた安松金右衛門に再設計と施工を命じ、ようやく通水した旨が記されている。この「設計変更」により羽村取水堰と玉川上水の流路が現在のように定まっている。

「失敗」した場所には諸説あり、代表的な「最初の失敗」は、現・国立市青柳《あおやぎ》の段丘下（日野橋付近）から取水したが、府中の八幡下《はちまんした》で流れなくなったというものである。

二度目は、福生《ふっさ》村で取水したが、隣の熊川《くまがわ》村（現在の福生市熊川）ですべて地中に浸み込んでしまったというものである。その付近は、のちに「水喰土《みずくらいど》」と呼ばれている。なお、「一度目」は日野で取水したが「水喰土」に阻まれ、「二度目」は福生から取水したが途中で岩盤に当たって掘削が出来なかった、という別説もある。

「二度の失敗」の後に、松平信綱の家臣・安松金《やすまつきん》右《え》衛門《もん》によって通水されたことに関しては、『江戸城下町における「水」支配』（坂詰智美）では「三田村鳶魚が『玉川上水の建設者安松金右衛門』の中で述べているが、最近ではこの考えが通説となりつつある[15]」としている。

『新座市史　第五巻通史編』（新座市教育委員会）によれば、野火止用水は信綱の命を受けた金右衛門により、玉川上水が完成した翌年の一六五五（承応四）年二月（四月に明暦に改元）に玉川上水（現・東京都水道局小平監視所付近、立川市幸町六丁目）からの分水路工事に着工し、四〇日後の三月に完成した。それゆえ、野火止用水は「伊豆殿堀《いずどのぼり》」とも呼ばれている。

全長約二四kmで埼玉県新座《にいざ》市の平林寺《へいりんじ》を経て埼玉県志木《しき》市の新河岸川《しんがしがわ》に至るもので、完成後、「玉川上水の水は七分が江戸に引かれ、残り三分が野火止に」流れることとなった。[16]『新編武蔵風土記稿』の新座郡の項でも「多磨《ママ》川水道ノ水七分ハ江戸ヘカケラレ三分ハ川越領新田ノ養《ママ》水ニ賜ハリ」となっている。[17]当初は灌漑用ではなく、武蔵野台地の新田に農民を誘致するための生活用水を供給した。

『新座市史　第五巻通史編』（新座市教育委員会）では、信綱は一六五三（承応二）年春、野火止に新田を取り立て、八月までに農家五四軒を移住させたが[18]、「信綱は、初めから玉川上水を野火止新田に利用することを目論んでいた。（中略）信綱が野火止を開発し得たのは、この地が原野の高外地であって個別領主の支配する年貢地ではなく、信綱が幕府の支配権の一部を代行しているところから、こうした土地を開発する権限を代官と同様委任されていたため」としている。(19)また、『江戸城下町における「水」支配』(坂詰智美)では「玉川上水のプランは野火止用水引水プランをすりかえて作り、川越藩の領内政策に一役かっていた、と見る方がよい」と述べている。(20)

さらに、これらの見解が基礎を置く三田村鳶魚『安松金右衛門――玉川上水の建設者』(21)によれば、「玉川上水は江戸市民の生命を資《たす》けるだけでなく、此渺茫たる曠原をも救ふもの」「野火止用水が出来て引續いて分水口が増設され、武蔵野開墾は彌増《いやまし》に進捗を活潑に」「なればこそ幕領の私領のといふやうな詮議をしなかつた」と述べ、信綱領だけではなく広範な武蔵野台地の開発を見据えて、野火止用水とその導水路となる玉川上水を一体的に整備したとしている。

等高線の分布にみる玉川上水と野火止用水

とはいえ、それらを裏付ける一次史料はないので、国土地理院の『5万分の1地形図』を基に、五m間隔の等高線に河川や鉄道等を加えた等高線の分布図(図表4―2)を作成して〝物理的〟な検討を加える。ここでは、まず野火止と空堀川《からぼりがわ》・黒目川《くろめがわ》の位置関係を整理したうえで、多摩川から野火止に導水するルートと取水場所、野火止用水との分岐より下流の江戸に導水する玉川上水のルートなどについて検証する。

野火止と柳瀬川・黒目川の位置関係　玉川上水と野火止用水が流れる武蔵野台地は、東に傾斜し、霞川《かすみがわ》、荒川、多摩川、東京湾に囲まれている。野火止の範囲は、空堀川と、黒目川の支流の出水《でみず》

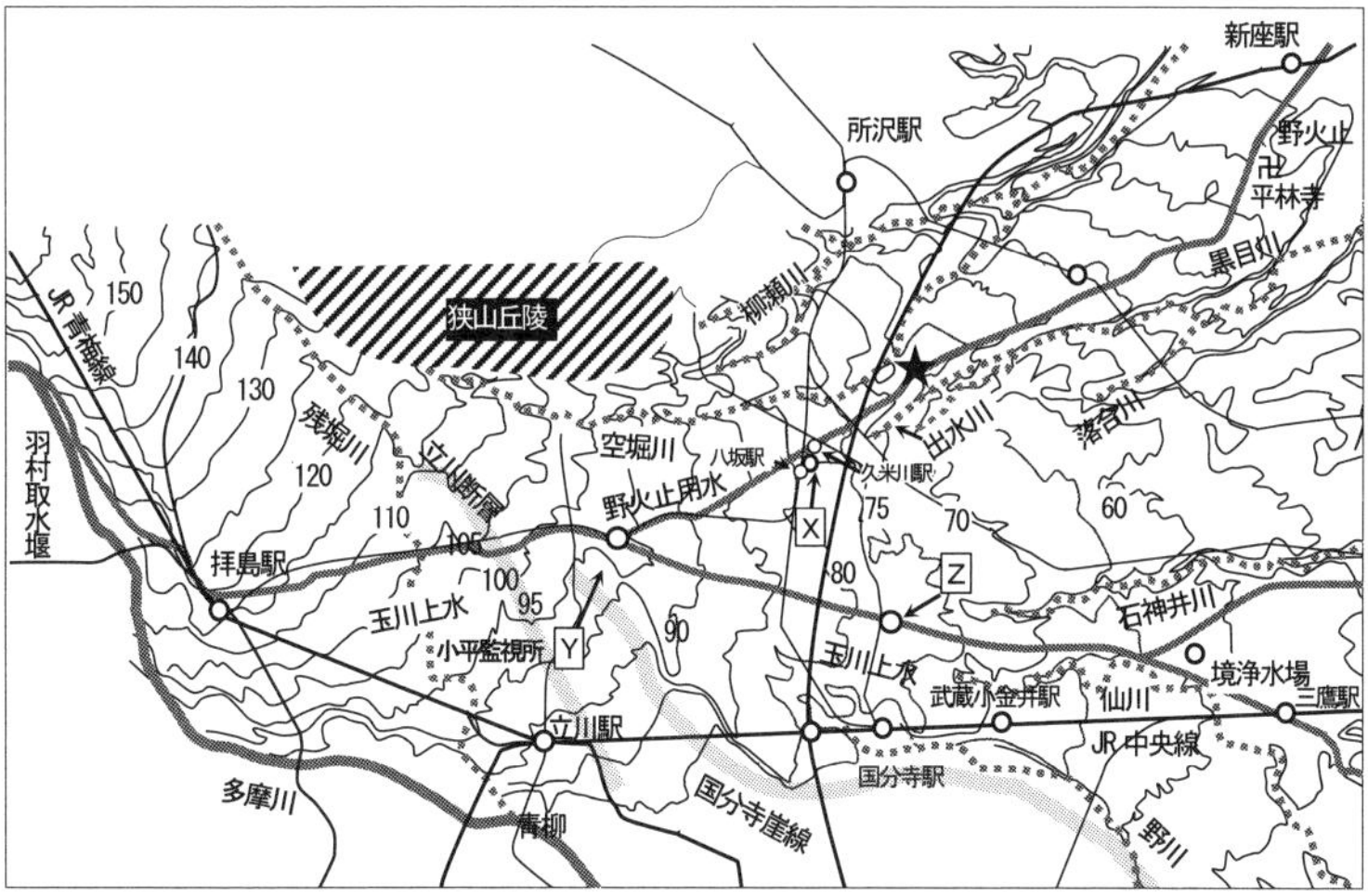

図表4－2　玉川上水・野火止用水と武蔵野台地の等高線

川に挟まれた中台面《なかだい》（平林寺を中心とする地域）にあり、[22]野火止の最高地点は、西武多摩湖線八坂駅から西武新宿線久米川駅にかけた標高七五mのX地点で、北側の空堀川（清瀬市中里で柳瀬川に合流）までは四〇〇～五〇〇m、南側の出水川まで約三〇〇mの狭い範囲である。

また、柳瀬川《やなせがわ》は山口貯水池等を水源とし、狭《さ》山《やま》丘陵南麓から流れる空堀川等を併せて、志木市で荒川水系の新河岸川に合流する。黒目川は標高約七〇mの東村山市萩山町付近を水源とする出水川《でみずがわ》と、その南側の標高約六〇mの東久留米市柳窪《やなぎくぼ》付近を水源とする小河川が合流したもので、東久留米市神宝町《しんほうちょう》付近では南側から落合川が流入する。

多摩川から野火止に導水するルートと取水場所

このX地点に多摩川から導水するには、狭山丘陵の北側を迂回するのは現実的ではないので、多摩川の上・中流部から取水し、南側から野火止を目指すことになる。そのためには、空堀川と多摩川の間で最も高く、東側に向かって九五mの等高線がせり出している小平監視所付近（標高九七mのY地点）に導水したのち、尾根筋に設けた水路によってX地点を含む下流側に導水するのが最適となる。

このX地点は野火止の最高地点であるだけではない。図表4―2や国土地理院地図（HP）でみると、X地点よりJR武蔵野線を隔てた下流側（北東側）では、平行に流れる空堀川と出水川の直線距離は約八〇〇mで、その間が尾根となっている（図表4―2中の★印）。この狭い尾根筋にピンポイントで多摩川から水を引くことが野火止への導水の条件であり、そこに導水できるX地点は野火止用水の〝急所〟であった。X地点に導水するにはY地点、Y地点に導水するには羽村取水堰というように、玉川上水と野火止用水のルートが定められたといえよう。

実際も、このY地点で玉川上水と野火止用水が分岐している。また、この場所は国分寺崖線《がいせん》の起点から少し上流なので、ここに導水すれば崖線を越える大工事を回避できる。国分寺崖線はJR中央線・国立駅の北側から南東方向に走り、下流側ほど崖線の高低差が増すだけでなく、途中から野川《のがわ》も加わるので、導水路で横切るのは困難となるからである。

多摩川からY地点までの導水路を、十分な河川勾配を確保しつつ台地の縁《へり》に沿って台地の上まで〝段丘を登らせる〟には、取水場所はX地点の標高七五mを上回り、かつ、導水路の延長を確保できる場所、という条件を満たす必要がある。なお、その途中には残堀川《ざんぼりがわ》があるが、その谷は深くないので懸樋でもサイフォン方式でも横断は可能であった。

しかし、最初の「失敗」とされる青柳（標高七〇m）では、そこよりも標高の高いY地点はもちろんX地点にも水は流れない。また、「二度目の失敗」とされる福生《ふっさ》（標高一一〇m）はY地点より標高は一三m高いが、十分な導水路の長さを取れないので事実上難しい。それに対して、現在の羽村取水堰（標高一二三・七m）の場所ならば、Y地点より二六・七m標高が高く、かつ、段丘の縁を掘り進んで台地の上部に達するまでの距離を稼ぐことができる。

一方、図表4―2をみると、玉川上水が拝島駅の北側で〝段丘上り〟をした後に、東に向けて約六〇度の急カーブが切られている。これは玉川上水の全区間を通じて最も急な曲線だが、その理由は、羽村から段丘上りを続けて台地上に達した場所が、野火止と江戸への導水地点として必須のY地点に導水するには南に行き過ぎていたためだといえる。

以上のように、玉川上水の羽村取水堰から小平監視所まで（二つの導水路の共通区間）は、多摩川から野火止に導水できる、ほぼ唯一のコースとなっている。

江戸に導水する玉川上水のルート　野火止用水が分岐した後の玉川上水の流路については、石神井《しゃくじい》川と仙川《せんかわ》（下流部では「せんがわ」）の間の台地の最高地点（Z地点：小平市喜平町《きへいちょう》・回田町《めぐりたちょう》・上水南町《みなみちょう》付近の南北一㎞の範囲）への導水が条件となる。（図表4―2）。

その上で、石神井川（荒川水系）と仙川（多摩川水系）に挟まれた尾根、仙川と神田川（三鷹市牟礼《むれ》の微高地と井の頭池を水源とする）の間の尾根を縫うように開削している。この場所をクリアして、神田川と目黒川の間の尾根筋（現在の甲州街道に相当）に導水すれば四谷大木戸に達することができる。なお、Z地点の下流側の境浄水場付近からは、本郷台に連なる尾根沿いに千川上水が分岐している。

しかし、江戸への導水だけなら、取水場所からZ地点までのルート選定には余裕があり、野火止にも導水する場合のように限定されない。たとえば福生で取水して、段丘壁に沿って高度と距離を稼ぎ、JR西立川駅付近を経て国分寺崖線の最上流部を迂回ないしは深く掘り割ることによる武蔵野台地上への導水も不可能とは言い切れない。

「失敗」の意味と「史料がない」ことの意味

このような検討を含む玉川上水と野火止用水のルートの地形的特徴に加えて、当時の全国的な耕地開発ブーム、幕府や川越藩の農政と信綱との関係からすれば、二つの導水路はセットで整備されたといえる。とりわけ「二度目の失敗」の後に、金右衛門によって実現したとされる羽村取水堰から小平監視所までの玉川上水は、江戸への導水ルートであり、かつ、他に選択肢の無い野火止への導水ルートでもあった。

そうなると、取水地点と導水路ルートを変更する根拠として、既定計画では水が「流れなかった事実」が意図的に強調ないし作られた可能性さえ浮上する。しかも、玉川上水と野火止用水の建設当時の記録が残されていないことの背後には、第2章で述べた江戸前島への「情報統制」と同様に、政治的な意図が見え隠れする。

広大で荒涼とした武蔵野台地の農地化は、公的色彩の強い事業であった反面、その中心部は信綱の所領だった。「知恵伊豆《ちえいず》」と呼ばれた信綱だけあって、玉川上水と野火止用水に関して「老中の立場を利用した我田引水の行為だ」と評されることを避けようとしたとも考えられ、そのことが、開発当時の関係史料の未発見の背景にあるともいえる。

一次史料の未発見、等高線と導水路の関係からみると、金右衛門による設計変更の段階で、「江戸の水道のための玉川上水」に「武蔵野の開発のための野火止用水」が加わり、多目的化していたといえるだろう。

5　玉川上水の拡張

明暦大火からの復興

玉川上水が通水した三年後の一六五七（明暦三）年正月、江戸は明暦大火（振袖火事）に見舞われた。

「焼け野原」になった江戸であったが、復旧・復興が急速に進むとともに、過密化していた「都心部」からは幕府の蔵をはじめ、日除地《ひよけち》の整備に伴った武家屋敷や町の郊外移転も進んだ。隅田川の東岸への幕府や商人の倉庫機能や商工業の移転も盛んになり、本所・深川の自然堤防を起点に開発が進んだ。物揚場（港湾）の機能を持った大名の中屋敷の移転も進んだ。たとえば、尾張徳川家は類焼した八丁堀の屋敷を収公され、築地海岸に与えられた屋敷地を蔵屋敷にした。

一六六〇（万治三）年、南本所の石原町に五代将軍となる館林の徳川綱吉の蔵屋敷ができると年貢米を運ぶ船が出入りし、商人が集まったため、石原町は賑やかな町に発展した[24]。両国橋が架橋されたのも隅田川東岸が「江戸」に組み込まれたことを反映していた。なお、架橋の時期には、一六五九（万治二）年と一六六一（寛文元）年の二説がある。

また、万治三年には駿河台の「平川放水路」の深さと幅を増して恒常的な水運の便が開かれた。飯田橋付近の堤防や柳原の土手もさらに整備されたほか、牛込見附の直下には神楽河岸が成立し、牛込船河原町（現・新宿区揚場町、神楽坂一丁目、市谷船河原町）に新たな湊が生まれ、山の手の内陸部の市街地化のきっかけになった。

四上水の開通

江戸の拡大を反映して、一六五九（万治二）年には亀有上水が通水し、本所・深川まで導水した。江戸の南部では、一六六〇（万治三）年の青山上水、一六六四（寛文四）年には三田上水が通水した。一六九六（元禄九）年になると江戸の北部に向けた千川《せんかわ》上水も開通した（図表4―3）。四上水ともに一七二二（享保七）年に廃止されたが、その辺りの事情については後ほど触れる。

亀有上水は本所上水とも呼ばれ、明暦大火後に市街化の進んだ隅田川東岸の本所・深川に給水した。東京下町低地の開発には飲料水の供給が必要だったからである。水源は埼玉郡瓦曾根《かわらそね》村溜《ため》井《い》（現・埼玉県越谷市瓦曾根一～三丁目の溜池）で、流路は灌漑用の葛西用水に相当する開渠で、途中、JR亀有駅の南側で三つに分かれる（西井堀、中井堀、東井堀）。このうち中井堀に続く水路の亀有村から小梅村の間は、後に曳舟川《ひきふねがわ》と呼ばれた。

しかし、隅田川東岸への上水の供給は十分でなく、神田・玉川両上水の給水区域から水船《みずふね》によって運んだ。『上水記』には、神田上水末端の道三堀に架る銭瓶橋《ぜにがめばし》付近の樋線からは「この吐樋水船持請持」との表記のある排水を兼ねた吐樋《はきとい》（給水口）が道三堀に向かって伸びている。また同じ橋の南側・玉川上水の末端にも同様の表記が見られる。

青山上水は万治三年に成立し、玉川上水の四谷大木戸から分岐して、青山から六本木、飯倉という順で、青山台、麻布台、善福寺台の尾根筋をたどり芝台の増上寺まで通じており、『貞享上水図』では玉川上水と一体的に描かれている。現在の新宿区内藤町の東京都水道局新宿営業所付近からJR千駄ヶ谷駅と信濃町駅の間を南下し、明治神宮外苑、国道二四六号、外苑東通りを通って東京タワー付近に至るルートである。

三田上水も玉川上水から笹塚（現・渋谷区笹塚）付近で分水し、駒場、中目黒、JR目黒駅、三田・高輪に至っていた。一六九八（元禄一一）年以後は幕府の白金御殿にも給水した。

千川上水は、一六九六（元禄九）年に保谷村（現・西東京市南部、武蔵野市の境界付近）で玉川上水から分水し（境橋付近）、湯島聖堂・上野の寛永寺周辺・小石川御殿・浅

上　水	期　　間
神田上水	天正18年（1590）～明治34（1901）
玉川上水	承応3年（1654）～明治34年（1901）
亀有上水	万治2年（1659）～天和3年（1683）、元禄元年（1688）～享保7年（1722）
青山上水	万治3年（1660）～享保7年（1722）、麻布水道・明治15年（1882）～17年（1884）
三田上水	寛文4年（1664）～享保7（1722）
千川上水	元禄9年（1696）～享保7年（1722）、天明元年（1761）～6年（1766）、千川水道・明治13年（1880）～40年（1907）

図表4－3　神田・玉川上水と4上水（出典：東京都水道局『水道400年のあゆみ』1990年）

草寺などへの給水を名目に開発された。

玉川上水は淀橋台に向かうが、千川上水は神田川と石神井川の間の尾根伝いに目白台、春日台、本郷台に通じている。一九八九年より東京都の清流復活事業によって、境橋付近からの五日市街道に沿った一部の区間で清流が復活している。それより下流の一部は現・千川通りに沿っていた。

神田上水の助水堀

寛文期（一六六一～一六七三年）には海運網がさらに発達を遂げ、日本列島を一周する定期商業航路ができあがっただけでなく、全国の水運ネットワークにおける江戸湊の比重がさらに大きくなった。それは、江戸市中の水需要をさらに増加させる要因となった。この時期には、玉川上水から神田上水に水を補給する「助水堀《じょすいほり》」が開削されている。明暦大火からの市街復興とともに廻船関係などの給水需要の増加に対して、元々給水能力の十分でなかった神田上水の給水能力を高めるためであった。それは、代々木村を流れる玉川上水の正春寺《しょうしゅんじ》橋付近から十二社《じゅうにそう》権現の池の脇を通り、神田川（神田上水）に架かる淀橋の下流までの水路であった。現在の渋谷区代々木三丁目の正春寺前から新宿中央公園が面する十二社《じゅうにそう》通り沿いを通って神田川に至るルートである。『御府内備考』によれば「寛文年中神田御上水助水堀分水仕」[25]と寛文期に完成したとなっており、『東京府豊多摩郡誌』（東京府豊多摩郡編）では、助水堀は「玉川上水の分流にて、神田上水の助水の為め、寛文七年の開鑿にかゝり、初めは幅四五尺長さ七百二十間（自新町地内至淀橋付近）あり」と書かれ、完成は一六六七（寛文七）年となっている。[26]

玉川上水の拡張とその効果——八丁堀と霊巌島は神田上水系から玉川上水系に

しかし、明暦大火からの復興による経済成長、市街の拡大、青山・三田上水のほか武蔵野各地の新田への分水、神田上水への助水などにより、新設された玉川上水の負担は大きくなった。そのため、施設の増強＝給水能力の強化に迫られるようになり、一六七〇（寛文一〇）年五月、玉川上水の幅を三間（約五・四m）ずつ広げ、両岸に築く堤に植樹することとなった。工事の責任者には歩行目付《かち》の藤井善右衛門と江守伝左衛門が任命されたが、完成後の上水の所管は、町奉行とその配下の江戸の町年寄となった。

玉川上水の供給力が強化された結果、新たな地域への給水が可能になるとともに、既存の給水区域の再編も進んだ。先ほど紹介した八丁堀や霊巌島の地域（図表2―4）は、もともと神田上水の末端で、そこから飲料水などを小舟で廻船に運んでいたが、この時代になると、玉川上水の給水区域に変更されている。

一七二九（享保一四）年閏九月二九日の『撰要永久録』には、前月の二日に台風とみられる大風雨によって目白台の斜面が崩れ、神田上水の白堀が土砂で埋まり、その復旧費用の分担を八丁堀（原文では「八町堀」）や霊巌島の町々が命じられた経過が記されている。[27]なお、『撰要永久録』は南伝馬町（現中央区京橋）に居住した伝馬役兼町名主を務めた高野家の一〇代から一二代の時代の名主として行った町政に関する記録である。

この文書で注目すべきは、白堀の年一回の経常的な浚渫費用を、この文書の作成された享保一四年時点において神田上水の給水を受けていなかった八丁堀と霊巌島の町々も負担しており、今回の土砂崩れに伴う復旧費用も同様に負担させられている点である。受水していた町々が負担させられていたことはいうまでもない。

神田上水を受水していない八丁堀と霊巌島の町々が、神田上水の維持管理費を負担させられていた背景には、五〇年以上前の一六六七（寛文七）年頃に、ほとんど水の出ない神田上水を止《や》めて（諦めて）、玉川上水からの受水に変更していたことがあった。

これは現在の水道事業ならば「配水系統の変更」に相当するが、その時期は、寛文一〇年に玉川上水が拡張された時期と符合する。拡張に合わせて、廻船との結びつきの深い八丁堀・霊巌島の町々の配水系統が変更されたと見ることもでき、それより少し前に完成した神田上水助水堀による水量増では十分ではなかった可能性もある。

『神田上水大絵図　貞享の頃』（『貞享上水図』）（一六八四〜一六八八年）の時点になると、八丁堀や霊巌島は玉川上水の給水エリアとなっているが、凡例をみると（在来の樋筋：無色、落成樋筋：赤色、新規樋筋：紺色、大下水：枠のみ）、八丁堀、霊巌島の一帯の樋線は「落成樋筋」の赤色で描かれており、「まだ新しい水道」という認識だった。

この「神田上水白堀浚出銀令」のなかで、神田上水の浚渫費用は武家方には課さないで、町々（町人）のみに課している。それは武家の優遇というよりも、神田上水における民生需要の比重の高さを示唆している。商工業者を誘致し、廻船の寄港を促進するためには上水の整備が必要で、それがヒト・モノ・カネを将軍お膝元の江戸に集め、幕府＝将軍家の繁栄につながると認識されていた可能性もある。

少し余力の生まれた神田上水

逆に、神田上水の給水区域では、江戸舟入堀の埋め立てに伴う新規の給水も開始されている。一六七〇（寛文一〇）年の七年後の一六七七（延宝五）年九月、江戸舟入堀があった鈴木町、稲葉町、南鍛冶町一・二丁目の町々が神田上水から新たに水を引くことになり、それに必要な「戸樋」（樋線の末端部分）を南伝馬町一～三丁目が支配する「北之辻の桝」につなげることになった(28)。なお、当時の町は、現在のような行政区画ではなく、それ自体が自治的機能を持った法人で、水道施設の管理等も行っていた。

限界に達していた神田上水も、寛文期の神田上水助水堀の開通、玉川上水の拡張、八丁堀や霊巌島の玉川上水系への系統変更などによって供給力に余裕が生まれていたのだろう。

鈴木町は現・中央区京橋二丁目の東京メトロ銀座線京橋駅の東側にあたる。稲葉町（因幡町ともいう）は鈴木町の東隣、南鍛冶町一・二丁目は鈴木町とは通町筋（中央通り）を隔てた西側（銀座線京橋駅の西側）である。『武州豊嶋郡江戸庄図』の描かれた当時は鈴木町と稲葉町に江戸舟入堀が描かれているが、『貞享上水図』になると埋め立てられている。埋め立てられた場所に、新たに水道（樋線）を布設することになったのだろう。

南伝馬町一～三丁目は通町筋に面した有力な町々であるだけでなく、そのメインストリートの下には幹線の樋線が布設されていた。樋線の関連施設としては、南伝馬町一丁目の「北之辻」に大桝、同二丁目の「広小路」に戸樋桝、同三丁目の「北辻」にも桝があって、それらの桝はそれぞれが所在する町が管理していた。

この樋線の路線から水を引く条件として、鈴木町、稲葉町、南鍛冶町一・二丁目の各町が連名で、南伝馬町一～三丁目の名主たちに宛てて、将来にわたって桝の新設（木製なので取替が必要）や補修などに係る費用を分担するという証文を提出した。

廃止された四上水

しかし、一六七〇（寛文一〇）年に玉川上水が拡幅されてから半世紀後の一七二二（享保七）年になると、亀有、三田、青山、千川の四上水は廃止された。このうち、亀有上水は一六八三（天和三）年にも一度廃止されており、一六八八（元禄元）年に復活していた。

四上水の廃止は、八代将軍徳川吉宗の侍講《じこう》であった朱子学者室鳩巣《むろきゅうそう》による廃止提案（享保七年）がきっかけだったとされ、一言でいうと「江戸の火災予防」のためであった。鳩巣の幕政上の意見は『献可録《けんかろく》』(29)にあるが、その中で江戸に大火が多い理由を四つ挙げている。まず、①下々の人々の資質を挙げた上で、②明暦以後の江戸では風が吹き上がりやすくなった、③長崎の唐人によればベトナムのように水道を設置すると火事が多くなる、④世間の金気が薄くなったために風が吹きやすくなったという陰陽師の見解に求めている。

そして、水道はすべて廃止したいが、井戸水が得られない下谷《しやた》・鉄炮洲《てつぽうず》などの湿地では最小限を残す、北西の季節風時の火災が江戸城のリスクなので小石川や巣鴨の水道をまず潰せ、江戸の水道の半分を潰せば大分改善される、火付盗賊などは極刑に、と述べている。

こうした鳩巣の提案の背景には、前年の一七二一（享保六）年には米価が大暴落し、年貢を貨幣に換金・換銀して消費にあてる武士階級の生活難のみならず、農村の疲弊によって都市に流れ込む人々の増加があった。しかも、正徳《しょうとく》、享保の通貨政策では、その前の元禄の通貨政策で純度の低い金貨（小判、一分判）、銀（丁銀、豆板銀）を発行していたものを、純度の高い金銀に改鋳していたため、デフレが進んでいた。景気が悪く、農村で困窮した者たちが江戸に流入すれば、治安が悪くなるのは当然だった。

デフレによる金銀貨幣の高騰を〝金気が薄くなる〟こととらえ、それによって「風が吹きやすくなる」という鳩巣の見解はともかくとして、青山、三田、千川上水は大名屋敷や寺社に給水する比重が高かった。当時は、享保改革による武蔵野の新田開発が始まる時期であり、その水源は同じ玉川上水からの分水であった。しかも、江戸の経済発展が続く中で、経済活動を支えていた町地や廻船関連への給水の重要性は増していた。

したがって、当時の幕府にとっては、玉川上水が供給する水資源の合理的な配分を実現することは重要課題だったはずである。それゆえ、水資源の配分において、優先度の低い大名屋敷への給水をリストラしたのだとみられる。青山、三田、千川上水によって受水する大名屋敷は中屋敷、下屋敷が多いだけでなく、自力で井戸を掘る代替手段も有していた。

鳩巣の建策は陰陽五行説に基づく形を取りながら、実は、当時の社会・経済環境を反映しながら水資源の効率的な配分を考えたものだった可能性もある。この時代になると井戸の掘削技術が向上したため、鑿井《さくせい》（掘井戸）から清浄な水を得やすくなったことも、四上水廃止の背景にあった。

江戸市中における玉川上水の配分

樋線のサイズとコース　『貞享上水図』と『上水記』には樋や桝のサイズ（現在の配水管でいえば口径に相当）は記されていないが、『樋線図第4種』には記載がある。

そこで、『樋線図第4種』の「玉川 大木戸ヨリ四ツ谷門外・寅ノ門外ニ至ル（子）」と「玉川四ツ谷門内ヨリ半蔵門外・幸橋内ニ至ル（丑）」に掲載された各樋線をみると、後述のように、四谷大木戸から市中に送られる玉川上水の水の約三分の一が江戸城（本丸・西丸）と麴町大通り周辺、約三分の二が虎ノ門外に向かっている。虎ノ門外に達した樋線は、そこでさらに分岐して、大名小路（現・千代田区丸の内）、京橋南（現在の銀座）、芝（東海道沿いや増上寺門前など）とともに、水運と結びつきの強い埋立地（八丁堀、霊巌島、築地など）に通じていた。

四谷大木戸から四谷門　四谷大木戸まで開渠を流れてきた玉川上水は、そこからは万年樋《まんねんとい》（石樋、暗渠）となり、四谷門に達するまでに江戸市中の各所への幹線が分岐する（図表4―4、図表4―5）。

一尺＝三〇・三cm、一寸＝一／一〇尺とすると、四谷大木戸（A地点）における石樋の寸法（現在の配水本管の口径に相当）は「上口五尺、深四尺、鋪巾四尺五寸」（一五一・一cm×一二一・二cm×一三六・三五cm）で、それが四谷伝馬町（B地点、現・四谷三丁目交差点の東）に差し掛かると、

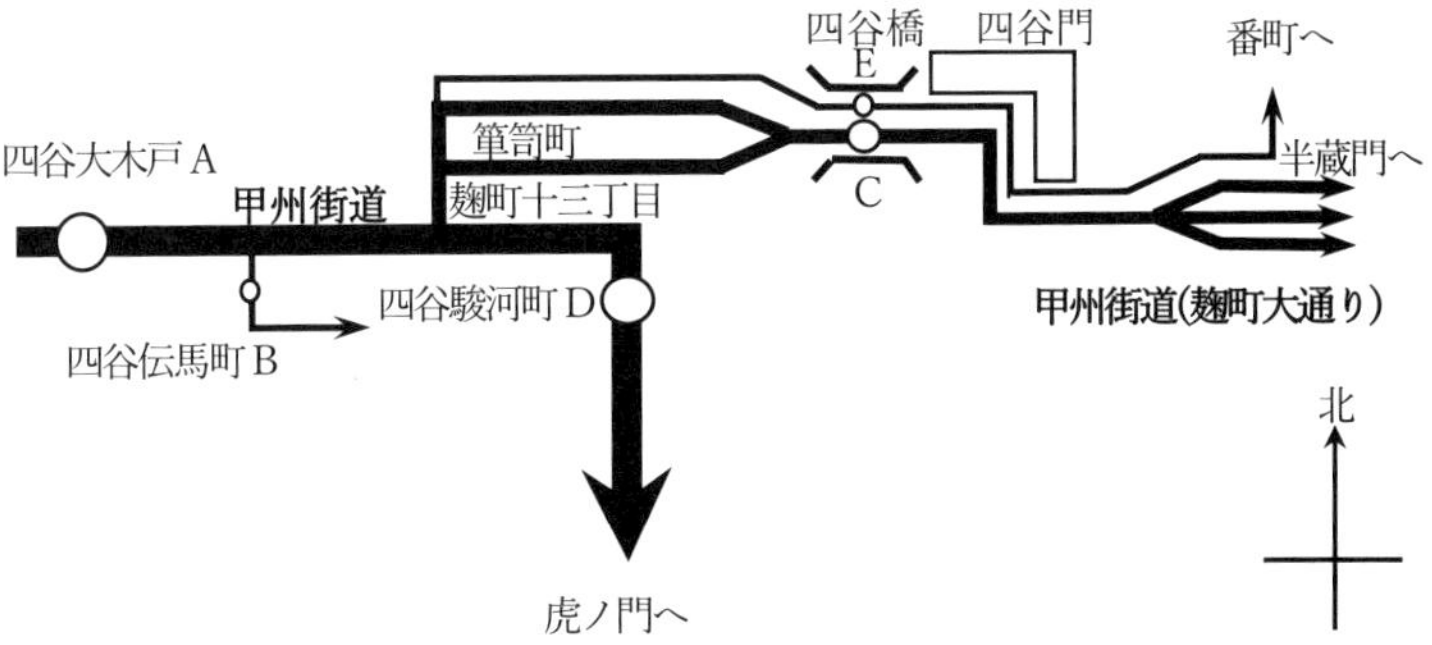

図表4－4　玉川上水の水の配分（四谷橋付近）（出典：『樋線図第4種』「玉川 大木戸ヨリ四ツ谷門外・寅ノ門外ニ至ル（子）」および「玉川 四ツ谷門内ヨリ半蔵門外・幸橋内ニ至ル（丑）」、東京都水道歴史館蔵）

甲州街道南側の伝馬町などの町地に向かう幹線「一尺四方」の木樋（三〇・三cm×三〇・三cm）を分岐させる。

甲州街道に布設された本流である万年樋からは、麹町十三丁目（現・四谷二丁目）で短い万年樋（長さ四八間）が北に分岐し、箪笥《たんす》町《まち》（現・四谷三栄町）でそれが二本の木樋に分かれる。この二本の樋筋は四谷門の手前、外濠を渡る四谷橋の直前で一本にまとまり、四谷橋を渡って四谷門を過ぎた場所で、三本の木樋に分かれて麹町大通りを半蔵門方向に延び、江戸城（本丸・西丸）に至っている。この一本が四谷橋を懸樋で渡る場所（C地点）の木樋のサイズは「二尺四寸方」（七二・七cm×七二・七cm）である。箪笥町からはもう一本の樋線が四谷橋を懸樋（E地点）で渡り、四谷門を経た後に、番町方面に北進する樋線も伸びている。E地点の木樋のサイズは一尺×一尺二寸（三〇・三cm×三六・三六cm）である。

一方、万年樋は四谷橋の手前の四谷尾張町《おわりちょう》の角（現・四谷一丁目、甲州街道と外堀通りの交差点）を右折し、弁慶濠と溜池の南側を通って虎ノ門に至っている。この右折した

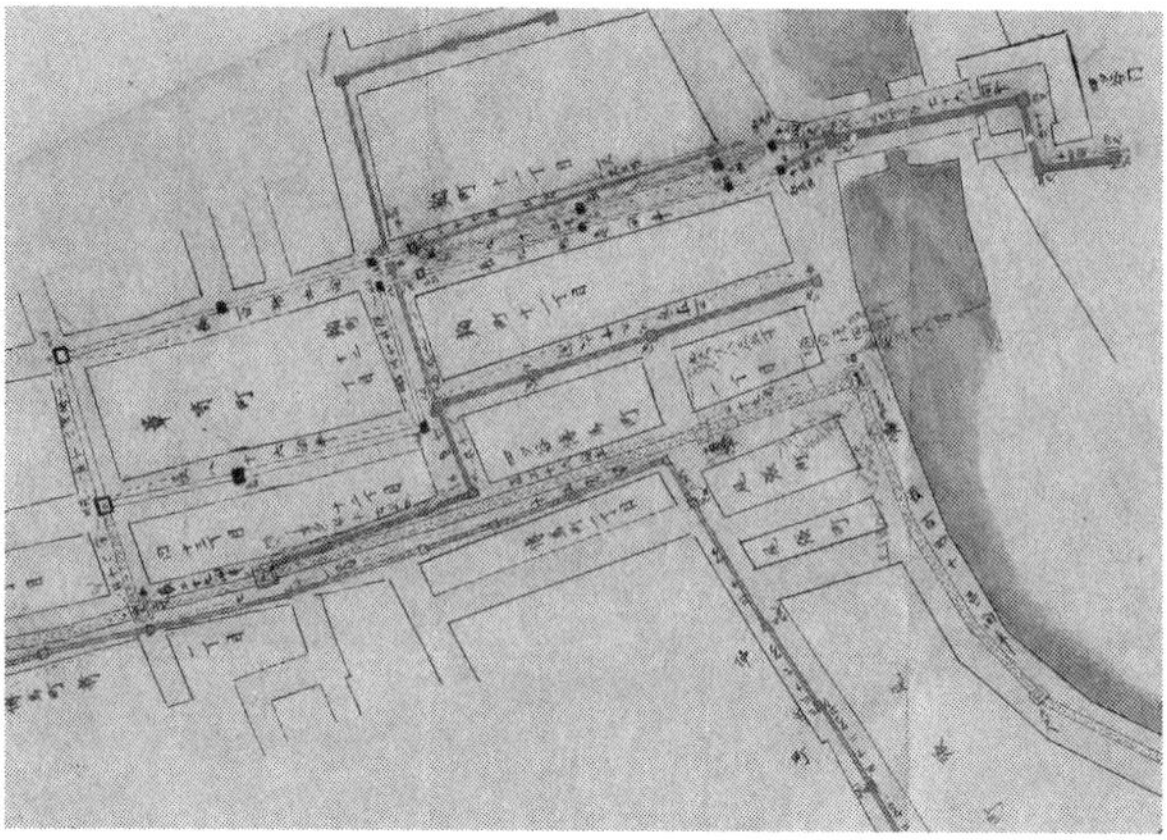

図表4－5　四谷橋付近の樋線（出典：『樋線図第4種』（「玉川 大木戸ヨリ四ツ谷門外・寅ノ門外ニ至ル（子）」東京都水道歴史館蔵）

直後（D地点）の石樋の内法は「三尺五寸　四尺五寸」（一〇六・〇五cm×一三六・三五cm）である。

以上から、Aの断面積は一万八三一三㎠、Bは九一八㎠、Cは五二八五㎠、Dは一万四四六〇㎠、Eは一一〇二㎠で、B+C+D+E=二万一七六五㎠となる。石樋も木樋も上部には空気の層があったから、この断面積がそのまま水の流量と一致するわけではないが、B、C、D、Eそれぞれの割合はB（四・二%）、C（二四・三%）、D（六六・四%）、E（五・一%）となる。

ところで、配水管などの管路を流れる流体の流量Qは、管の断面積Aと流速Vの積（Q=A×V）となる。玉川上水の流速のデータは不明だが、自然流下で流れていたので、四谷大木戸から四谷門までの複数の並行した樋線（幹線）の流速は同じと仮定すれば、それぞれの流量はそれぞれの樋の断面積に比例することになる（気密でない石樋、木樋を流れるので、樋の上部には空間ができるが、それは無視する）。

この単純計算では、城の本丸および吹上（西丸）と麴町大通りに給水する合計が三三・六%で約三分の一、四谷大木戸から虎ノ門方面に向かう水量が全体の三分の二となる。つまり、玉川上水の水の大半（三分の二）が、万年樋（石樋）の大幹線として、大名小路のほか、町地や水運関係の施設が集積していた埋立地に向かっていた。

なお、『貞享上水図』（玉川上水大絵図）では、四谷橋を渡る樋線は二本で、麴町大通りを経て半蔵門を入るまで二筋のままとなっている。本丸と吹上（西丸）、樋筋に名称は付されていないが、樋筋の先には「御城内」と「西御丸」の表記がある。

『上水記』では、「御本丸懸り樋筋」「吹上懸り樋筋」が『樋線図第4種』と同様の分岐をした後、四谷橋を別々の懸樋で渡っている。また、麴町大通りに給水する樋筋が万年樋から麴町十二丁目で分岐し、「組合懸け樋」として四谷橋を同様に渡っている。したがって、『上水記』の時点では、四谷橋には懸樋が三本架っていたことになる。

虎ノ門外（虎ノ門の手前） 四谷門付近を右折して虎ノ門に至る大幹線（万年樋、一部は開渠、木樋もあり）については、この区間の標高差が大きなことが特色であった。国土地理院地図によれば、四谷門の標高が約三一m、虎ノ門が約七m、標高差が約二四mとなっている。

これだけの標高差があり、自然流下によって上水が樋を流れることになると、上流の流量によっては下流で水が溢れる可能性もある。市街地で上水が溢れ出ることを防ぐには、樋筋の適切な箇所で水圧を下げるために、水を排水する必要が生じる。とはいえ、埋立地の末端まで確実に水を送るには、一定量の水は流さなくてはならない。

そのための施設として、四谷門から虎ノ門までの勾配区間では、余水を溜池に吐き出すための

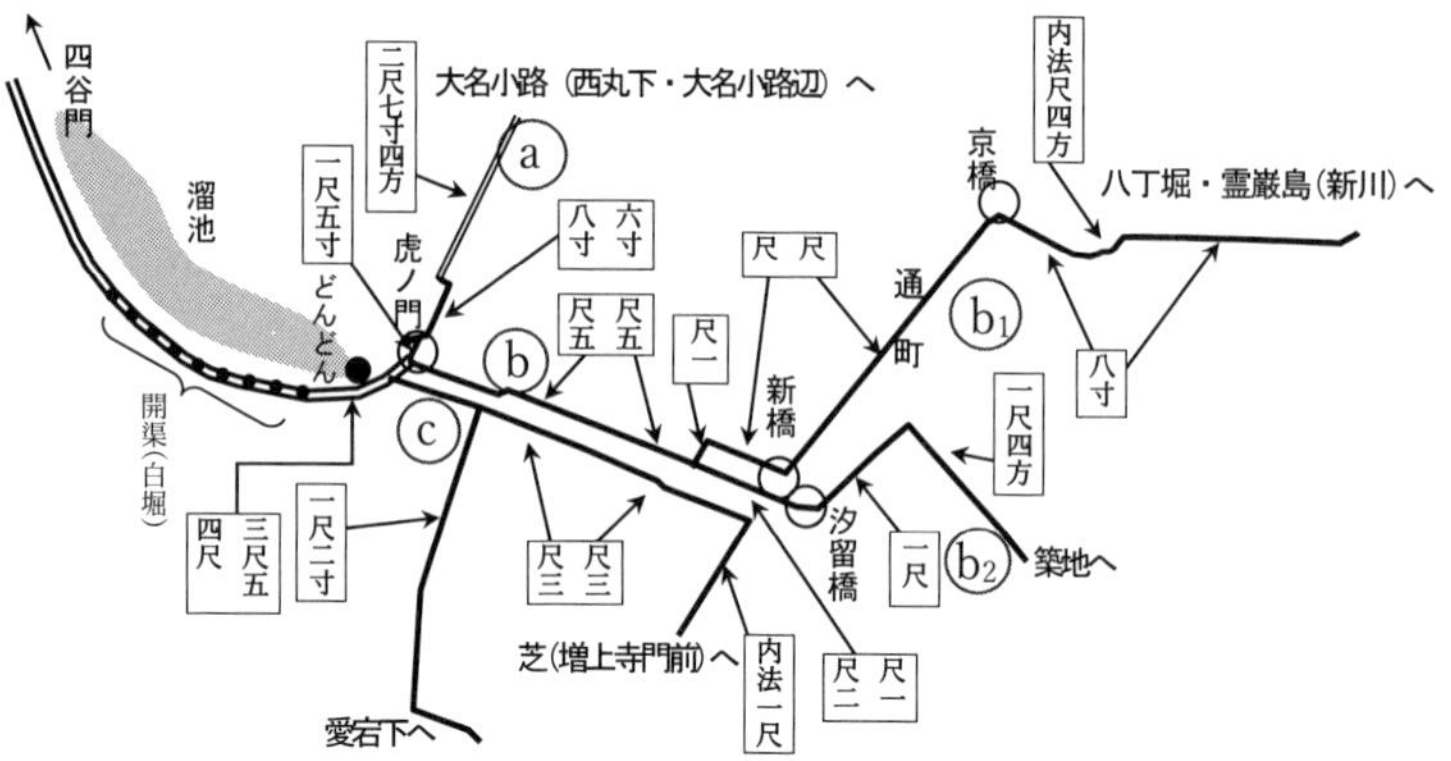

図表4－6　玉川上水・幹線の分岐（虎ノ門付近）（出典：『樋線図第4種』［「玉川 四ツ谷門内ヨリ半蔵門外・幸橋内ニ至ル（丑）」］東京都水道歴史館蔵）

吐樋《はきとい》も設置されている。溜池は余分な水を排出するための調節地（排水池）の機能を持っており、『上水記』では溜池の最上流部（赤坂御門付近の赤坂田町一丁目）を通る万年樋から溜池に吐樋（ドレーン管に相当）が通じている。『樋線図第4種』でも、ほぼ同じ場所に吐樋が記されている。

その下流から道路と溜池の間は一九四間（約三五〇m）の白堀（開渠）となっていたのも、水が溢れるほどの圧力は解放し、埋立地までの水量は確保するための工夫だった可能性がある。「赤坂溜池脇で自由水面の開きょ区間を設けたことは、（中略）地表面標高三～四メートル程度の下町における広域的な安定給水につながる」という指摘もある。[30]

また、『樋線図第4種』では、工部省付近の「どんどん」と呼ばれた溜池からの放流口（滝となっていた）の少し上流で、上水が大下水を跨ぐ場所に吐樋が記されている。しかし、『上水記』には吐樋の記載はなく、「水番屋」が設置されている。「どんどん」の手前の万年樋の大きさは「三尺五×四尺」であった。これは、四谷門付近（三尺五寸×四尺五寸）とほぼ同じである。この路線が虎ノ門の手前に差し掛かると、ⓐ大名小路、ⓑ新橋方面、ⓒ芝方面の三手に分かれ、ⓑはさらに新橋付近で二手に分かれる（図表4―6）。

ここで、市内各所に向かう幹線であるⓐ、ⓑ、ⓒそれぞれのサイズはほぼ同じで、いずれも一尺四方程度であるため、送られる水量は、同程度だったとみられる。

また、溜池の出口「どんどん」の隣接地に万年樋が通っているだけでなく、その直下で、①虎ノ門経由で大名小路に至る樋筋、②浜懸り（築地）、③愛宕《あたご》下大通り、④京橋（南詰め）を経て八丁堀、霊巌島に向かう樋筋が分岐している。ということは、玉川上水系の樋線ルートの一部は、溜池が水源だった頃の樋線のルートと重なっている可能性がある。大名小路の南側で日比谷入江が埋め立てられた場所や東海道に沿った芝の町地などにあたる。

樋・桝・水番人

神田上水も玉川上水も樋（石樋、木樋）と桝を連結して、樋線（樋筋）を作っていた。それは、現代の水道事業で、送水管、配水管、制水弁などを用いて配水管網を形成するのと似ている。『上水記　第五巻』には桝の凡例が掲載されているが（図表4―7）、凡例とは別に、実際の図面に記載のある樋、桝もある。

現在は、配水管どうしの結合では継手《つぎて》が用いられる。また、配水管の方向を変える場合には曲管などの異形《いけい》管を用いる。配水管路を分岐させる場合は、T字管（異形管の一種）と制水弁を組み合わせるといった手法が採られる。

江戸時代の樋線では、樋どうしの接合では、継手（木製、石製）とともに、桝を介在させる接合が多用されていた。また、樋線（樋筋）の方向を変える場合や、分岐・合流の箇所には桝が設置されていた。樋線（樋筋）から屋敷などに引き込む際の桝もあった。

水配上の必要から設置されていた桝と樋に焦点を当てると、四谷門付近から虎ノ門まででは、四谷伝馬町で万年樋が右折する箇所には「地形一面石縁桝」が設置され、そこから余剰水の排水用の吐樋が延びている。

溜池の横、万年樋から木樋に変わる箇所にも吐樋が設置され、虎ノ門外には水見桝と吐樋がセットで配置されていた。虎ノ門を渡って大名小路に至る樋筋、浜懸り（八丁堀・霊巌島など）、愛宕下大通り（芝の東海道筋や増上寺門前）に向かう樋筋に水見桝があった。水見桝は水量や水位、水質を監視するための桝で、後述の水番人が定期的に巡回・点検していた。

水量・水位調節のための施設の例としては、大きさ高さ七尺五寸、幅七尺の吐水門が四谷大木戸にあり、余剰水は内藤大和守下屋敷の方向に排水されていた。その下流の開渠から万年樋に変わる場所（水番屋付近）には、高さ一丈六尺、幅六尺の水門が設置されていた。

江戸城に向かう樋筋には、四谷橋に架る「御本丸掛り懸け樋」の前に一カ所と後に二カ所、「吹上掛り懸け樋」と「組合懸け樋」の前後各一カ所に高桝《たかます》（出桝）が置かれていた。

半蔵門前の土橋に差し掛かる橋には、「御本丸掛り懸け樋」と「吹上掛り懸け樋」のそれぞれに水見桝が設置されている。半蔵門から城内に入ると、「御本丸掛り」が二本に分かれ、「田安屋形懸り」、「清水屋形懸り」の分岐箇所に、吐樋と水見桝が置かれていた。

このように、玉川上水の下流部では、水見桝と吐樋が幹線（樋線）の分岐部分に設置されているケースが多い。それだけ、この区間では大きな標高差に伴う水量調整を必要としていたのであった。

	種類	よみ	用途・機能等
樋	吐　樋	はきとい	排水用の樋、樋線(樋筋)から余剰水を河川や堀等に排水する
	繋　樋	つなぎとい	樋線（樋筋）どうしを連絡する樋
	下り樋	くだりとい	傾斜を伴って下方に流す樋
桝	高　桝	たかます	地上に本体の一部が現れた桝
	水見桝	みずみます	水質・水量等を監視するために設置された桝

図表4－7　『上水記』における桝（凡例）

しかし、〝河川勾配〟の緩やかな神田上水系では吐樋は少ない。白堀区間の金剛寺坂下橋、神田橋と一石橋の中間の竜閑橋付近、銭瓶橋付近、道三橋付近、一橋門付近、竜の口・御畳小屋付近の六カ所である。そこには、水源である関口大洗堰と末端との標高差が大きくないことが影響していた可能性もあるだろう。なお、銭瓶橋にあった二カ所の吐樋（神田上水と玉川上水）からは、余水を水船に汲んで、隅田川東岸などに運んでいた。

水見《みずみ》桝《ます》などの管理も水番人が行っていた。(31)『上水記』によれば、水番人の業務は、水見桝の定期的なチェック、水量調節、水路や樋線の見廻り、出水や渇水への対応、玉川上水から新田への分水量の調節、塵芥の除去など多岐にわたっていた。水番人は神田上水では五カ所（目白下大洗堰水番人・小兵衛、小石川金杉町牛天神下上水見守・武兵衛、小日向大日坂下橋見守・喜兵衛、水道橋外掛樋見守番人・伊兵衛、淀橋水車持・久兵衛）、玉川上水でも五カ所に置かれていた（羽村・源兵衛、儀助、砂川村・助左衛門、代田村・文左衛門、大木戸水番人・彦七、赤坂溜池水番人・藤助）。

このうち神田上水の目白下大洗堰の水番人は町方抱えの町人、他の四名は町奉行支配の町人であった。玉川上水の方では、羽村と代田村の水番人は伊奈右近将監（関東郡代）支配の百姓、砂川村の水番人は代官所支配の百姓、四谷大木戸と赤坂溜池の水番人は町奉行支配の町人となっていた。

神田上水では、目白大洗堰（関口）の水番屋で取水量の調整、水道橋付近の懸樋に設置された見守番屋で江戸市中に引き入れる水量の調整を行っていた。流量が多すぎる場合には神田川に放流していた。小石川金杉町や小日向大日坂下に水番を配置した背景には、集中豪雨などにより神田川が氾濫しやすく、目白台の崖地も土砂災害が多かったことが影響していた可能性もある。淀橋水車持とは、神田上水の水量不足を補うための玉川上水からの助水堀《じょすいぼり》が淀橋で合流しており、そこに水車があって製粉などを行っていたが、水車の持ち主に助水堀の水量調節のほか、神田上水の水源であった井の頭池の水門の管理などを担わせていた。

先ほど、神田上水の助水堀に触れたが、淀橋水車持の久兵衛の先祖であった彌兵衛が、寛文年中に助水堀が出来た際に、そこに水車を建設することを許されている。一七三二（享保一七）年以降、八代将軍・徳川吉宗から家重・家治・家斉と歴代の将軍が鷹狩の際に水車小屋に立ち寄って休憩、水車を視察することが恒例となっている。(32)

玉川上水では、羽村の取水堰、大木戸、赤坂溜池に水番屋が置かれたほか、砂川村（現・立川市）、代田村（現・世田谷区）にも番人が置かれていた。多摩川からの取水量の調整や出水時における堰の操作、災害対応などは羽村の水番所の任務だった。洪水時には早馬で江戸に知らせた。

なお、当時の堰の構造は「投げ渡し堰」とよばれ、現在でも基本的には同じ構造である。

四谷大木戸の水番屋では、江戸市内に送る水量の調整（余分の水は余水吐きから排水した）を行い、赤坂溜池の水番屋では、標高の高い四谷大木戸から流れ下ってくる水量の調整（吐樋などを用いて溜池に放流していた）を行っていた。いずれの上水の水番人も、樋線の各所に設置された水見桝などで定期的に巡回し、流量を確認しながら、水量調整を行っていた。

上水の使われ方

一方、公道下に布設された木樋からは、木製ないしは竹製の呼樋を使って、個々の武家屋敷や町家の敷地内に設置された上水井戸に引き込まれた。木樋と木樋をつなぐ箇所には継手が使われただけでなく、直線状に造られた木樋を、道路に沿って曲げて布設する際にも継手を介していた。

喜田川季荘編『守貞謾稿《もりさだまんこう》』では、「水道ノ樋」から「呼樋」という竹製の樋で「江戸井」と呼ばれた上水井戸に水を引き込む様子が描かれている（図表4―8）。つまり、樋線（木樋）によって配水された上水は、呼樋によって個々の上水井戸に流れ込む構造になっていたが、いずれの水の流れも自然流下によるものである（図表4―9）。上水井戸では、上水が溜る箇所が井戸の底部で、地上には井筒があって井戸を保護していた。水を利用する際は、釣瓶《つるべ》などで上水井戸の底から汲みだしたのであった。

上水井戸は屋内にある場合の他、長屋などの共同井戸として屋外に設置されることも多かった。

なお、現在の水道料金に相当する水銀《みずぎん》は、武家は石高、地主である町人は小間《こま》（公道に面する間口の長さ）によって定められていた。落語でお馴染みの長屋に住むハチやクマには、当時の水道料金を支払う義務はなかった。こうした木樋や呼樋（木製ないし竹製）、上水井戸を現代の水道に置き換えると、公道下の木樋は配水管、呼樋は給水管に相当する。

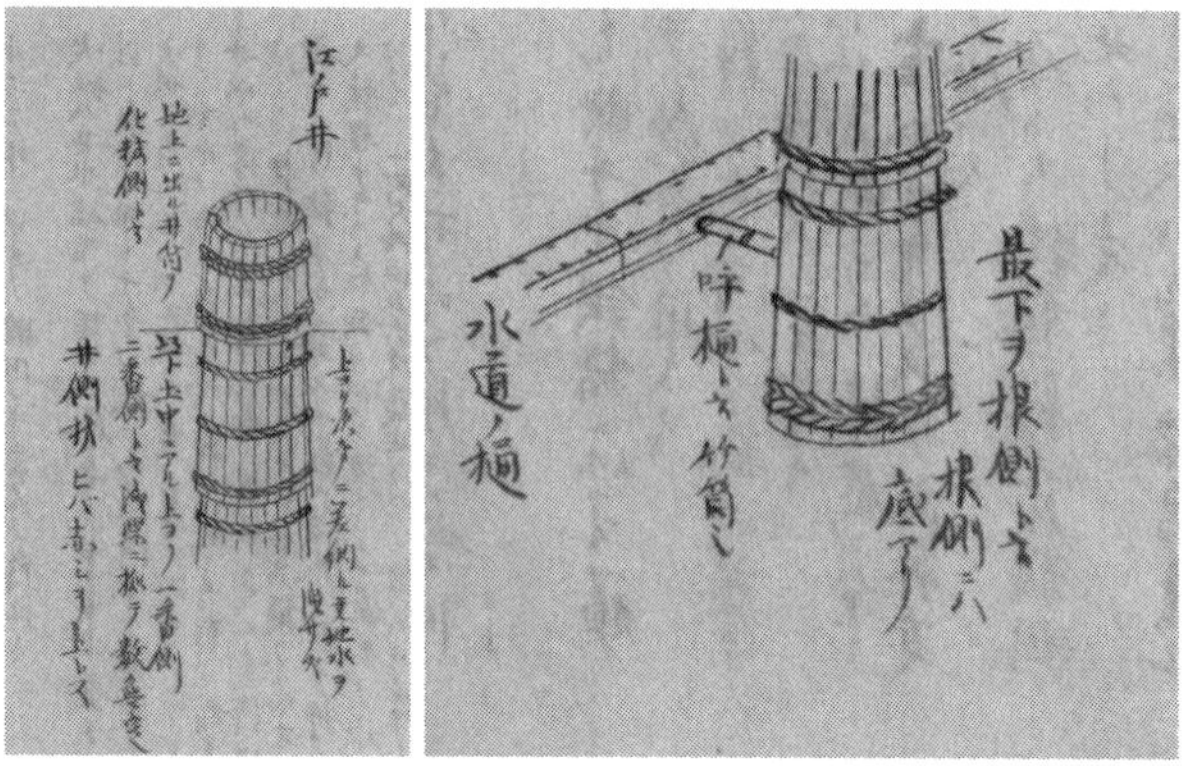

図表4－8　上水井戸（出典：喜田川季荘 編『守貞謾稿』巻3, 写. 国立国会図書館デジタルコレクション）

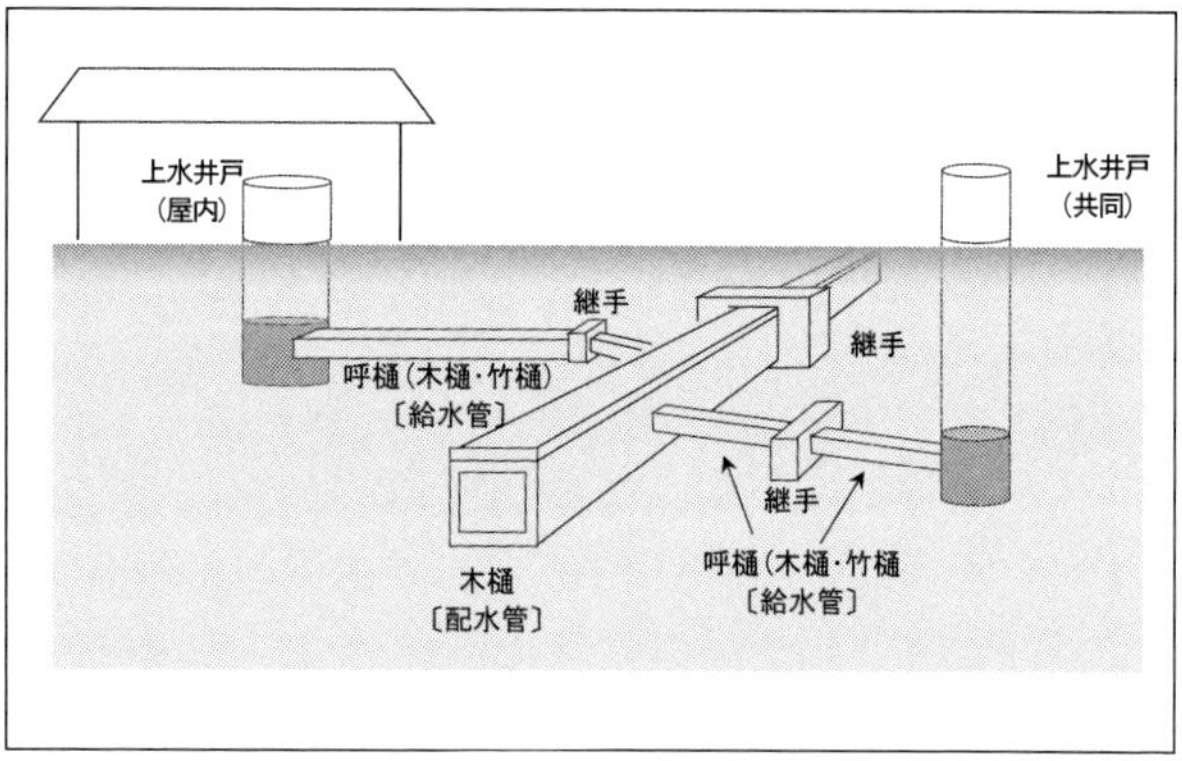

図表4－9　木樋・継手・上水井戸

埋立地に上水を送るには

水源から遠く離れた広大で平坦な埋立地に十分な水量を送ることは、自然流下による水道にとっては厳しいものとなる。その厳しさは、神田、玉川両上水に共通するが、水源と末端の標高差が大きく、樋線の延長も長い玉川上水の方が、より厳しかった。

それを反映して、玉川上水が江戸市中に入る場所（四谷大木戸〜四谷門）では、大量の水を流し続けることによって、平坦な埋立地の末端まで十分な量の水が届く構造となっていた。それはポンプのなかった時代の「加圧」の機能ともいえるものだった。

四谷門の標高は約三一ｍであるが、江戸市中の各所（江戸城直下の大名小路、芝、銀座、八丁堀、霊巌島、築地）への樋筋が分岐する虎ノ門手前の標高は約七ｍで、約二四ｍの標高差がある。埋立地の八丁堀や霊巌島、築地方面に水を送るには、この配水上の〝急所〟であった虎ノ門前の分岐点において、それに必要な十分な水量が確保されなければならなかった。とはいえ、大きな位置エネルギーを持った大量の水を四谷門付近で流し続けると、下流で溢れるリスクが高かった。四谷門付近は武蔵野台地（淀橋台）が海に向かって急速に高度を下げ始める場所であり、石樋は弁慶濠、溜池を左に見ながら虎ノ門外に向けて下っていく配置になっていた。しかも、前述のように、玉川上水の水量の三分の二程度が、四谷門外から虎ノ門前に向けられていたのであった。

それゆえ、四谷門から虎ノ門までの幹線区間には、万年樋（石樋）と白堀を組み合わせるとともに、樋線の脇の溜池などに余剰の水を排水する設備＝吐樋が備わり、溜池付近には水番屋が配置されていた。溜池だけでなく、大名庭園への泉水供給も、オーバーフロー分の処理施設と捉えることもできる。

こうしたオーバーフローがあることによって、上水が埋立地の末端まで届いたといえる。それは河岸地や廻船の停泊する水面に近い場所に着実に水を送るためのノウハウであった。そうしたオーバーフロー分は、一見するとロスとも見えるが、それは無駄ではなくて「都市活動の維持」に必要な水量であり、そうした工夫によって、末端に拡がる低地部において網の目のように樋線を布設することができたのであった。大名は石高割《こくだかわり》によって水銀《みずぎん》を負担していたが、それが町地や河岸地を含む江戸全体の上水を維持するための主要な財源となっていた側面もあった。

『貞享上水図』や『樋線図第4種』では、神田、玉川両上水ともに、町地における樋線（樋筋）の密度は、武家地に比べて圧倒的に高い。経済活動がなされる場所では、それだけ水が使われていたということを意味している。同様に、隅田川や江戸湾に面した臨海部、八丁堀や霊巌島といった大名の物揚場を兼ねた蔵屋敷や中屋敷が集積していた場所も、樋線の密度は高くなっている。

なお、第7章以降で述べるように、一八九八（明治三一）年に東京では、玉川上水を水源とする近代水道がスタートし、淀橋に設置した浄水場から市内に配水した。当時の給水区域は、神田・玉川両上水の給水区域のほか、山の手台地や隅田川東岸も含まれていた。玉川上水の流量に大きな変化がないことからすれば、その水量だけで江戸時代の玉川上水の給水区域よりもはるかに広い地域に水を供給できたことになる。それは、江戸湾の埋立地の末端まで自然流下によって水を送る上で必要となるオーバーフロー分の水が、近代水道においては無駄なく処理されることになったからだとみることもできるだろう。

（1）高柳眞三・石井良助編『御触書寛保集成』岩波書店、一九三四年、一二八四頁（二八四一）。
（2）高柳眞三・石井良助編『御触書寛保集成』岩波書店、一九三四年、一二八五頁（二八四二）。
（3）鈴木浩三『江戸の都市力』ちくま新書、二〇一六年、一三三頁。
（4）鈴木理生『江戸はこうして造られた』ちくま学芸文庫、二〇〇〇年、一八三～一八四頁。
（5）鈴木理生編著『図説　江戸・東京の川と水辺の事典』柏書房、二〇〇三年、二四三～二四七頁。
（6）鈴木浩三『地形で見る江戸・東京発展史』ちくま新書、二〇二二年、一五一～一五七頁。
（7）大石慎三郎『享保改革の経済政策　増補版』御茶の水書房、一九七九年、五一～五二頁。
（8）新座市教育委員会市史編さん室編『新座市史　第五巻通史編』新座市、一九八七年、三〇二頁。
（9）東京都水道局HP、https://www.waterworks.metro.tokyo.lg.jp/kouhou/pr/tamagawa/（二〇二四年五月三日閲覧）。
（10）『玉川上水掘割之起発並野火留村引取分水口訳書』（玉川上水起元）の写しとされる『玉川上水起元並野火留分水口之訳書』（都立中央図書館蔵）を紹介したものとして、角田清美・山下哲也「玉川上水を〝玉川上水起元並野火留分水口之訳書〟で調べる（一）」『みずくらいど　第10号』福生市史編さん委員会、一九九〇年、四一～六八頁、「同（二）」『みずくらいど　第11号』福生市史編さん委員会、一九九〇年、四〇～六〇頁。
（11）経済雑誌社校『徳川実紀　第3編』経済雑誌社、一九〇四年、六九頁（国立国会図書館デジタルコレクション三八／四九五）。
（12）経済雑誌社校『徳川実紀　第3編』経済雑誌社、一九〇四年、一〇七頁（国立国会図書館デジタルコレクション六二／四九五）。
（13）三田村鳶魚『安松金右衛門――玉川上水の建設者』電通出版部、一九四二年、三二頁。
（14）東京市編「玉川上水二丸引用」『東京市史稿　上水篇第1』東京市、一九一九年、一九一頁。
（15）坂詰智美『江戸城下町における「水」支配』専修大学出版局、一九九九年、一六～一九頁。
（16）新座市教育委員会市史編さん室編『新座市史　第五巻通史編』新座市、一九八七年、三〇九頁。
（17）内務省地理局編『新編武蔵風土記稿』（巻之一二九　新座郡之一、巻之一三〇　新座郡之二、巻之一三一　新座郡之三、巻之一三二　新座郡之四、巻之一三三　新座郡之五、巻之一三四　新座郡之六）一八八四年、六～七頁（国立国会図書館デジタルコレクション一一～一二／八七）。

（18）新座市教育委員会市史編さん室編『新座市史　第五巻通史編』新座市、一九八七年、三〇八頁。
（19）新座市教育委員会市史編さん室編『新座市史　第五巻通史編』新座市、一九八七年、三〇九頁。
（20）坂詰智美『江戸城下町における「水」支配』、専修大学出版局、一九九九年、一六～一九頁。
（21）三田村鳶魚『安松金右衛門――玉川上水の建設者』電通出版部、一九四二年、九七～九八頁。
（22）植木岳雪・酒井彰「青梅地域の地質　地域地質研究報告（５万分の１地質図幅）」『東京（８）』第50号、産業技術総合研究所・地質調査総合センター。
（23）国土地理院ＨＰ、https://www.gsi.go.jp（二〇二四年五月六日閲覧）https://maps.gsi.go.jp/#15/35.753359/139.479501/&base=pale&ls=pale%7Cslopezone1map&blend=0&disp=11&vs=c1g1j0h0k0l0u0t0z0r0s0m0f1&d=m&reliefdata=04GFFFCFFG6GDBD8DBG7G85855GG2B2B2B
（24）「舘林家蔵屋鋪井近辺町家繁栄」『東京市史稿　産業篇第五』東京都、一九五六年、七九二～七九三頁。
（25）蘆田伊人編「御府内備考　第1至4」『大日本地誌大系』第3巻、雄山閣、一九三一年、二四一頁（国立国会図書館デジタルコレクション一三〇／一九二　https://dl.ndl.go.jp/pid/1214872、二〇二五年一月二八日参照）。
（26）東京府豊多摩郡編『東京府豊多摩郡誌』東京府豊多摩郡役所、一九一六年、二四〇頁（国立国会図書館デジタルコレクション一四二／五四九）。
（27）東京都公文書館「神田上水白堀浚出銀令」東京都編『東京市史稿　産業篇第13』東京都、一九六九年、一九〇～一九四頁。
（28）東京都公文書館「上水分水及普請修繕費分担」東京都編『東京市史稿　産業篇第7』東京都、一九六〇年、二四六～二四七頁。
（29）室鳩巣「献可録」滝本誠一編『日本経済叢書　巻三』日本経済叢書刊行会、一九一四年、二一四～二一九頁。
（30）保坂幸尚「江戸市中の玉川上水――ＧＩＳで市中開きょ区間を読み解く」『水道公論』第61巻第1号、日本水道新聞社、二〇二五年一月、一四～一八頁。
（31）堀越正雄『水道の文化史』鹿島出版会、一九八一年、三三～三九頁。
（32）蘆田伊人編「御府内備考　第1至4」『大日本地誌大系』第3巻、雄山閣、一九三一年、二四一頁（国立国会図書館デジタルコレクション一三〇／一九二　https://dl.ndl.go.jp/pid/1214872、二〇二五年一月一八日参照）。

第5章
上水経営の実際

本章では、江戸の上水経営の仕組みを紹介する。当時、水道を永続させることが経営上の最高の目的ないし理念とされていた。

上水の経営には、幕府の官僚組織、上水を利用する武家や江戸町人などがつくる多様な組織が関与していた。その中では、江戸の都市行政と自治のシステムであった町人の自治的組織が上水の運営にも活用されており、実務は町人の手によるところが大きかった。

上水の維持管理や大規模更新には、現代と同様、多額のコストと手間がかけられていたが、費用は、武家は石高割《こくだかわり》、町人は小間割《こまわり》という負担基準によって徴収され、独立採算と受益者負担の原則の下に管理されていた。それは、現代の水道料金システムに底流ではつながっている。

一方、田沼意次が老中を追われるタイミングで「上水毒物混入」の風評のために江戸中がパニックに陥った。その直後、松平定信の政権になると、将軍の仁政を謳い上げる『上水記』が作成され、将軍に献上、定信に進達された。その政治的な意味についても検討する。

1　江戸上水の経営

江戸上水の経営理念と経営上の価値——永続性の重視

江戸の上水は、百万都市江戸の最も基礎的なインフラストラクチャーとして機能し続けた。それゆえ、江戸の上水経営の一端を紹介することは、都市施設にとどまらず都市そのものの持続可能性を高めていくうえで、さまざまな示唆を与えてくれるだろう。

江戸の上水は、将軍の治世の正統性を示すものと認識されていたため、水道を着実に供給し続けること、すなわち「永続性」が特に重視されていた。現代の企業経営であれば、水道の「持続可能性」が、経営理念あるいは経営上の最高の価値となっていたのであった。

永続性を確保する観点から、神田上水の開発に功績のあった内田氏は、二代将軍秀忠の時代に、「上水が末々まで過不足の無く行き届くよう務める」ために「水元役《みずもとやく》」を命じられ、水道橋付近に二〇〇〇坪の拝領屋敷を与えられている（「末々」には未来までという意味と、水道の末端という意味がある）。この場合の拝領屋敷とは、幕府から与えられた宅地で、それを町人に貸し付けて不動産収入を得るものである。その収入によって、神田上水を安定的・継続的に維持管理させようとしたのであった。ただし、この拝領屋敷は、明暦大火後に江戸城内にあった水戸家の上屋敷が小石川に移された時に、それに吸収されている。

玉川上水（写真5―1）の開発に功績のあった玉川庄右衛門と清右衛門の兄弟は、玉川上水の永続的な維持管理を図るために幕府から「玉川上水御役」を永代にわたって命じられている。[1]

一方、一七九一（寛政三）年当時、江戸の水道を所管していた普請奉行・石野広通が、これまでも再三登場してきた『上水記』を編纂して将軍に献上し、老中首座の松平定信にも進達した。石野はその巻頭で「この文書が今後の上水方《じょうすいがた》の道しるべになるならば本懐である[2]」と述べている。

写真5－1　玉川上水（新小金井橋付近、2024年4月筆者撮影）

また、本文では「江戸のような水の得にくい場所に水道を布設して人々が利用できるのは〝上水の徳〟であり、水道の仕事に携わる者は常に自覚して事務を処理すべきである」「上水を布設したのは将軍の御仁政の賜物であり、その御仁政によって人々に益をもたらすのが上水なので、なおざりに考えてはならない」などと宣言している。[3]

現代の価値観からは、〝将軍の御仁政〟という表現は理解しにくいが、当時の観念としては、治者の人民に対する最高レベルの責任と公共性を表現していた。『上水記』は、上水を〝将軍の御仁政〟の実現手段として意義付けたものとなっていた。そして、水の得にくい江戸で、水道の恩恵を人々に与えていることに価値を置いている。それらを踏まえて、上水事業の高い公共性や、それに携わる幕府官僚の服務の心得について語っている。

ここには、現代の水道法でも規定されている〝清浄な飲料水を常時給水すること〟に当たる文言ないし思想が含まれていたことになる。それが〝上水の徳〟という表現に表われている。上水を永続させることが、将軍（江戸幕府）による統治に正統性を備えさせるものの一つと認識されていたのである。

クビになった玉川兄弟

一七三九（元文四）年、玉川兄弟が処罰され、玉川庄右衛門は江戸所払いとなり玉川上水の請負人を免職、清右衛門は所払いにはならなかったが請負人は免職となった。

九月一六日に北町奉行・石河土佐守政朝《まさとも》から老中・松平左近将監乗邑《のりさと》と若年寄・本多伊予守忠統《ただむね》に提出した二名の処分案によれば、両名の慢性化した職務怠慢によって、江戸市中の上水供給が滞るようになっていた。現代の表現でいえば、両名が清浄な水の常時給水義務を怠っていたのであった(4)。具体的な〝罪状〟は、羽村の大堰水門（取水堰）等の普請・修復の際の現場監督や日常の巡回を怠っている、川浚いに必要な諸道具の不足を放置、出水時には賃金をケチるので砂利や砂の浚渫が不十分、羽村の大堰の破損時には修復に手間取ったために上水の水量が不足して江戸で断水が生じた、となっていた。

当時の江戸では兄弟に対して「賄賂、付届けの有無によって、水の出る量に区別を付けている」旨の風聞が広がっていたが、この処分案では「調査したところ、世上の風聞ほどのことではない」と報告している。ただし、庄右衛門が複数の大名家に出入りして付届けを貰っていた事実は認定している。

当時、町奉行所の与力・同心が大名屋敷から報酬や付届けを受領することは職務の一環と認識されており、領収証も発行されていた。彼らは、大名家の家臣と江戸の町方とのトラブルの調整や処理、大名家の特産品を江戸の流通に乗せるといった、現代でいえば顧問弁護士兼経営コンサルタントとしての機能を持っていた。したがって、庄右衛門の行為は、当時の〝社会通念〟の範囲内では〝賄賂〟には当たらなかった。

とはいえ、もしも兄弟が風聞の通りの行為をはたらき、関係する大名が多く、その中に有力者が含まれているようなことがあれば、大きな問題に発展しかねなかった。それゆえ、玉川兄弟の単なる〝職務怠慢〟でケリをつけた可能性も否定はできないだろう。

また、この処分を決めるにあたっての調査では、玉川上水の両岸については請負人（兄弟）が村々に「我儘を申す」ことのないよう、かつ、村々から上水に不浄なことをしないように、寛文年中（一六六一〜一六七三年）に玉川上水の延長一三里にわたって、水路の両側を三間ずつ召し上げて、町年寄に拝領させた旨の記載もある。玉川上水が完成してそれほど年月を経ていない段階で、こうした〝緩衝地帯〟を設ける必要が生じたのは、請負人である兄弟と沿川の村々との間に、この報告書に書かれていたような事象が生じていたことを物語っている。一六七〇（寛文一〇）年に玉川上水の幅を三間（約五・四m）広げて流量を増加させ、なおかつ両側の土地を三間ずつ上収したのは、上水の管理を万全にするためであった。[5]

2　上水経営の仕組み

公（おおやけ）による経営――上水を管轄していた幕府の組織

幕府には、江戸の上水を所管する部署が置かれ、各種の工事も直営で施工していた。『東京近代水道百年史　通史』（東京都水道局）によれば、江戸の上水を管理する幕府の組織は、当初は「その開拓者及び子孫が支配・管理する形態を取ってきた」とされ、一六六六（寛文六）年・上水奉行（神田上水・本所上水奉行、玉川上水奉行）以降、一六七〇（寛文一〇）年・町奉行、一六九三（元禄六）年・道奉行、一七三九（元文四）年・町奉行、一七六八（明和五）年・普請奉行、一八六二（文久二）年・作事奉行と変遷を遂げた。

一方、一七四一（寛保元）年には上水普請方下役を新設し、大伝馬町名主・馬込勘解由《かげゆ》と鎌倉町名主・平次郎を任命し、普請時の監督を行わせた。といっても、大伝馬町は江戸総町の筆頭、鎌倉町も有力な町だったので、その名主が工事現場を自ら監督したわけでなく、実務はその手代や事業者に任せていたといえるだろう。なお、この間、元文四年には請負人（上水請負人）二名を置いたが、一七六九（明和六）年になると請負人と見廻人を廃止している。

しかし、すでに一六一八（元和四）年には、旗本で御先弓頭の阿倍正之《あべまさゆき》が江戸の道路と上水の統括を命じられていた。それは、表面的には将軍・秀忠から命じられたようにも見えなくもないが、駿河台の造成や道路整備の責任者であった正之が、その業務と密接に関係する上水も所管することになったという事実は、十分に組織的な位置付けであったことを物語っている。

いずれの上水所管組織（奉行）も老中・若年寄の配下であったが、時代が下るほど、上水経営の実務は江戸の都市行政の一環として処理されるようになった。しかも、当時の上水経営は、幕府（官）の一方的・優越的な権力を背景とした経営でも、純粋な民間（民）による経営でもなかった点に特徴があった。江戸の上水には、利用者の意思や要望が反映される仕組みも備わっており、これが「官」でもなければ「民」でもない、「公《おおやけ》」を背景にした上水経営であった。

時代が下るにつれて、主に武家方に係わる上水事業についても、江戸町人の自治的組織が実質的に経営にあたる傾向も強くなっている。

江戸の都市行政と自治のシステム

次に、江戸の上水経営の実務において大きな役割を果たしていた江戸の都市行政と自治のシステムについて紹介する（図表5―1）。

江戸の町地および町地居住者を支配する機関としては、旗本から任用された南北二名の町奉行（南町奉行、北町奉行）が置かれ、その組織として町奉行所が設置され、そこに与力・同心が配置されていた。なお、一七〇二（元禄一五）年から一七一九（享保四）年までは、中町奉行も置かれ、三名体制となっていた。

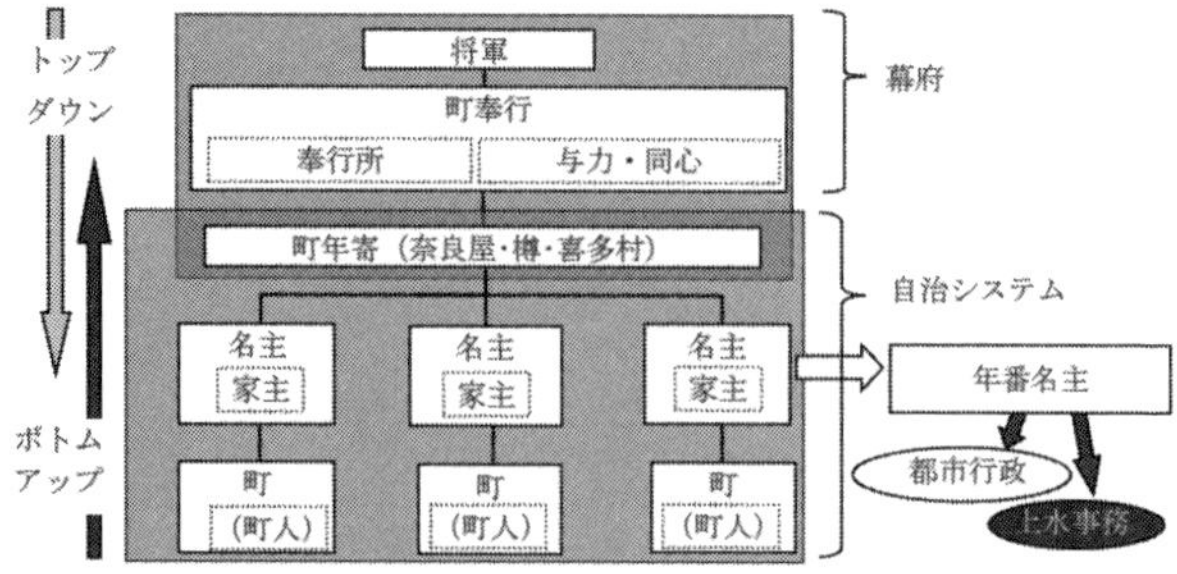

図表5－1　江戸の都市行政と自治のシステム

これが〝官〟に当たり、その意思を江戸の全町に伝達し、関係の事務を行う機関として町年寄《まちどしより》が置かれていた。江戸の町年寄には樽《たる》屋、奈良屋（のち館《たて》）、喜多村《きたむら》の世襲三家があり、幕府の統治機構の一部となっていた。同時に、江戸町人の自治的組織の頂点として、都市行政の運営や都市施設の維持管理にあたるという二面性を持っていた。法令の伝達、町奉行所からの調査依頼、市中の土地の地割、各町の名主の任免、株仲間の統制などのほか、江戸町人の意思を町奉行に伝えることも重要な職務だった。

この町年寄と各町の間にあって、主として町の自治的な活動を実施する機関が名主で、年ごとに当番の名主を定めて事務にあたらせた。それが年番名主で、その役割や名称は変化したが、江戸の都市行政における役割としては同様であった。名主も世襲が原則だったが、次第に「株」的な存在になった。名主の配下には職能団体としての家主《いえぬし》の集団があった[6]。先ほど述べた一七四一（寛保元）年に新設された上水普請方下役も、そうした名主の機能を活用した例であった。

このように、町年寄、名主、家主集団は相当に広い範囲の自治的能力を持った公法人あるいは公共団体として機能していた。この自治的組織は、徳川家康の入府直後から成立し始め、江戸の発展と軌を一にしながら組織が拡充された。

町年寄・名主・家主の自治的機能は、官でも民でもなく、町人を初めとする都市居住者にとっての公共性ないし公益、すなわち、公《おおやけ》の利益を実現するものだった。それゆえ、幕府はこれらの自治的組織の意思を尊重するとともに、諸政策の実施に最大限に活用した。

なお、京都や大坂などの幕府直轄地にも遠国奉行が置かれ、それぞれの都市における町人支配の構造は多くの点で共通していた。

上水の実務——町人が実施

江戸市中は、樋筋《ひすじ》ごとにいくつかの給水区域に区分され、その区域に通る樋筋から水を受ける武家屋敷や町人（地主）によって上水組合が組織されていた。玉川上水では享保期（一七一六〜三六年）、神田上水では一七四九（寛延二）年に成立している(7)。

水道管路（樋線《ひせん》）などの施設の新設、改良、改修については、上水組合に必要な費用を負担させており、この費用を普請金といった。一方、上水の日常の維持管理は水銀《みずぎん》によってまかなわれ、水銀も普請金と同様の基準で武家と町人から徴収されていた。

神田上水の場合、大洗堰から三河町《みかわちょう》一丁目の河岸までの区間の修繕は幕府の支出によって処理されていたが、寛延二年七月以降、玉川上水と同様、組合普請として上水組合の負担に切り替えられた。このときの出銀の基準は、新規および修復工事ともに、町方の小間《こま》二間《けん》あたりの負担率が、武家の石高一〇〇石と同率と定められた。これは、町地の公道に面した小間二間の「経済価値」が、武家の一〇〇石と同等とされたことに等しかった。

上水組合は、組合を構成する武家屋敷ないしは町の上水事務を共同して行う組織であった。その事務の中心は普請金と水銀の徴収であり、町人が居住する町方では、複数の町が寄り集まって一つの上水組合を組織する場合が多かった。

そのため、上水経営に必要な権限の最終的な帰属は、上水を管轄する幕府の部署にあったとはいえ、具体的な権限の行使は、江戸の都市行政を担っていた名主を中心とする町人組織や上水組合が実質的に処理していた。一方、この権限行使の対象は、武家・町人を問わず上水の利用者であり、彼らの義務は上水に関する普請金と水銀の負担であった。各上水組合は組合加入者の納入義務に関して、それぞれ連帯して責任を負っていた。

また、武家方の上水事務も、上水経営のノウハウを持った町方で処理する場合が多かった。一七三四（享保一九）年、道奉行は名主とともに大名・旗本（武家方）の家来に、虎ノ門外より木挽町五丁目に至る樋線沿線の武家方の上水組合に年番を定めることを命じた(8)。

この通達は、町奉行から町年寄を通じて発せられた町触など（一六四八［正保五］年から一七五五［宝暦五］年まで）を編年体で配列した『正宝事録《しょうほうじろく》』に収録されている。ただしこの場合は、当時、上水を所管していた道奉行による触れ（通達）となっていた。大名屋敷は町奉行の管轄外なので町触を出せる対象ではなかったが、道奉行ゆえに大名屋敷に通達を出せた形となっている。

この通達には、当時、入札などの普請に関する事務は武家方の分も町方で処理しており、武家方の支出も町方で受領して道奉行に納入していたことが記録されている。つまり、上水の経営では武家方の分も、事実上、町人が請け負っていた。

さらに、一万石以上の武家（大名）は武家方で年番を定めて、武家方年番より道奉行に普請金を納入せよと命じられた。これは、武家方の上水事務が町方に「丸投げ」されていた状況を、幕府の当時の上水所管者だった道奉行が懸念し、武家方の事務執行体制の強化を図ったこと、あるいは武家方の費用負担を確実にすることが図られたことを示している。

自治的組織の活用

一七三九（元文四）年八月、上水事務の所管は道奉行から町奉行に移管され、それに伴い、町年寄三人が上水掛を命じられるとともに、鑓屋町《やりやちょう》（現・中央区銀座）名主の伊佐衛門と大鋸町《おがちょう》（現・中央区京橋）名主の茂兵衛の二人が請負人に任命された。(9) 二人は、それまで神田上水白堀の諸請負を勤めていた。

一七五五（宝暦五）年、町年寄（奈良屋市右衛門）が、玉川上水使用の町々の間数（小間《こま》）を調査するように関係の町々の年番名主に命じている。(10) このように、上水の運営は、町年寄の統括の下に、年番名主が中心になって傘下の名主に指示を出す仕組みとなっていた。

一七六八（明和五）年になると、上水と道路に関する事務は普請奉行の管轄となり、翌年、普請奉行から上水年番名主に対して、上水事務についての質問があり、その回答があった。(11) その要点は、①従前は武家、町方双方に係わる普請金の配分事務を年番名主が執行していた、②以後は水役による請負を廃止するので、これまで町々が上水水役、請負人に支払っていた水銀などは、町々から普請方（普請奉行の役所）に直接納入することとなった。

つまり、水役や請負人は廃止されたが、町が水銀の徴収・納入を実行することには変更は加えられなかった。町奉行および町年寄から水道事務が普請奉行に移管された後も、上水関連事務は年番名主が執り行っていたことを物語っている。

この明和五年の時点では、普請奉行は定員二名、従五位下朝散太夫《ちょうさんたいふ》で二〇〇〇石の格で、配下には普請方下奉行二人のほか改役《あらためやく》、同心肝煎《きもいり》、同心、地割棟梁などを従え、竜ノ口（大手門外の現・千代田区丸の内一丁目）に役所があった。城郭や石垣、道路、橋梁の営繕・修築、濠の浚渫、江戸内の屋敷割、明き屋敷の受授などが職掌だったが、明和五年からは前述の上水方《じょうすいかた》の職務とともに道方《みちかた》の職務が加えられた[12]。作事奉行、小普請奉行とともに下三奉行《したさんぶぎょう》と呼ばれた。

さらに、一七九五（寛政七）年になると、町方と武家方が入り混じった普請については武家方組合に頭取（代表）を設置してほしいと、神田上水の年番名主一同が普請奉行に建議した。これは、事務処理と集金の便宜を図るためである。ただし、普請その他とも町方で世話をすることについては従来通り、年番名主が事務を行うことが付記されている[13]。

普請奉行も、業務を円滑に回すために江戸の町の自治的機能を尊重し、名主、年番名主を上水事務に最大限活用していたのであった。また、上水事務を執行する直接の担当であった名主は、上水経営の方針決定にも大きく関与していた。

3　上水経営のための財務システム

現代に通じるシステム

こうした経営理念や組織によって江戸の上水は経営されたが、上水を運営していくことは大きなコスト負担を伴う。何年かに一度の割合で生じる施設の新設や大規模な修繕・修復といった普請に要するコストも、日常的・経常的な補修・修繕などにかかるコストも、額が大きいだけに調達する側の苦労も多く、徴取される側の負担感も大きかった。

江戸の地主の〝三疫〟と呼ばれた中に、火事と祭礼とともに水道が挙げられていたのは、その負担の大きさを物語っている。なお、町人居住地には地主のほか、地借《じがり》、店借《たながり》などもあったが、他の負担と同様、地主だけの負担であった。落語に登場する長屋住まいの〝ハチ公〟や〝クマ〟は〝水道料金〟も〝税金〟も負担していなかった。

しかし、その財務・経理の処理では、現在の地方公営企業の財務システムと基本的な部分で共通する。とりわけ、普請と日常の維持管理とともに、上水の経営にかかるコストが水道利用者から徴収されていた点は、現在の地方公営企業法に基づく水道事業が立脚する独立採算の原則の原形といえる。しかも、そのコストは、各水道利用者の受益の程度に応じて各自に割り振られて徴収されていた。これも、現代の水道事業の基本原則である受益者負担の原則に通じている。また、上水の新設・改修といった普請にかかる工事費と、日常の維持管理に必要な経費は、それぞれ別建ての会計処理がなされており、現代における損益勘定と資本勘定の分離にも通じていた。ただし、普請には新設だけでなく既存施設の取替もあり、損益と資本の厳密な区別までには至っていなかった。

このように、江戸の上水が、独立採算と受益者負担の下に経営されていたということは、利用者が大名から町人まで身分・収入などの面で多様な都市居住者に、〝納得感〟を与えるものであった。

独立採算

上水の普請では、幕府がまず費用を立て替え、その後、八年ないしは一〇年後に費用を上水組合の持ち高（樋線・樋筋の延長）に応じて徴収して償還させた。(14) 上水組合の成立後は、それぞれの組合が普請金（工事費用）を組合員に割り振った。普請金は、武家地では石高割《こくだかわり》、町地では小間割《こまわり》という明確な基準によって配賦されている。

普請金に関するこうした負担の仕組みは、高額な普請金の負担を平準化させるだけでなく、将来において受益を受ける者にも投資分を負担させる機能を持っていた。

たとえば、幕末の一八六七（慶応三）年の武家方普請金は金換算で金四一六三両余（九四・六%）、町方普請金は金二三五両余（五・四%）の計四三九九両余で、幕府の負担九七両余（二・二

%：武家方普請金に含む）を含むが、武家方の負担が約九五%と圧倒的な割合を占めていた[15]。

上水の維持管理は水銀によってまかなわれた。上水開設当初は無料だったが、玉川上水では一六五九（万治二）年以降、後の水銀にあたる「上水修復料銀」が武家方および町方から上水組合を通じて徴収され、玉川上水の管理を請け負っていた玉川家に納入された。寛文期（一六六一～一六七二年）になると、玉川家の半額で業務を行いたいという者が現れたため、玉川家は水銀を三分の二に値下げした（図表5―2）[16]。以後、水銀は幕末まで変わらなかった[17]。

	負担率		
知行（武家）	100 ～ 10万石	100石に付き	銀2分2厘
	10万～ 30万石		銀1分5厘3毛33
	30万～ 50万石		銀1分2厘
	50万石～		銀　8厘6毛6糸66
町方	小間	2間に付き	鐚《びた》11文

※武家地で、上屋敷以外は上屋敷の半高

図表5－2　水銀負担率（玉川上水）

神田上水では、内田家が拝領屋敷を与えられていたため水銀の徴収はなかったが、拝領屋敷を幕府に返上（上知《あげち》）して収入が失われたので、一七三二（享保一七）年から水銀の徴収が許された[18]。水銀負担率は玉川上水と同様だったが、町方は銭建て（鐚《びた》）ではなく銀建てにより、小間二間を一〇〇石とみなし銀二匁二厘を徴収した。

玉川上水の新設時には、幕府が六〇〇〇両を支出したという例外もあったが、上水経営に必要な普請金と水銀のいずれもが、幕府を含む水道利用者の負担によって賄われていた。年貢や冥加金《みょうがきん》といった幕府の税収は上水経営には投入されなかった。普請金と水銀の合計、すなわち損益的支出と資本的支出の合計を当時の水道料金とすれば、江戸の水道事業は「水道料金」のみによって経営されているのに等しかった。

このように、上水経営の独立採算が貫かれていたほか、普請金と水銀の二本建てによる財務運営がなされていた。日常の維持管理には損益勘定としての水銀、投資的経費は資本勘定としての普請金という区別が成り立っていたと見ることができる。いずれにせよ、コストの性格によって異なる会計処理がなされていた。

受益者負担の原則――石高割と小間割

武家の石高割とは、将軍から支配権を委任された土地の収益を米に換算したものである。戦国時代以来の軍役、国役、天下普請（御手伝普請）、参勤交代など、大名の負担は石高を基準にしたもので、武家に対する課税標準という意味を持っていた。

町人の小間割は公道に面した土地の間口の長さによって定められた。江戸の町人居住地の町割では、基本的に土地の奥行きが共通（二〇間）だったので、公道に接した部分の長さがわかれば、その土地の面積が確定できた。つまり、小間割による負担額（水道料金）の算定は、土地の広さや収益性を基準とすることに等しかった。この基準は、水道に限らず、都市の維持管理費用に関する当時の一般的な負担基準であった。その他の例では、防火や祭礼の費用がこの基準によって各町の町人（地主）に割り当てられた。こうした明確な負担基準は、身分にかかわらず、水道利用者に対する説得力を持っていた。

また、普請金については、『増補版　日本の上水』（堀越正雄）によれば「上水の使用のいかんに関係なく、上水道の沿道にあたるところ（武家屋敷や町）から徴収したもので、いわば一種の受益者負担金のような性質」のものであった[19]。

時代が下るにつれて受益者負担が徹底されていった。たとえば、一七五五（宝暦五）年九月に、町年寄から年番名主に対して、上水の下流部の普請金を上流部に負担させている例があるかどうかを問い合わせた。これに対して年番名主は、一般的には下流部の割合をそのまま上流部にはかけないと回答しているが、武家方・町方の普請ともに、幹線については下流部の普請でも上流部の組合を一体にして負担割合を掛けている場合があった[20]。

また、一七八九（寛政元）年、神田上水南方の町々に対して、年番名主から次のような指令があった[21]。「従来は、年番町組合限りの入用（軽微な普請）があった。これを集金する場合には、年番の町々を支配する名主が負担割合を決定しているので、入用の総額、小間割りされた額も不明」なので、「今後は、普請金はもとより、年番町組合限りの入用も詳細に記録し、総額および小間割りによる各利用者の負担額も明らかにせよ」というものだった。

このように、いずれの文書も、受益者負担が徹底される様子を記している。なお、一七八九（寛政元）年の文書では、上水事務が一七六八（明和五）年に町奉行から普請奉行に移管された後も、町および名主、年番名主が上水経営の中枢を担っていたことを示している。

普請金の負担や水銀の料率といった料金は、江戸時代を通じて維持されたが、それは、江戸の上水利用者が納得できる料金水準が保たれ続けたことを意味している。

大規模なメインテナンス――『玉川上水留』にみる虎ノ門外の補修工事

これまで、神田・玉川両上水の財務・経理のシステムに焦点を当ててきたが、次に、上水の大規模な修繕についても触れておきたい。

木製の樋や桝は経年劣化を免れることはできない。石製の万年樋も石垣の弛みなどが生じる。両上水の新設以来、導水路、木製・石製の樋や桝などの維持管理には大きな努力が払われてきた。それらは、工事の計画立案・経費の積算・入札・施工などの膨大な実務の積み重ねの上に展開されてきた。それゆえ、両上水の維持管理の全体を網羅的に見ていくことは冗長であるので、ここでは玉川上水の重要幹線部分（四谷門［四谷伝馬町］から虎ノ門外）の大規模な改修工事について、史料の裏付けがある一八三三（天保四）年、一八四六（弘化三）年、一八五七（安政四）年の工事に焦点を当てることにする。

この三件の大規模工事では、この区間が、玉川上水の中枢部であることから、慎重に工事の計画を立てていた。さらに、上水の維持管理に係わる〝苦労〟、とりわけ、コストの増加を抑えるための経営的ないしは技術的な工夫にも積極的だった。とはいえ、コストが嵩むために「先延ばし」にした後に、いよいよ危機的な状況になってから本格的な補修に追い込まれるなど、現代の日本でもありがちな動きの記録も残されている。

また、当時の上水関係の入札では、幕府普請方の地割棟梁が予算額を積算するだけでなく、民間事業者とともに入札に参加して、最も低い入札額を入れた者が落札者となっていた。それは官・民の競争でもあった。地割棟梁の入札額が最低ならば、再度その額の適否をチェックした上で幕府普請方の直営工事となったのも特徴的である。

これは、談合を防ぐシステムといえるが、著しい低額の入札が招く品質悪化を予防する効果もあった。なお、一八五五（安政二）年の安政江戸地震により大きく被災した上水の修復では、〝緊急工事〟ということで入札を省略している例もあった。

それらの原典は、『東京市史稿　水道篇第一』（ただし表紙は「水道篇第一」、奥付は「上水篇第一」）。国立国会図書館の書誌データは「水道篇第一」に所収された当時の記録とともに、国立国会図書館のデジタルコレクションと「ＮＤＬラボ」でも公開されている『神田上水留』『玉川上水留』『神田玉川上水留』で参照できる。

天保四年の玉川上水・赤坂柳堤通りの工事

この工事は、四谷門（四谷伝馬町、現・新宿区四谷一丁目）から虎ノ門外に至る玉川上水の幹線のうち、赤坂の柳堤通り（現・外堀通り）の田町付近（現・港区赤坂三丁目）に埋設された古い樋・桝を新しいものに交換した本格的な修繕工事（現在の配水管布設替工事に相当）である。[22] 一八三三（天保四）年四月一七日から始まり、一一月に竣工している。これと合わせて、その下流側となる溜池の端に埋設された樋・桝も一二月七日に修理されている。

この区域の樋筋の漏水が、放置できない状態になったために行われた工事で、前回の本格工事があった一八一〇（文化七）年から二四年目にあたっていた。着工は、普請奉行・勝志摩守正朝から老中・水野出羽守忠成《ただあきら》に伺書が提出され、その決済によって始まった。伺書では「漏水が深刻なので、普請方のスタッフが見分したところ、田町一丁目から溜池水番屋の後方まで、樋の延長六一六間（一一〇八・八m）が修理の対象と判明した」と述べられている。

このうち田町一丁目、二丁目の一三六間は、前年（一八三二［天保三］年）六月に普請伺いのとおり命じられて着工し、工事も進んでいたので、残りの四八〇間が今回の工事の対象になった。

しかし、この残り部分の状態が非常に悪かった。普請伺書によれば、樋と桝は「樋の蓋板も側板も全体的に〝水焼け〟して、材料の木が朽ちて腐っており、数カ所で漏水した水が溜池や付近の大下水に流れている」というありさまだった。そして「これまでも度々取り繕ってきたが、朽腐が強いので釘が利かず、もう補修できない」状態となっていた。二四年も小規模な補修だけで木製の樋・桝を使い続ければ、そうなるのは当然であった。

そこで、普請方で対応策を検討したところ、まず「この樋筋は〝江戸掛一円之元樋〟となっており、このように（激しく）漏水しては末端での給水に支障となるので、〝惣御普請〟を伺い出るべきである」となった。原則としては大規模な工事により抜本的に漏水修理を計るのが理想である、という趣旨である。しかし、「幹線で大樋が長い区間にわたって続く場所なので、仮樋を布設する必要が生じるなど上水組合の負担も増える。その上、集中的に工事を行うと工事費も大きくなる」としている。

そこで苦肉の策が示され、「現在、完成している田町一丁目の工事現場で使用した仮樋桝を流用すれば、その分の御組合入用（関係の上水組合に負担させる工事費）を減らせる」「まず、田町三丁目から五丁目までの樋・桝の工事を行って、その完成後に残りの工事の伺いを立てる」こととなった。これは工事を分割して仮設の樋・桝を使い回すとともに、一部の工事を先送りするものであった。

そうした内容に基づき、仕様・注文を取り決め、地割棟梁に御組合入用の元積（積算）を命じた。その後、入札に付したところ、一番札（入札落値段）が金九八〇両、二番札が金一〇三〇両、地割棟梁の元積が金一〇八五両であったので、金九八〇両で落札となった。これに対して、再度吟味したところ適切であった。その後は当時の経理処理として、幕府の御金蔵から工事費を受け取り、工事の進捗にしたがって上水組合からの入金をもって充当することになった。

弘化三年・虎ノ門外の入子型樋桝工事

一八三三（天保四）年の工事から一六年後の一八四六（弘化三）年、虎ノ門外の道路に布設されていた主要幹線の一部となっていた大型の樋・桝の布設替工事も行われた。「玉川上水虎御門外通入子樋枡御普請一件」[23]である。場所は、赤坂柳堤通りすぐの下流にあたる。

当時の普請奉行・池田播磨守頼方《よりかた》が老中・阿部伊勢守正弘に提出した工事の伺書によれば、たびたび修繕してきたが限界に達しており、流末掛方（末端までの配水）に支障が生じていた。この区間の今回の布設替は、一八〇七（文化四）年から四〇年目、小規模な補修は一八二八（文政一一）年から一九年目にあたり、相当痛んでいた。一八三三（天保四）年の赤坂柳堤通りと同様に、玉川上水の主要幹線とはいえ、布設替えは、いよいよ限界に達するまで行われていない。工事費の負担が大きかったためであろう。

調査の結果、樋筋の全体が朽腐し、矧地《はぎじ》（和船の技術によって数枚の板を並べて接合した大型木樋の側面部材など。漏水しにくい）や継手ともに大きなダメージを負っていた。前回の文化期の布設替えから年数も経っており、適切な修繕方法も見当たらず、時間だけが過ぎていたのだが、ここに来て、いよいよ放置できない状況に追い込まれたのであった。

この区間は、外桜田より西丸下・大名小路辺、愛宕下、芝、築地・八町堀・霊巌島のすべての〝元樋〟となっており、幾つもの上水組合が上水を引いている超重要路線だった。そのため、樋の内法のサイズは五尺四方もある「大樋」となっており（第4章の『樋線図第4種』とは異なっている。以下同様）、普請（布設替）の費用が大きくなるので、上流側を調査したところ、溜池に沿った柳堤通りでは樋の内法が四尺五寸×三尺であった。

そこで、今回の普請では大樋はそのままにして、その内部に木厚三寸で内法四尺七寸×四尺四寸の〝入子樋〟を挿入することにした。これで支障がないかどうかを普請方で調査したところ、問題ないということだったので、地割棟梁に元積（積算）を命じ、入札に付した。

その結果は、地割棟梁の元積が金一一七五両、民間事業者の入札額が金一二三八両で、六三両安い地割棟梁の落札となった。この金額を、再度、普請方で吟味したところ適正価格だったので、御金蔵から払い出し、後日、組合入用金で充当することとなった。

つまり、大きな断面の樋の内部に、一回り小さなサイズの樋を新調して挿入することによって、樋筋全部の取り替えに代える工法となっていた。普請費用の増大を回避するだけでなく、長期間の断水を避けるためであった。コストを抑えながら、修理不能の重要幹線の更新を模索している様子がわかる。これに似ているのが、現在の〝パイプ・イン・パイプ工法〟である。大口径の配水管の中にそれよりも口径の小さな配水管を入れるものであるが、繁華街や交通量の多い交差点など、道路の掘削が困難な場所に布設された配水管を更新する場合に採用されることが多い。

この工事の費用は、総額が金一一七五両、うち幕府の出銀（支出）が金二三両二分二朱と銀七匁四分四厘毛余、武家・町の出銀（各上水組合の負担分）が金一一五一両一分と銀五厘七毛余であった。その後、一八四六（弘化三）年閏五月六日に工事の決済が出て、翌七日に着工となった。一二月三日に竣工報告がなされ、一九日に普請奉行の部下で工事責任者だった鈴木治兵衛（御畳奉行格御普請方下奉行）に「玉川上水虎御門外通入子樋桝御普請御用」の褒美として、老中・阿部正弘から銀一〇枚が与えられている。

このように上水の維持管理、とりわけ消耗品である樋・桝の取替は大きな費用を要するとともに、工事に伴う断水などが生じるため、頻繁に行うことは困難であった。〝持たせるだけ持たす〟、〝なるべくコストを低減させる〟、〝延ばせるものは延ばす〟といったギリギリの経営努力が続けられていた。水道のメインテナンスは、いつの時代も大変だったのである。

安政江戸地震の復旧工事

安政二年一〇月二日（旧暦。新暦では一八五五年一一月一一日）、安政江戸地震が起こった。上水の被害も甚大だった。四谷大木戸から地中に入る四谷鹽町《しおちょう》から四谷門付近までの四谷大通り

（現・甲州街道）に布設されていた万年樋も大きなダメージを受けた。復旧の工事件名は「玉川上水四谷大通万歳石垣樋桝御修復一件」[24]で、被害の状況は「玉川上水四谷大通鹽町三丁目より御堀端迄万年石垣樋桝、去ル卯年十月地震之節皆潰、水行留リ候ニ付」となっている。玉川上水が江戸市中に入る部分が、すべて崩壊して断水になったのであった。

次に紹介するのは、この復旧工事が竣工した際に、当時の普請奉行・平賀駿河守勝足から老中・久世大和守広周《ひろちか》に宛てて褒美の下賜を願い出た文書の一部である。そのため、工事の重要性や普請方の苦労、困難な状況が強調されているので、割り引いて読む必要もあろうが、玉川上水の心臓部を復旧する際の空気感は伝わってくるだろう。褒美の申請に係る主な部分を意訳も含めてまとめると、以下のようになる。

四谷大通りの鹽町三丁目より御堀端までの玉川上水の万年石垣樋桝は地震ですべて潰れて断水になった。直ちに修理に取り掛かり、迅速な復旧を厳命されたので、昼夜にわたって督励したところ、早急な仮通水に漕ぎつけた。しかし、その後も所々で陥没が発生したほか、水量は平常の半分足らずであった。そのため、全体の修復工事の伺いを昨年五月に提出し、六月に着工し、工事を急いだ。

町地（町人居住地）では道路幅四間《けん》のところを通行のために三間を確保した。深さ九尺一丈から一丈三尺も掘削し、地盤の悪い場所では土《ど》留工《どめこう》（山囲い）を施した。通行止めの回避のために一人分の通路だけは確保したが混雑が激しく、事故防止に気を遣った。大量の石材や土砂の置き場もなかったので、工程を工夫するなど、少しでも効率的な工事を心掛けた。町人たちの渡世（営業）を阻害しないよう配慮するとともに、冬季は火災にも心を配った。

一日も早い竣工を目指したが、工事引受人の見違いにより、積算額が低かったためか、資材や労働力の確保が円滑に運ばず大変心配し、日々、関係者の理解を強く求めた。関係者一同、夜明け前から出勤し、手元が明るくなり始めると工事を開始し、夜間工事も行った。四谷大木戸で流す水量を調整し、代官町御本丸掛、吹上掛、南方流末の赤坂柳堤の幹線への水量を分けたのを翌日の工事を決めるために見分するなど、仕事を終えるのが深夜に及ぶこともあった。

この工事は、上水方にとっては前例のない巨額で大規模な普請であった。特に、重要な場所であるので、関係者一人ひとりが格別に精を出した。経費節減に努めた結果、多額の経費減が実現できる見込みとなった。緊急工事と同様の対応を一〇カ月も勤めているので、御褒美を頂けるようお願い申し上げる。

ここで述べられている「積算の見違い」の背景には、安政江戸地震からの復旧・復興が江戸中で繰り広げられていたことに伴なう工賃や資材価格の高騰があった。総工費は金三七四五両、一八五七（安政四）年六月から一八五八（安政五）年四月までの二八一日の工期であった。

工事のうち万年樋だけに限ると、延長（石垣樋桝長延）が六四一間一尺五寸（約一一七〇ｍ）、幅が四尺五寸、深さ五尺から三尺で、樋の両側を施工するので施工延長は「両側一二八二間三尺」となった。そのうち、状態が良かったため復旧しなくて済んだ延長が三〇〇間一尺（堀改御保宜候ニ付其儘居置）、作り直した分の延長が九八二間二尺（築直御修復出来）となった。この三〇〇間が「申請書」で強調した経費節減分に相当する。

4 『上水記』と石野広通

江戸で発生した「上水毒物混入」の浮説とパニック

一七八六（天明六）年九月一一日、「上水に毒物が投入された！」という浮説《ふせつ》（風評）が広がった江戸は大混乱に陥った[25]。生命に係わる上水事業を危機に陥れたのだから、これは風評被害どころか〝風評テロ〟レベルのインパクトだった。

町奉行所の素早い対応もあって、騒ぎは程なく収まったが、タイミングや内容からして、浮説の背後には政治的な匂いもする。証拠はまったくないと断った上で、この浮説を取り巻いていた政治情勢と『上水記』との関係についても触れておくことにする。

浮説に接した幕府の危機感は強かった。発生直後の九月一二日には三名の町年寄の連名で、浮説の打ち消し、水の安心・安全宣言、強力な取り締まり等からなる町触《まちぶれ》を発した。「最近、町方ではさまざまな浮説が出回わり、上水についての浮説もある。この時期、そうしたことは不埒である。浮説を言う者は召し捕る。廻り方の同心を隠密裏に巡回させる」といった内容。核心は注書きで「世上、上水に毒が入れられたとのことで、人々が水を汲まなくなったが、それは浮説なので（安心して）水を汲むこと」と記している。

江戸を代表する両替商・中井家の一一日の記録にも「今夕世上怪敷風聞《あやしきふうぶん》致候。呑水用心之《のみみずようじんの》事《こと》」とある。明暦期から天明期の天変地異などを記した杉田《すぎた》玄白《げんぱく》の『後見《のちみ》草《ぐさ》』では、(26) 神田上水と玉川上水の両方に毒物が投入されたとの浮説のため、大名諸侯から町人まで人々が一斉に恐慌を来たして、貯めておいた水を捨てたり、毒物が流れて来る前に大急ぎで水を汲む者があったと述べており、江戸中がパニックに陥っていた。

この浮説が発生した九月一一日は、一〇代将軍・徳川家治《とくがわいえはる》の死去が発表された九月八日の直後である。ただし、実際の死去は八月二五日、それに殉じた形で田沼意次《たぬまおきつぐ》（一七一九〜一七八八年）が老中を辞任したのが八月二七日であった。意次は辞職後も影響力を持っていたが、天明の大飢饉に誘発された翌一七八七（天明七）年五月二〇日から二四日まで江戸を無政府状態に陥らせた打ち壊しは、反田沼派を勢いづかせた。それをきっかけに、一七八八（天明八）年には松平定信《さだのぶ》が老中に就任し、それに引き続いて田沼系官僚の免職が大々的に行われた。

大石慎三郎『田沼意次の時代』によれば、このプロセスは、定信を代表とする後述の「譜代門《ふだいもん》閥層《ばつそう》」による一種の〝クーデター〟であった。(27) ということは、田沼から定信への政権交代が〝政変〟に近い形で始まるタイミングで、この浮説が広がったことになる。

証拠はないが、誰かが将軍死去を機に浮説を準備して、意次や田沼派官僚の一掃に向けて死去発表のタイミングで流した可能性も否定できない。真偽は別にして「上水に毒が入れられた」という話だけでも、将軍の治世を執行する立場の老中以下の幕閣にとっては大きな政治的ダメージとなったからである。

田沼意次と松平定信

紀州徳川家の足軽出身では八代将軍・徳川吉宗に見いだされた父を持つ田沼意次は、九代家重の下で登用され、一七五一（宝暦元）年・側用申次《そばようもうしつぎ》、一七六七（明和六）年側用人《そばようにん》、一七七二（安永元）年、側用人も兼ねながら老中となった。側用人とは、将軍の信任を背景に家柄にかかわらず有能な者を任命して政務を行わせるもので、五代綱吉《つなよし》の下での柳沢吉保《やなぎさわよしやす》、六代家宣《いえのぶ》・七代家継《いえつぐ》の時代の真部詮房《まなべあきふさ》もそれにあたる。

逆に、老中・若年寄など幕府の正規の役職者の実権は空洞化していったので、そうした役職に就ける家格の高い幕臣（譜代門閥層）の不満は高まっていったとされる。(28)

しかも、経済力を備えた商業資本を背景とする〝田沼政権〟の重商主義的な政策（問屋株仲間の公認、俵物《たわらもの》の輸出による貿易黒字化など）は、譜代門閥層を代表する封建領主には死活問題となっていた。なかでも諸大名の大反発を招いた一七八五（天明五）年の御用金令では、大坂の富裕町人から幕府が徴収した御用金をそのまま大坂の町人に貸し付け、大坂の町人はそれを諸大名に利付きで融資した。幕府には利息収入の一部が上納され、諸大名は借入額に応じて領地の田畑を担保に入れた。もし、返済が滞れば幕府の代官がその田畑を差し押さえて、そこから徴収する年貢を大坂町人に支払うスキームになっていた。(29) これは領地支配権を将軍が大名に委任するという幕藩体制の原則を空洞化し、借金のカタに幕府が諸大名の領地を取り上げることに通じていた。
一方の定信は、一七五八（宝暦八）年、御三卿《ごさんきょう》筆頭で吉宗の次男・田安宗武《たやすむねたけ》の三男として生まれた。吉宗の孫にあたる。田安家の家督は兄の治察《はるあき》が継ぎ、一七七四（安永三）年、定信は白河一一万石・松平定邦《まつだいらさだくに》の継養子となったが、その直後に兄の治察が没したため、定信の田安家への復帰話が持ち上がった。ところが、御三卿の一橋治済《ひとつばしはるさだ》が長男の豊千代（その後一一代将軍・家斉《いえなり》）を将軍にしようと画策したり、意次の妨害工作などもあって、定信の復帰が実現しないまま田安家の血統は絶えてしまう。定信が二度も意次を刺殺しようとしたのも、将軍になり損なった原因を田沼に求めていたからだといわれている。

白河藩主となった定信は天明飢饉に際して、徹底した倹約や租税免除、農政重視などによって危機を乗り切り、名君としての評価を得た。御三家・御三卿や名門の譜代大名たちにとっては理想的な人物となった。〝中央政界進出〟を狙う定信も、かつて田安家相続を妨害した一橋治済と結びついた。一七八八（天明八）年に老中主座・将軍補佐となり、田沼系官僚の排除や、年貢確保のための農業生産の重視に立ち戻った。それは商業資本が武士より経済的に強くなった〝下勢上を凌ぐ〟ことへの反動でもあった。

石野広通と『上水記』

浮説騒ぎの三カ月後の一二月、石野遠江守広通（一七一八〜一八〇〇年）が江戸の上水を所管する普請奉行上水方道方に就任した。そして、定信の老中首座就任と同じ年に『上水記』を起稿し、一七九一（寛政三）年に全一〇巻彩色図入りで美術品のような図書を三部完成させた。一部は将軍家斉に献上、一部は定信に進達、一部は上水方役所の常備用とした。上水方役所のものを東京都水道局が引き継いでいる。

江戸の上水に関する基本史料である『上水記』には、神田・玉川両上水の歴史・起源、水路や江戸市中の樋線（配水管網）などの施設とともに、第一巻には上水の経営に際しての心構えやガバナンスの基本原則も記されており、「将軍の御仁政によって人々に益をもたらすのが上水」などとある。(30) それは、将軍による統治の正統性が上水に立脚していることに等しい表現であった。

広通は、当時から国学者として知られ、和歌では江戸の堂上派冷泉門《どうじょうはれいぜい》の中心人物で、同派の私撰和歌集である『霞関集《かかんしゅう》』の撰者であった。『霞関集』（再撰刊本）には、公卿や大名諸侯、高級旗本やそれらの家臣・家族から町人まで多彩な顔ぶれがみられる。(31) 和歌で結びついた江戸における高位高官を頂点とする文化的サロンだったといえるだろう。

また、普請奉行の直前に在任した佐渡奉行の時には『佐渡事略』、『上水記』以後には、膨大な行政文書類を整理した『憲法部論』など、職務に関係する文筆活動に熱心だった。

広通は三百俵取りの旗本の家に生まれたので、家格は低いようにも見えるが、本家筋には長篠合戦に参加した広光がいるなど、むしろ高級旗本に属していた。そして、『上水記』を献上した翌年の一七九二（寛政四）年、普請奉行から旗本の最高職である西丸留守居《にしのまるるすい》に進み、一八〇〇（寛政一二）年に八三歳で没した。

こうした業績・交友関係・家柄からすれば、広通は定信の〝お眼鏡に叶った〟人物に属していたとみても差し支えない。田沼派の官僚たちが相次いでパージされている最中に、広通が普請奉行に就任した背景には、そうした事情も十二分に作用していたといえるだろう。

『上水記』の成立前後の諸情勢や、「将軍の御仁政」にからめた記述、広通の出自などをみると、その執筆動機には政治的な意図が見え隠れする。しかも『上水記』によって広通は将軍から褒美まで与えられただけでなく、人事の動きからも、定信との黙契の存在さえ浮かび上がる。

それゆえ、『上水記』は読みようによっては「田沼政権の下では将軍の御仁政の象徴である上水がなおざりにされたが、新政権では大切に運営していく」とも解することもできる。むしろ、毒物投入の浮説騒ぎがあったからこそ、『上水記』の輝きが増したわけである。

広通は当時の文壇の第一人者だけあって、浮説を糧にする形で、あるいは逆手にとって『上水記』を〝高い値段で売る〟ことに成功したのであった。

5　現代につながるシステム

江戸の上水事業では、清浄な飲料水の供給や常時給水、それを永続させることが最大の目的であり経営価値であった。その経営にあたっては、武家、町人を問わず上水利用者の意思を反映したガバナンスが機能し、財務面では、独立採算制や受益者負担の原則が守られていた。会計の独立だけではなく「公」による独立した経営が徹底されており、幕府の組織の変遷はあったが、水道利用者の意思・総意を背景としながら、上水事業の目的達成を第一とした経営が行われ得る体制が維持された。なかでも、維持管理、新設・改修に関するマネジメントは、町人による自治的組織の機能によって実質的に支えられていた。江戸時代を通じて、幕府の政策はさまざまに変化したが、公がガバナンスの核心部分に関与するという上水経営の基本構造は変化しなかった。

もちろん、当時の水道は自然流下方式によるもので、料金もメーターなどによる計量制をとるものではなかったが、このような技術的な側面を別にすれば、江戸時代に確立された水道事業経営のガバナンスのあり方は、明治以降、現在まで引き継がれている。そして、水道利用者の自治を前提とした「公」の経営によって、それらの事業目的を達成するシステムが構築されていることも共通している。日本の近代水道は明治に入ってからという認識もあるが、ガバナンスや財務といった経営管理の観点からみれば、江戸時代の前半には、すでに現代に通じる水道の経営が確立していたといえるだろう。

(1) 石野広通『上水記』東京都水道局、一九六五年、四四頁。
(2) 石野広通『上水記』東京都水道局、一九六五年、三頁。
(3) 石野広通『上水記』東京都水道局、一九六五年、八頁。
(4)「玉川庄右衛門・清右衛門処罰」『東京市史稿　産業篇15』東京都公文書館、一九七一年、四八一〜四八八頁。
(5) 東京都水道局『東京都水道史』一九五二年、七四頁。
(6) 鈴木浩三『資本主義は江戸で生まれた』日本経済新聞社、二〇〇二年、八七〜八八頁。
(7) 坂誥智美『江戸城下町における「水」支配』専修大学出版局、一九九九年、三九〜四一頁。
(8)「上水組合年番制定」『東京市史稿　産業篇14』東京都公文書館、一九七〇年、二六二〜二七四頁。

(9)「上水事務所管換」『東京市史稿　産業篇15』東京都公文書館、一九七一年、四八九〜四九〇頁。
(10)「玉川上水町々間数書上」『東京市史稿　産業篇19』東京都公文書館、一九七五年、九頁。
(11)「上水割合出銀」『東京市史稿　産業篇23』東京都、一九七九年、二二〜二九頁。
(12)神宮司庁編『古事類苑』第13冊、古事類苑刊行会、一九三〇年、六六一〜六七三頁（国立国会図書館デジタルコレクション https://dl.ndl.go.jp/pid/1873728（二〇二五年一月九日参照）。
(13)「上水普請武家方組合取計」『東京市史稿　産業篇40』東京都公文書館、一九九六年、四二〇〜四二一頁。
(14)東京都水道局『東京近代水道百年史　通史』一九九九年、四〜五頁。
(15)榮森庸治郎・神吉和夫・肥留間博『江戸上水の技術と経理』クオリ、二〇〇〇年、四二〜四三頁。
(16)坂詰智美『江戸城下町における「水」支配』専修大学出版局、一九九九年、三七頁。
(17)榮森庸治郎・神吉和夫・肥留間博『江戸上水の技術と経理』クオリ、二〇〇〇年、四二〜四三頁。
(18)石野広通『上水記』東京都水道局、一九六五年、四八〜四九頁。
(19)堀越正雄『増補版　日本の上水』新人物往来社、一九九五年、二一四頁。
(20)「上水水下普請金水上不分担答申」『東京市史稿　産業篇19』東京都公文書館、一九七五年、一〇八〜一〇九頁。
(21)「神田上水南方町々普請入用書上」『東京市史稿　産業篇32』東京都公文書館、一九八八年、九〇五〜九一三頁。
(22)「玉川上水赤坂柳堤田町三丁目より五丁目幷溜池端通共樋枡御普請一件　天保四巳年二月より同五午年八月迄　御普請方　分冊ノ一」『玉川上水留〔2〕』（国立国会図書館デジタルコレクション四〜七／六七）。「柳堤通樋桝修理」『東京市史稿　水道篇第一』東京市、一九一九年、七四〇〜七四三頁。
(23)「弘化三年度両上水修理」『東京市史稿　上水篇第一』東京市、一九一九年、八一九〜八二四頁。なお、この工事の詳しい経過は、国立国会図書館デジタルコレクションで閲覧できる『玉川上水留〔二八〕玉川上水虎御門外通入子樋枡御普請一件　弘化三午年閏五月　御普請方　分冊ノ一』（一〇〜一三／七三）所収。
(24)『玉川上水留〔六九〕玉川上水四谷大通万歳石垣樋桝御修復一件　安政四巳年より同五午年五月　分冊ノ一』（五四〜六二／一〇三）、「両上水修理」『東京市史稿　水道篇第一』東京市、一九一九年、八九九〜九一一頁。
(25)「浮説取締町触」『東京市史稿　産業篇第三十』東京都公文書館、一九八六年、四七七〜四七八頁。
(26)杉田玄白『後見草』森嘉兵衛・谷川健一編『日本庶民生活史料集成　第七巻　飢饉・悪疫』）三一書房、一九七〇年、八二二頁。
(27)大石慎三郎『田沼意次の時代』岩波書店、一九九一年、七六、一八七〜一八八頁。
(28)大石慎三郎『田沼意次の時代』岩波書店、一九九一年、三四〜三五頁。

(29) 幸田成友『江戸と大阪』冨山房、一九三四年、二七〇～二七三頁。
(30) 石野広通『上水記』東京都水道局、一九六五年、四八～四九頁。
(31) 松野陽一編『霞関集』古典文庫、一九八二年、二八五～二八八頁。

＊本章は、鈴木浩三『江戸商人の経営戦略《ビジネス》』（日本経済新聞出版社、二〇一三年、三〇〇～三二二頁）、鈴木浩三『江戸の風評被害』（筑摩選書、二〇一三年、五一～七〇頁）をもとに再構成したものである。

第6章
武蔵野台地の井戸と分水

武蔵野台地もまた水に恵まれない地域であった。大きな河川はなく、厚く堆積した関東ローム層のために地下の帯水層が深く、井戸を掘って地下水を得ることが難しい場所である。

そのため、古くから「降《お》り井《い》」ないしは「まいまいず井戸」と呼ばれる井戸が作られていた。ここでは、降り井のメインテナンスや費用負担のあり方などを紹介する。さらに、玉川上水から分水した小金井新田分水と梶野新田分水を例に、分水（用水路）の維持管理の実際をみていきたい。

1　武蔵野台地と井戸

降り井の一種が〝まいまいず井戸〟

武蔵野台地には中小河川も流れ、湧水なども点在するが、関東ローム層が厚く堆積した場所が多く、帯水層までの深度はかなり深い。それゆえ武蔵野台地の上では、人々は古来から水を得るために苦労を重ねてきた。

ここで、帯水層まで届く深い井戸を掘りぬくには、深く掘る技術とともに、掘削時や完成後の土砂崩落を防ぐ工夫が不可欠であった。そこで編み出されたのが「降り井」ないしは「降り井戸」で、「堀兼《ほりかね》の井」「まいまいず井戸」とも呼ばれる。「堀兼」とは、「掘ることが難しい」「苦労して掘った」といった意味である。

この形態の井戸は、地表から関東ローム層と、その下の崩れやすい砂礫層を擂鉢状ないしはロート状に掘り下げて、最底部の「踊り場」から筒井戸を帯水層まで垂直に掘り、そこから水を汲む構造となっている。垂直に深く掘り下げる技術がなかった時代のものである。擂鉢の底部に降りる歩道が螺旋状に付けられたため「まいまい」と称されるものもある。

こうした構造の井戸の遺構は武蔵野台地に限らず、秋田県から沖縄県まで点在するほか、古墳時代頃から各地に設けられていた(1)。東京都府中市府中町一丁目の武蔵国府跡では、鑿井《さくせい》の年代が武蔵国府の成立と同時期の七世紀末から八世紀初頭と推定される擂鉢状の井戸跡が出土しているほか、「ほりかねの井」が武蔵国府からの北上ルートであった官道・東山道武蔵路《とうさんどうむさしみち》の沿道に分布していることから、井戸の成立と官の関係性も指摘されている(2)。

なお、現地での復元、他の場所の井戸の再現を含めると、武蔵野台地を中心とする地域では次の六カ所がある。①青梅新町の大井戸（青梅市新町二—二七、大井戸公園内、東京都指定史跡）、②まいまいず井戸（再現）（府中市南町六—三二一、府中市郷土の森博物館内）、③五ノ神まいまいず井戸

（羽村市五ノ神一―一、五ノ神神社境内、東京都指定史跡）、④渕上の石積井戸（あきる野市渕上三三〇、開戸《かいど》センター内、市指定史跡）、⑤七曲り井（七曲井）（狭山市北入曽一三三六、埼玉県指定文化財・史跡）、⑥堀兼の井（狭山市堀兼《ほりがね》二二二〇―一、堀兼神社境内、埼玉県指定文化財・旧跡）。

武蔵国の国府との関係もあって、「堀兼の井」は、京の都で井戸を象徴する語として定着した。九〇〇（昌泰三）年には『伊勢集』で「いかでかと思ふ心は堀兼の井よりもなをぞ深さまされる」[3]と、〝恋心は堀兼の井戸よりも深い〟と、井戸の深さが強調されて詠われている。

清少納言の『枕草子』（九九六［長徳二］～一〇〇八［寛弘五］年頃成立）では「井は、ほりかねの井。玉の井。走り井は、逢坂なるがをかしきなり」（一六八段）[4]と、「堀兼の井」が筆頭の扱いである。そこには、武蔵国の国府に赴任した国司などの官人が、武蔵野には特異な形をした深い井戸があることを語り伝え、[5]それが「武蔵野」という語を冠さなくても、狭い貴族社会の中では通じていた可能性もあるだろう。

それが、さらに一〇〇年を経た一一八七（文治三）年の『千載集』には、藤原俊成の和歌「武蔵野のほりかねの井もある物を嬉しくも水の近づきにけり」[6]があり、「武蔵野」と「堀兼の井」が具体的に結び付けられるようになっている。

降り井のメインテナンス――異なる費用負担の方法

降り井は古くから造られていたので、井戸の掘り直しや、擂鉢の斜面の補修といった維持管理が行われていたのは間違いない。しかし、それぞれの井戸が最初に鑿井《さくせい》された時期についての史

写真6－1　五ノ神まいまいず井戸（筆者撮影）

写真6－2　七曲の井（筆者撮影）

料類は、現在のところ見当たらない。ただし、江戸時代になってからの修復については、東京都羽村《はむら》市のＪＲ羽村駅至近にある「五《ご》ノ神まいまいず井戸」（写真6—1）と、埼玉県狭山《さやま》市の「七曲り井」（写真6—2）の二カ所に限って文書が残されている。「七曲り井」は螺旋ではなく〝つづら折り〟に擂鉢の側面を降りていく方式なので〝七曲り〟の名称が付けられたのだろうが、基本的には同じ構造の井戸である。

「五ノ神まいまいず井戸」には一七四一（元文六）年の記録がある。なお、この井戸は、一九六〇（昭和三五）年に当時の羽村町の町営水道が開始されるまで使われていた。

「七曲り井」を記録した文書の作成は一七五九（宝暦九）年であるが、文中に一六八五（貞享二）年に修復した旨が記されているので、都合二回の修復があったことになる。貞享期の修復を除けば、文書が作成されたのは、いずれも江戸時代の中期のことであった。

以上の史料二点を並べてみると、井戸の維持管理の費用の負担のあり方が対照的である。「五ノ神まいまいず井戸」では、井戸を使う村の百姓が一軒あたり同額の負担金を出し合って、井戸の掘り直しと、それに付随する諸工事に要する費用に充てている。これは独立採算方式の原型であり、受益者負担の原則も成り立っていたことがわかる。

なお、当時の「村」は、今日の行政区域ではなく、メンバーである百姓（自作農）たちの自治的組織として自律的機能を持つとともに、領主に対しては、法令や調査の伝達、年貢納入の義務などを村全体として負っていた。(7) 井戸が所在した五ノ神村は、天領（幕府領）だったので、幕府の代官支配となっていた。

一方の「七曲り井」が所在する武州入間《いるま》郡の北入曾《きたいりそ》村は、天領だった時期と、徳川御三卿・田安家の領地となっていた時期があった。一六八五（貞享二）年に修復時は天領、一七五九（宝暦九）年の修復時は田安家の領地となっていたが、いずれの修復の費用も領主が負担している。少なくとも記録上は、公的資金によるメインテナンスが貫かれていたといってもよいだろう。

熊野井戸普請文書――「五ノ神まいまいず井戸」の修復

「五ノ神まいまいず井戸」の修復を記録した史料は、一七四一（元文六）年二月の『熊野井戸普請』文書（桜沢虎雄家所蔵）である。(8)

この文書の表紙には、元文六年二月三日から一七日までの一五日間で、熊野井戸の普請が完成した旨が、名主であった平重郎と喜兵衛の名で記されている。本文では、まず、収入が記載されている。「井戸普請願家一間ニ付三百五拾文宛、弐拾四間ニ支出し惣〆八貫四百文也」というように、井戸普請（修復）を願う家一軒につき銭三五〇文ずつを集め、二四軒が支出したので、集めた総額は銭八貫四〇〇文となっている。ただし、文書には二五名の名が記されている。

（収入）銭三五〇文／軒×二四軒＝銭八四〇〇文＝銭八貫四〇〇文（十進法）

支出の方は、「井戸掘り壱両弐分残り三貫六百文小遣諸用人足六百五人也《（ママ）》」となっており、井戸掘りに要した費用の金一両二分（「両」は十進法、「分」「朱」は四進法）を、収入総額の銭八貫四〇〇文から控除すると残りは銭三貫六〇〇文となっているから、井戸掘りに要した金額は銭換算にすると八四〇〇－三六〇〇＝四八〇〇文＝四貫八〇〇文となる。この金額で、五ノ神村の隣村だった川崎村の井戸掘り業者であった加右衛門と作右衛門に発注している。

なお、当時の羽村市には羽村《はねむら》・五ノ神村・川崎村があり、一八八九（明治二二）年四月一日の町村制施行により三村が合併して神奈川県西多摩郡西多摩村となった。一八九三（明治二六）年に西多摩・南多摩・北多摩の三郡は東京府に編入されるが、その後、一九五六（昭和三一）年に西多摩村は町制施行により西多摩郡羽村町《はむらちよう》、一九九一（平成三）年の市政施行により羽村市となった。

（支出）井戸掘り　金一両二分（銭八四〇〇－銭三六〇〇＝銭四八〇〇文＝四貫八〇〇文）
残額　銭三貫六〇〇文（三六〇〇文）を小遣諸用人足六〇五人也に充当

この場合、銭四八〇〇÷一・五両＝銭三二〇〇となるので、当時は、金一両＝銭三貫二〇〇文の交換率だったことがわかる。なお、江戸時代は金（小判や一分判）、銀（丁銀や豆板銀）、銭（銅貨など）の三貨が変動相場で取り引きされていた。

残額の銭三貫六〇〇文は、少額経費や人足（作業員）六〇五人の人件費に充てたとなっている。また、二名の名主や組頭・庄右衛門、百姓代・五郎右衛門、世話やき・九郎右衛門など二四名の関係者の名前が記されている。

ところで、この「残り三貫六百文小遣諸用人足六百五人也」と普請にかかった日数一五日を合わせてみると、三六〇〇文÷一五日で、一日あたり二四〇文となる。二四軒から人手を出して、土運びなどの雑用を分担したと仮定すると、ちょうど一日あたり一軒が一〇文ずつもらった計算になる。二四軒には村方三役も入っているほか、労働力は出さないで銭を払って済ませた者もあったろう。しかし、井戸の修繕の負担は、井戸堀の直接経費とともに、間接的な部分も関係者で等分されているのが特徴となっている。

一方、文書の最後の部分には、掘り替えの際に板碑《いたび》（石塔）二四基が出土し、そのうち元号の記載のある九枚を挙げている。建永（五三七年前）、正和（四一三年前）、康永（四〇三年前）、延文（四一七年前）、正慶（四一三年前）、貞治（三八三年前）、応永（三五八年前）、正長（三七〇年前）、明徳（三五六年前）と、一三～一五世紀の鎌倉から室町時代の元号を認め、普請のあった一七四一（元文六）年を基準に何年前のものなのかを記している。しかし、この年数の計算はいずれも実際とは微妙に異なっている。

名主の家に残された『村明細帳』によれば、五ノ神村については、戸数二五、人口一一〇人程度の小規模な村だったが、「当村には水呑百姓はおりません」と記され、農業の合間に運送業や日雇い仕事、養蚕、織物などを生産しており、一定の現金収入を得ていた(9)。板碑の調査によれば、五ノ神村は鎌倉後期には鋳物師の集落として成立し、鋳物業は江戸時代の中期頃までには衰退していたとされる(10)。井戸普請の際に出土した板碑の年号からすれば、何度も修復されていた可能性も生じるが、確実な裏付けは得られていない。

「七曲り井」の修復

狭山市の「七曲り井」の修復の記録が『七曲り井修覆願之事』(宮野家文書(11))である。

この文書では、土砂で埋まってしまった「七曲り井」の修復に必要となる「人足御扶持米」、すなわち作業員に給与として支払う米を、村に給付するように領主であった田安家の役所に願い出た「申請書」兼「嘆願書」の写しに相当する。差出人は、武州入間郡北入曾村の名主、組頭、惣百姓の連名で、差出の日付は一七五九(宝暦九)年四月である。

この文書には、『熊野井戸普請』文書のように収支の内訳などは記されていないが、井戸が修復を重ねながら古くから使われていたこと、渇水時には北入曾村だけでなく、周辺の村々からも飲料水を汲みに来るといった「公共性」「公益性」も訴えている。これは、領主に修復費用の負担を求める伏線にもなっているとみられる。

この文書では、鎌倉時代の一二七〇(文永七)年の修復以来、約四九〇年にわたって有名な井戸となっていたことが述べられた上で、渇水時には周辺の村々で水が切れても、この井戸だけは涸れることなく、隣接の村々からも水を汲みに来ているといった、高い「公共性」を強調している。その後、一三一八（文保二）年、一四六三（寛正四）年九月に修復したが、それ以後、手入れを行っていなかったため「大破」したこと、そのため、七五年前の一六八五（貞享二）年に修復したことが記されている。これが四回目の修復にあたる。

二回目の修復までに四八年、二回目と三回目の間は一四八年、三回目と四回目は二二二年となっており、特に四回目の修復まで二〇〇年以上も修復がなされなかった理由は見当たらない。もちろん、風雨にさらされているので、擂鉢の斜面が崩れるといった破損は日常的だったと見られ、小規模なメインテナンスは続いていたといってよいだろう。したがって、ここでいう修復とは、井戸の堀替えなどを含む大規模なものだった可能性が高い。また、「大破」というくらいなので、深刻な状態になっていたとも想像できる。

この貞享二年の修復では、当時の北入曾村が幕府領であったため、代官の南条金左衛門の役所＝代官所に願い出て、「御慈悲をもって人足御扶持米を支給され」たので修復が成ったと述べられている。つまり、井戸の修復費用は「五ノ神まいまいず井戸」と異なり、「公的負担」となっていたのが特徴であるが、その根拠は書かれていない。

しかし、貞享二年から、この文書が提出された一七五九（宝暦九）年四月までの七五年間は、「其以後手入不仕候ニ付大破ニ及井埋り申候」、つまり、手入をしてこなかったので、井戸が大破して埋まってしまった。しかも、この春は渇水が深刻なため飲料水も得られず、一里半（約六

km）も離れた用水路まで水を汲みに行かなくてはならず、百姓全員が大変難儀していることを訴えている。その上で、「七曲り井」は大規模な井戸であり、村方の自力で修復するのは困難なので、「何卒、御慈悲をもちまして井戸の修造に必要な人足を雇うための御扶持米を下されますように」と願い出ている。

併せて、「特に当春は凶作のため、百姓たちは食糧が全くなく、大変難儀しております」と窮状を書き、「田安御役所様」において総合的に勘案して、願いを聞き届けてほしいと懇願する。そして、願いが聞き届けられたなら「永く御救ニ罷成（傍点：筆者）、村中惣百姓相助」、つまり、永続的な救済になり、村中のすべての百姓が助かるので、「冥加至極、難有仕合奉存候」と結んでいる。このような経過を経て、「七曲り井」は領主の田安家の負担で修復されたのであった。

費用負担の違いの背景

このように、構造は同じ二つの井戸の修復費用を負担する主体は大きく異なるが、その理由は、いずれの文書にも記されていない。これまで述べてきたように、二つの井戸ともに、最初に鑿井された時期は不明だが、「五ノ神まいまいず井戸」では、板碑（石塔）の出土状況から、古くから修復され続けてきたと認識することもできなくはない。ただし、江戸初期から中期にかけての五ノ神村の石高が急増していることを根拠に、江戸時代の新田開発の際に移住した人々によって作られた可能性を指摘する見解もある。[12]

「五ノ神まいまいず井戸」の成立時期の特定はともかく、五ノ神村の成り立ちからして、この村に住む人々によって共同井戸として掘られ、村の共有物となっていたとみられる。それゆえ、維持管理の費用は村を構成する一軒一軒の百姓たちが等分に分担する方式となったのだろう。そうした発想は、現代の水道事業や簡易水道事業の運営の原則である独立採算と受益者負担に底流でつながっている。

　というのは、「五ノ神まいまいず井戸」は、一七四一（元文六）年の修復時の費用負担が二四軒であり、その件数は、当時の五ノ神村を構成していた戸数とほぼ一致することから、当初から五ノ神村のいわば「共同井戸」であった色彩が強いからである。五ノ神村が成立した鎌倉時代以降に、村を構成する鋳物師集団が、自らの負担で掘ったものであったとみることもできる。

　一方、一二七〇（文永七）年の修復記録が残る「七曲り井」は、上道《かみつみち》と呼ばれる鎌倉街道の本道（現・埼玉県道五〇号所沢狭山線）に面した常泉寺《じょうせんじ》観音堂の裏手にある。[13]『狭山市史　地誌編』では、この上道《かみつみち》を入間路とし、『延喜式』（巻第五十・雑式　七六二［天平宝字六］年）の「凡諸国驛路邊植菓樹。令往還人得休息。若無水處量堀井」[14]という文面を根拠に、「七曲り井」は武蔵国府によって掘られたという見解を取っている。その上で、一六八五（貞享二）年の修復の際に、幕府が費用を負担したことを「この井戸が国持ちであったことの証拠」としている。[15]その可能性は否定できないものの、史料的には、この井戸が朝廷を経て、最終的に江戸幕府や田安家の所有になったという断定には無理がある。とはいえ、『七曲り井修覆願之事』の文書からは、この井戸が「公共井戸」として機能してきたこと、江戸時代には、領主の負担で維持管理されていたとみることができる。

それに加えてこの文書では、井戸の修造を行う作業員に支払う扶持米を頂きたいと記した直後に、この春は凶作のため村民は食糧を一切保有していない窮状を訴えている。この部分は読み方によっては、井戸の修造に要する土木作業のための扶持米を、食料の尽きた村民に回し、井戸の修造には村民が自ら従事する、という意味にも取れる。

しかも、願文の最後の部分で、「願之通り被為仰付被下置候得は、永く御救ニ罷成、村中惣百姓相助冥加至極、難有仕合奉存候」となっている。「永く御救ニ罷成」という表現には、井戸が修復されて将来にわたって飲み水に不自由しなくなるという文面通りの意味と、飢饉に苦しむ農民が救済されれば村も永続できる、という別の意味もあった可能性が高い。

領主の田安家としても、飢饉で村の存続が危ぶまれれば、年貢収入に直結する。扶持米の支給により「七曲り井」と北入曾《きたいりそ》村の双方が存続するのであれば、有用な投資であったはずである。「村の窮状」と「願が叶えば村が永続できる」旨の表現が願文に入れられたことにより、田安家では、慣例に従った支出という意味を超えて、〝領地の持続可能性の確保〟という名分を得たともいえる。公的性格の強い井戸の修復を掲げながら、その実、領民の救済事業にもなっていた可能性も否定できないだろう。

以上のように、同じ構造の「降り井」には、その成立の経緯の違いによって、維持管理に係る費用負担の仕方が異なる結果になった可能性を指摘できる。最初に鑿井を行った者の属性が、メインテナンスコストの負担にも影響した可能性がある。今日的にいえば、井戸の維持管理に関して、公共性の大小によって、〝公費〟が入るか〝独立採算〟で行うかといった違いが生じているともいえる。しかも、井戸の修復を通じた住民救済さえ行われていた可能性も浮かび上がってくる。そこには、井戸が掘られた目的、利用する者の範囲、公との関係など井戸と直接関係する要素とともに、井戸を取り巻く社会的あるいは天候（飢饉）といった自然環境など、さまざまな要因が影響していた。

2　新田開発と分水

玉川上水と新田

水源に乏しい武蔵野における新田の開発では、野火止用水と同様に、他の村からの入植者（当時の表現でいう「出百姓《でびゃくしょう》」。以下、「出百姓」という）を定住させるために不可欠な飲料水や生活用水を供給するための分水が多く引かれている。一部には田用水も含まれるが、それはレアなケースであった。幕府が武蔵野の新田開発に積極的だったのは、この地域の多くが幕府領であったこととも関係していた。玉川上水が造られ、そこから生活用水を入手できるようになったことにより、それまで〝未開の原野〟であった武蔵野が、生産力には限界があったとはいえ、耕地として再編されていくことになった。

分水による開発地への給水も自然流下によるため、一般的には尾根筋や土地の高い場所を縫う形で水路が引かれていた。自然河川がつくった谷筋を、築樋《つきどい》と呼ばれる施設を築造して横断するケースもあった。築樋は、谷筋に土盛りをした上に水路を通すもので、河川を跨ぐ形で横断する構造である。

東京都小金井市の市域には、二カ所の築樋が築かれていた。分水そのものは昭和三〇年代に役目を終えて水流は失われたが、築樋の土手は現在も姿を留め、一部は遊歩道となっている。また、それ以外の分水の水路跡も市内の各所に残されている。

ここでは、この二カ所の築樋と、関係する下小金井村分水と梶野新田分水を主に取り上げながら、玉川上水からの分水口や築樋などを含む分水の建設費と維持管理費に関して、当時の公的負担と受益者負担の関係を見ていきたい。

武蔵野の新田開発と分水

享保期（一七一六～一七三六年）の武蔵野では、八代将軍・徳川吉宗が主導した享保改革（一七一六～一七四五年）の一環として新田開発が実施された。年貢収入を増大させて、幕府財政を建て直そうとしたのであった。それ以前も野火止の開発のように、幕府や諸大名による農地開発が、関東や畿内をはじめ全国で展開されていた。

新田は、単に開発された農地を意味するのではなく、村と同様の法的な地位を有していた。領主に対しては新田として年貢納入の義務を負い、支配機構の末端であるのと同時に、新田を構成する百姓による自律的・自治的な組織でもあった。

武蔵野は荒涼とした原野だったので、江戸時代の中期までは、耕作に適しない広大な土地として放置され、開発は進んでいなかった。古代から焼畑を繰り返してきたため、地味が衰えて森林が育たず、急な雷雨などによる出水は別として、自然河川の形成も進まなかった土地であった。そのため、鎌倉時代以降、関東には多数の武士の拠点ができたが、武蔵野は「城郭空白地帯」となっていた。(16)

水が得にくく、関東ローム層の上にやせた土壌が広がる悪条件に加えて、冬季は北西の季節風が強いために風損《ふうそん》も起こりやすかった。現在も、青梅街道沿いの小平市や立川市では、農家の敷地の周囲に防風林（主に欅《けやき》）が発達している光景を見ることができる。

享保期にそうした悪条件の武蔵野新田の開発に乗り出した背景には、すでに耕作可能地の開発が限界に達していたという事情もあった。領主層による耕地開発は江戸時代初期の寛文年間までに一段落していたからである。(17)

享保期の新田開発は、将軍・吉宗—南町奉行・大岡越前守忠相《ただすけ》（地《じ》方《かた》御用を兼務）が中心となって行われた。武蔵野台地では広大な原野が秣場《まぐさ》入会地となっており、そこが新田開発の対象地となった。『新編武蔵風土記稿』によれば、武蔵野の新田数は八二カ村（多摩郡四〇、入間郡一九、高麗郡一九、新座郡四）で、小金井市内には梶野、関野、下小金井、上小金井、貫井、下染谷、是政、人見、押立の九新田があった。新田は一カ所にまとまっているわけではなく、飛び地も多かった。(18)なお、享保期の新田開発より以前から上小金井村、下小金井村、貫井村の古村も形成されていた。

小金井付近の分水（小金井新田分水と梶野新田分水）

小金井市の地理的な特徴　分水の説明に入る前に、小金井市の地理的な特徴を大まかに示すと（図表6―1）、市域の南部をほぼ東西に走る国分寺崖線《がいせん》（はけ）を境に、その上部が武蔵野台地のうちの武蔵野面（武蔵野段丘面）、下部が立川面（立川段丘面）となっている。図表6―1は、地理調査所（現・国土交通省国土地理院）が一九五五（昭和三〇）年に発行した『1万分の1地形図』（『田無』『多磨霊園』『小平学園』『武蔵府中』[19]）に基づくとともに、分水口については『上水記』（第4巻[20]）等によって補正している。これらの地形図は、高度経済成長に伴う市街地化が進む直前の小金井市付近の地形や土地利用を反映しているだけでなく、姿を消しつつあったとはいえ、当時はまだ「現役」であった分水も掲載している。

国分寺崖線の標高差は、小金井市付近でおよそ一〇～一五ｍとなっている。この崖線が武蔵野面と立川面を分けているとともに、それに沿って野川が流れている。昭和四〇年代までは野川沿いには水田もあった。

武蔵野面は、仙川より北側が武蔵野一面、南側が武蔵野二面とされている。仙川の水源は、市内の現・貫井北町三丁目の二カ所となっていた。[21]図表6―1では、貫井小長久保《ぬくいこながくぼ》と枝久保の低地付近である。仙川流域も含めて、崖線上部は水の便に恵まれておらず、仙川流域の亀久保に若干の水田が江戸期に存在していただけである。

玉川上水は、市域の北部（一部は小平市、武蔵野市との境界）を西から東に流れる。拝島より東

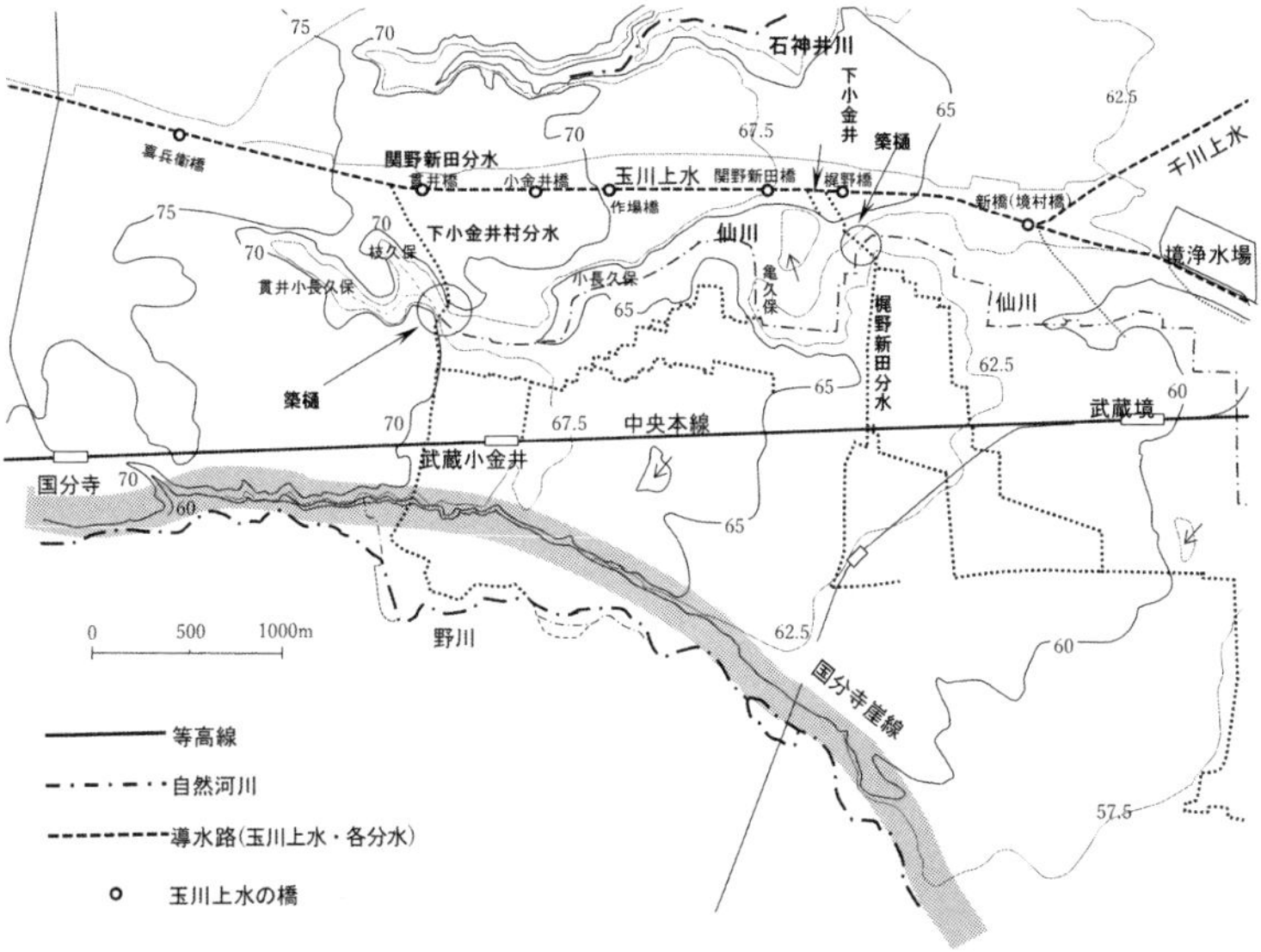

図表6－1　小金井の地形（玉川上水・分水・国分寺崖線）

側の玉川上水は、武蔵野台地の尾根筋に沿って掘られており、市域付近では、多摩川水系（仙川）と荒川水系（石神井川）の分水嶺を通っている。そして、玉川上水と崖線の間には仙川の谷筋が発達し、台地の上部と仙川の谷筋の下部では五m程度の標高差がある。なお、現代の小金井市で、大きなランドマークになっているのはJR中央線の高架線で、市域の中央部を東西に貫通している。

二つの分水　『上水記』には、現在の小金井市内に流れていた六分水（国分寺村、鈴木新田、関野新田、下小金井村、下小金井新田、梶野新田の各分水）などの分水口が記載されているが（図表6―2）、ここでは下小金井村分水と梶野新田村分水を紹介する。

その理由は、玉川上水から導水されたこれらの二分水が、仙川が形成した谷を越えて対岸の台地に通じる大規模なものであり（図表6―1）、かつ、現在でもその遺構を目にすることができるからである。

また、残された文書類から、分水の建設や維持管理に関する情報や、分水が基本的なインフラとして新田開発を支えていたことが読み取れるということもある。

地形上の特徴としては、仙川沿いには「久保《くぼ》」や「窪《くぼ》」と呼ばれる低地が多く、緩やかな逆台形型の谷地形を作っているが、武蔵野台地上の河川の特徴として水量は少なく、水が流れない季節もある。したがって、農業用にはほとんど利用されておらず、江戸時代には悪水《あくすい》ないし悪水堀と呼ばれ、排水路として使われていた。

二つの分水のうち下小金井村分水の完成年代についての記録はないが、一六九六（元禄九）年に「上山谷長久保ニ高サ壱丈八尺・長五十間余之築樋《つきどい》ニ被仰付、普請御奉行ニは御手代倉嶋幸右衛門様御出被成、府中領内村々え高割ニ而人足才料共ニ御呼被成、御普請被成被下候、已来、下上小金井田地荒不申候」となっている。

つまり、上山谷の長久保（図表6―1では「貫井小長久保」付近）に高さ約五・四五m、延長約九〇・九mの築樋の新設を幕府から命じられ、御普請（幕府の負担による工事を意味する）を行って頂いたので、それ以後、下小金井村と上小金井村の田地は荒れなくなった。(22)『小金井市史　通史編』では、それを根拠に、「開通年代は元禄九年またはそれ以前であろう」としている。(23)

下小金井村分水は玉川上水の貫井橋の西方で取水し、そこから築樋によって仙川《せんかわ》の谷を渡り、

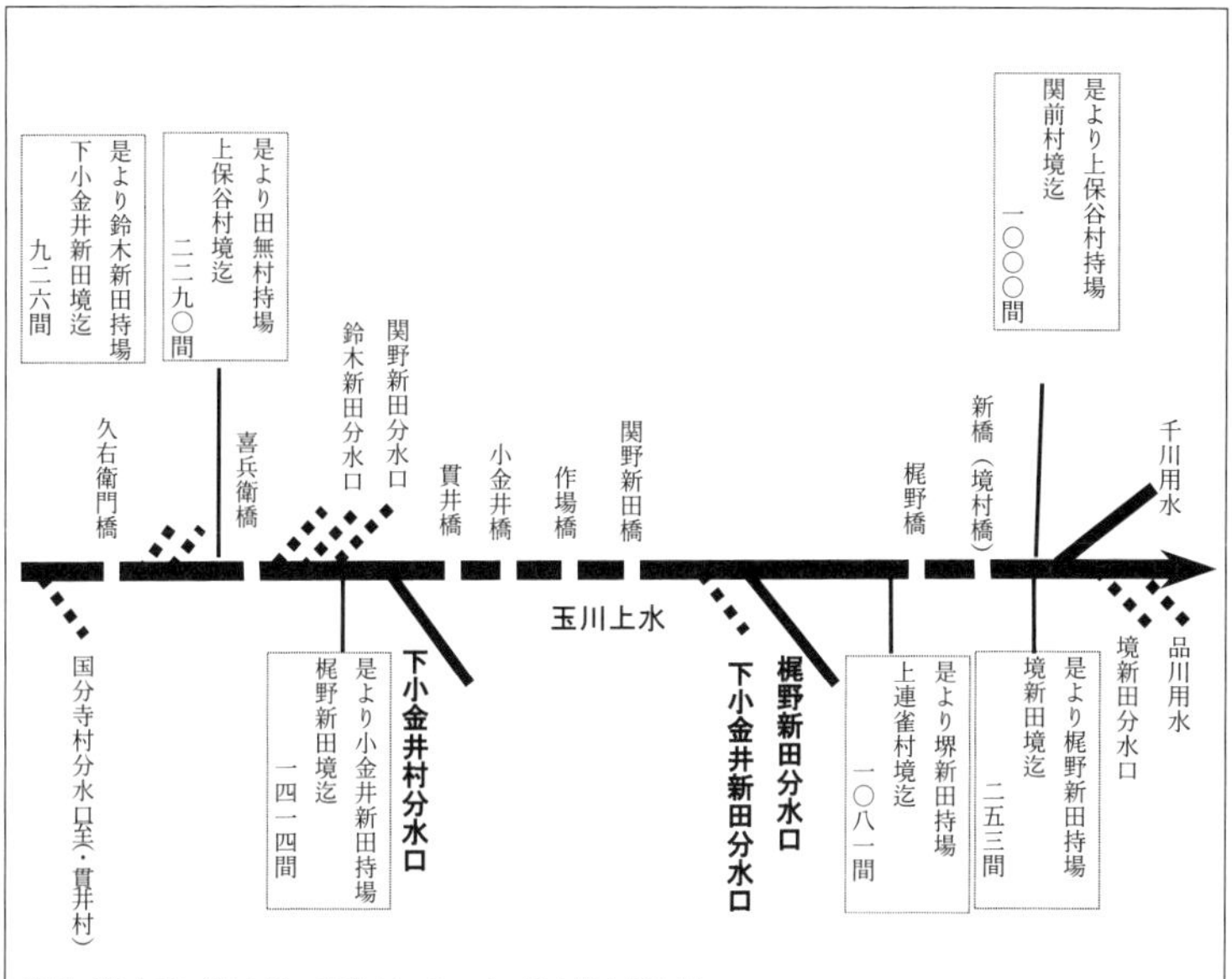

資料：『上水記』（第４巻）、寛政３年（1791）（東京都水道局蔵）

図表6－2　玉川上水の分水口（小金井付近）

そのまま現・武蔵小金井駅付近を南下して国分寺崖線を下って野川に流れるコースと、築樋を渡った後に分岐して、東の亀久保方面に向かって仙川に流れるルートとに分かれていた（図表6—1）。

梶野新田分水は、一七三四（享保一九）年に梶野新田の名主から幕府あてに提出された願書[24]によれば、一七三二（享保一七）年に竣工している。この願書では、享保一七年に梶野新田分水が完成し、新田に入植した出百姓たちの飲料水が確保されて大変ありがたい一方で、梶野新田の東側や隣の境新田に増えた出百姓たちが飲料水に難儀しているので、享保一七年に完成した築樋の下流部から、長さ八〇〇間程度（約一四五四・四m）の枝線を開削してほしいと願っている。

これをみると、分水を引くことによって出百姓の飲料水が確保されただけでなく、分水が文字通り「呼び水」となって、さらに新田への出百姓が増えていった様子がわかる。

梶野新田分水のルートは、関野新田橋（現・関野橋）と梶野橋の間で玉川上水から取水して、仙川の谷を築樋によって渡り、境新田（現・武蔵野市境付近）や現在のＪＲ武蔵境駅の南側を経て、井口新田（現・三鷹市井口付近）や野崎新田（現・三鷹市野崎付近）などに至り、最後は仙川に流れていた。なお、『上水記』によれば、梶野新田分水の玉川上水からの分水口の上流側に、新小金井村分水とは別の下小金井新田分水の分水口も記載されている（図表6―2）。

江戸時代には、下小金井村分水が仙川南岸の武蔵野二面を巡って梶野新田分水に至るなど、両分水とも発達していた。図表6―1でいえば、武蔵小金井駅の東側を流れる下小金井村分水は、中央線と国分寺崖線の間を東に向かい、現・西武多摩川線付近で梶野新田分水に合流していた。

いずれの分水も、武蔵野台地の微小な起伏や尾根筋を活かし、必要な場所には大規模な土木工事として築樋を築くなど、高度な土木技術に裏打ちされたものであった。そうした技術は、玉川上水とその翌年の一六五五（承応四）年に完成した野火止用水の建設でも十二分に発揮されている。

分水の建設および維持管理費の負担

梶野新田分水　『小金井市史　通史編』[25]によれば、「分水の維持管理には分水口と玉川上水の土手下に埋め込まれた埋樋《うめどい》の定期的補修と、分水路の崩落防止、分水路に溜った土砂の取除きなどがある」としている。さらに「こうした普請（工事）には、費用を幕府が負担する『御用普請』と村が負担する『自普請《じふしん》』があり」、下小金井新田分水は一七三二（享保一七）年に幕府の費用で新設され、一七六四（明和元）年に幕府御林の木を提供され、修繕されている。また、一七六六（明和三）年には上下小金井村も幕府御林の木を提供されている。その一方で、梶野新田は分水工修繕を自普請で行っているとしている。なお、埋樋とは玉川上水からの取水施設で、分水口（水門）と、開渠となっていた分水路の中間部分で、上水の堤の地下を貫通する施設である。

一七四六（延享三）年に梶野新田の状況を代官・川崎平右衛門に提出した「梶野新田明細帳(26)」には、当時の梶野新田の概要として、石高、農地面積、寺社地、用水堀、橋の一覧とともに、用水堀（梶野新田分水）や橋のメインテナンス方法などが記されている。

この文書によれば、梶野新田には「呑水田用水堀」（飲料および灌漑用の梶野新田分水）一カ所があり、その分水口（縦六寸・横一尺／一八cm×三〇cm）が玉川上水に設置されていた。一七三三（享保一九）年に「四谷御上水」（玉川上水）からの分水が許され、圦樋《いりひ》などの取水施設が、幕府の資金による工事である「御入用御普請」によって完成し、以後、梶野新田、境新田、南関野新田、井口新田、野崎新田の飲料水を供給し、残りは仙川へ排水していた。なお、圦樋も埋樋も玉川上水からの分水に必要な設備であった。

この分水に設置された一カ所の築樋（延長一三〇間余・幅一四間／二三六・四m×二五・五m）については、享保一九年に呑水堀（分水）とともに御入用御普請で新設されたと特記されている。

築樋には悪水吐樋（溜った土砂などの排水口）も一カ所（長さ一四間、横九尺／二五・五m×二・七m）あって、それも築樋の設置に併せて御入用によって完成し、その後、破損したので一七四三（寛保三）年に修復している。

一方、長さ四五九間・幅二間（八三四・五m×三・六m）の悪水堀が一カ所あるとも記している。この悪水堀とは仙川を指している。仙川は下小金井村から梶野新田の「窪通」に通じており、農業には利用できなかったため、排水路とされたのであった。

一七四三（寛保三）年以降は、築樋に付属する悪水堀への排水口の工事は自普請となっている。また、排水路の維持管理だけでなく、呑水堀や田用水などの用水路の土砂浚渫に必要な労働力は新田に住む各家々が負担していたのであった。

この梶野新田分水の維持管理に関する史料としては、一七五九（宝暦九）年に作成された「梶野新田呑水堀浚人足覚帳」[27]がある。この文書には、水路を清潔に保ち、かつ、流れを滞らせないために関係の新田の人々が守るべき定法（管理規則）とともに、水路に溜った土砂を浚らう作業を、梶野新田分水を利用している村々で分担した実績が記されている。

定法では、道路から水路に雨水が流れ込まないように雨天時には見廻ること、水路で洗い物をしてはならない（洗濯・すすぎ等は汲み上げた水で行うこと）、水汲み場に杭などを打って流水を阻害してはならない、といった条項が記されている。

後半は、一七五九（宝暦九）年三月に梶野新田のほか、下流の境新田、南関野新田、井口新田、野崎新田、下染谷新田、下井口新田、上仙川村から一四四人の「人足」を動員して、梶野新田分水の各所を分担して底浚いした記録である。この「人足」は、村外から労働力を雇い入れるのではなく、各新田・村の構成員を動員したものとみられる。つまり、水路の維持管理のなかで、最も基本的な浚渫作業は、関係の村（新田）の負担によって実施されていた。

一八〇一（享和元）年の「梶野新田分水口伏替付諸入用覚帳」[28]では、上水からの取水口（縦八寸・横九寸／二四cm×二七cm）の布設替費用を、梶野新田において金二両三分二朱（その他の間接費が銭三貫三〇〇文余）としている。一八三七（天保八）年の「梶野新田分水口埋樋伏替仕用帳」[29]でも、金額表示はないが、梶野新田は埋樋（取水口部分）の布設替えに必要な材料を書上げている。『小金井市史　通史編』によれば、これらの工事のうち、少なくとも一八〇一（享和元）年の取水口の修復工事は自普請として新田（村々）の負担であった。

下小金井新田分水と下小金井村分水　その一方で、下小金井新田は一七七八（安永七）年、分水の埋樋を幕府費用で作ったと報告[30]している。この文書は、代官所（伊奈半左衛門の役所）からの照会に回答したもので、玉川上水の南側の下小金井新田に設置された埋樋一カ所について、一七三一（享保一七）年に一式を幕府資金で新設（埋樋の設置および掘削工事ともに）したとしている。さらに、その修復を一七六四（明和元）年に行った際には、喜多見村（現・世田谷区）の幕府御林から材木を支給され、前回のように幕府の御入用で更新したことも記されている。

一七九〇（寛政二）年七月の「上下小金井村用水圦樋普請目論見控」[31]でも、一七六六（明和三）年八月の上小金井村と下小金井村における用水普請の関係書類の写しを提出する形で、圦樋の修復、材料等、基本的には幕府の支出だったことが報告されている。

この圦樋は、長さ七間（一二・七m）・内法《うちのり》一尺（三〇cm）四方の一カ所で、一七五八（宝暦八）年に伏替御普請を命じられた際には大破しており、玉川上水からの取水が困難な状況となっていた。そのため、幕府の御林木を支給されて「御普請」が行われた。経費の支出方法についても記載があり、材木の現物支給の他、鉄物類や大工・鳶職、木挽の賃銭は幕府の定請負値段、材木の運搬には扶持米を支給したと記されている。

公的負担と受益者負担の組み合わせ

新田開発の性格上、開発地域に農業生産に従事する他の村からの出百姓を定住させて、農業生産を継続させる条件を整えることが必要だった。それによって生産された農業生産物に課税して得られるものが領主の年貢収入であった。

それゆえ、取水口、圦樋、水路、築樋を含む分水整備や、大規模修繕の費用が領主である幕府の負担となったといえる。新田の分水建設・維持は領主の年貢収入に直結したから、〝公的色彩〟が強かったといえるだろう。一七二七（享保一二）年に武蔵野新田への出百姓に家作料を支給する触書が発せられ、入植者が増えている(32)。家作料とは、出百姓への支度金ないしは補助金に相当する。家作料を支給するほどなので、出百姓の定着に不可欠な生活用水を供給する分水の建設を幕府が行ったのは当然だった。

その一方で、取水施設の取替・更新については、下小金井村と下小金井新田の分水口の場合は幕府の負担、梶野新田では新田側の負担となっている。隣接する新田におけるこうした違いについては、寛政改革期を経て、享和期から幕府負担から受益者負担に変わった可能性も指摘できるだろう。また、新田への出百姓の定住が進んで新田地域でも新たな世代が生産活動に携わるようになった結果、大規模修繕である埋樋の改修などが、分水の利用者である新田（村）の受益者負担に変更されていった可能性もある。

とはいえ、分水のメインテナンスのうち、水路に溜った土砂を浚い出す作業については、分水の受益を受けていた各新田による負担が当初から貫かれていた。これは、出百姓たちの労働力によって支払われる受益者負担といえるだろう。水路の浚渫には村民総出で当たる光景が見られた。もともと生産性の低い新田地域では、工事費を貨幣や米によって調達することは困難である。当時の小金井付近の村々（新田も含む）では、陸稲も含めて米はほとんど収穫できず、大麦、イモ類などを栽培し、雑木などを薪炭として江戸で販売していた。勤労奉仕＝自らの労働力で受益者負担の一部をまかなうことは、応能的かつ現実的だったといえる。

以上のように、武蔵野の新田においては、分水の新設や維持管理に公的負担と受益者負担が組み合わさって適用されていた。この組み合わせは、新田への入植者の定着の進み具合によっても影響されていた可能性もあるが、受益者たちの分担力も織り込まれていた。

新田開発と川崎平右衛門

小金井市付近の玉川上水は、「名勝・小金井」として山桜の名所で、現在も、上水の堤に植えられた山桜が関係者の努力によって手厚く保護されている。ここに山桜が植えられたのは一七三七（元文二）年で、一七二六（享保九）年に始まった武蔵野の新田開発の一環であった。日本橋に新田開発奨励の高札が出たのはその二年前の一七二四（享保七）年であった。

武蔵野台地は水の便が悪く、出百姓を入植させても苦労が絶えなかった。しかも、年貢をすぐに取ろうとするから逃げ出す者も多かった。そうした中で、当時、押立村《おしたて》（現在の府中市）の名主であった川崎平右衛門《へいえもん》が、凶作の際には私財で入植者を救済したほか、吉宗への献上栗の生産も始めた。そうした功績もあって一七三九（元文四）年、関東地方《じかた》御用掛を兼務する南町奉行・大岡忠相《ただすけ》に登用されて新田世話役となっている。

幕府の官僚組織に属する「官」でもなく、純粋な「民」でもなく、地域の「公《おおやけ》」を担っていた名主が、地域経営の専門家（地方巧者《じかたこうしゃ》）として活用された。その主眼は、新田の百姓の生活を安定させて、年貢をきっちり納めさせることにあった。

平右衛門は、種芋や種籾の貸付のほか、離散した者に立帰料《たちかえりりよう》を与えて再入植を誘導し、幕府資金の運用益を活用するなど、新田開発を幅広く展開した。なお、ファンドの運用益で公的経費を生み出す方法は江戸時代に発達したノウハウであった。

さらに平右衛門は、代官所が運用益金でまとめ買いした肥料を新田の村々に貸し付ける仕組みも考案したほか、水利や土木事業でも大活躍した。福生付近の玉川上水の大規模な堀替え工事を武蔵野の名主たちに割り振って迅速に完成させたのもその一つであった。そうした実績が評価されて、御家人を経て旗本になり、水害常襲地の美濃国の代官、石見《いわみ》銀山の責任者などを歴任している。

（1）角田清美「武蔵野台地における古井戸の歴史」『多摩のあゆみ』第111号、二〇〇三年、八～一三頁。
（2）深澤靖幸「国府界隈の古代井戸をめぐって」『多摩のあゆみ』第111号、二〇〇三年、二四～三一頁。
（3）犬養廉他校注「伊勢集」『平安私家集』（新日本古典文学大系28）岩波書店、一九九四年、七七頁。
（4）池田龜鑑他校注「枕草子」『枕草子　紫式部日記』（日本古典文学大系19）岩波書店、一九五八年、二二二頁。
（5）前掲（3）。
（6）源俊頼撰。塚本哲三校『金葉和歌集　詞華和歌集　千載和歌集』有朋堂書店、一九二六年、五二七頁（国立国会図書館デジタルコレクション二七〇／三一一）。
（7）鈴木浩三『江戸商人の経営戦略』日本経済新聞出版社、二〇一三年、二七二～二七五頁。
（8）羽村市史編さん委員会編『羽村市史　資料編　近世』羽村市、二〇二二年、四〇～四一頁、羽村町史編さん委員会編『羽村町史』羽村市、一九七四年、二七〇～二七八頁。
（9）第8号、二〇一七年、二頁。羽村市ホームページ https://www.city.hamura.tokyo.jp/cmsfiles/contents/0000009/9568/tayori8.pdf（二〇二二年四月一五日閲覧）
（10）羽村町史編さん委員会編『羽村町史』羽村市、一九七四年、二三六頁。
（11）狭山市編『狭山市史　通史編1』狭山市、一九九六年、三三〇頁。
（12）前掲（2）。
（13）狭山市ＨＰ「鎌倉街道」https://www.city.sayama.saitama.jp/shisei/kouhou/koho/sayamanofuukei/iriso/fuukei56.html
（14）皇典講習所・全国神職会校訂「延喜式巻五十　雑式」『延喜式　校訂　下巻』大岡山書店、一九三一年、一三九五頁（国立国会図書館デジタルコレクション三四一／三五六）。
（15）狭山市編『狭山市史　地誌編』狭山市、一九八九年、四七四～四七五頁。
（16）鈴木理生・鈴木浩三『ビジュアルでわかる　江戸・東京の地理と歴史』日本実業出版社、二〇二二年、五二～五三頁。
（17）大石慎三郎『享保改革の経済政策　増補版』御茶の水書房、一九七九年、四四～五三頁。
（18）小金井市史編さん委員会編『小金井市史　通史編』小金井市、二〇一九年、二〇五～二二七頁。
（19）『1万分の1地形図』（『田無』『多磨霊園』『小平学園』『武蔵府中』）地理調査所、一九五五年
（20）『上水記』（第四巻）一七九一年、東京都水道局蔵、東京都水道局ＨＰ https://www.ro-da.jp/suidorekishida/content/detail/K0004（二〇二二年八月一八日閲覧）。
（21）多田哲「小金井の湧水点part2」『小金井市文化財センター通信No.2』小金井市文化財センター、二〇二一年。

(22)「31　小金井村むらかゝみ年代キ」(鴨下イヨ氏所蔵文書）小金井市誌編さん委員会編『小金井市誌Ⅲ　資料編』小金井市役所、一九六七年、一八一～一八七頁。
(23)小金井市史編さん委員会編『小金井市史　通史編』小金井市、二〇一九年、二四九～二五四頁。
(24)「151　享保十九年十一月　梶野新田用水枝堀につき願書」(梶四郎氏所蔵文書）小金井市誌編さん委員会編『小金井市誌Ⅲ　資料編』小金井市役所、一九六七年、三二七～三二八頁。
(25)小金井市史編さん委員会編『小金井市史　通史編』小金井市、二〇一九年、二四九～二五四頁。
(26)「43　梶野新田明細帳」(武蔵野市立図書館旧蔵諸家四）小金井市史編さん委員会編『小金井市史　資料編　近世』小金井市、二〇一七年、一八九～一九三頁。
(27)「54　梶野新田呑水堀浚人足覚帳」(梶野家文書）小金井市史編さん委員会編『小金井市史　資料編　近世』小金井市、二〇一七年、二一〇～二一四頁。
(28)「233　梶野新田分水口伏替付諸入用覚帳」(梶野家文書）小金井市史編さん委員会編『小金井市史　資料編　近世』小金井市、二〇一七年、五三三～五三四頁。
(29)「234　梶野新田分水口埋樋伏替仕用帳」(梶野家文書）小金井市史編さん委員会編『小金井市史　資料編　近世』小金井市、二〇一七年、五三四～五三五頁。
(30)「232　下小金井新田埋樋普請につき書上」(清水秀雄家文書）小金井市史編さん委員会編『小金井市史　資料編　近世』小金井市、二〇一七年、五三二～五三三頁。
(31)「49　上下小金井村用水圦樋普請目論見控」(大久保家文書）小金井市史編さん委員会編『小金井市史　資料編　近世』小金井市、二〇一七年、二〇三～二〇七頁。
(32)小金井市史編さん委員会編『小金井市史　通史編』小金井市、二〇一九年、二一一～二一八頁。

＊本章の第1節は、鈴木浩三「武蔵野の「降り井」の維持管理と費用負担」(『水道』第六七巻第三号、二〇二二年五月、一二～一九頁、第2節は、鈴木浩三「武蔵野の新田における分水の建設と維持管理」(『水道』第六七巻第五号、二〇二二年九月、八～一六頁）をもとに再構成したものである。

Ⅱ

明治時代〜現代

第7章
近代水道にいたる道のり

明治になってから四半世紀年以上も経った一八九八（明治三一）年、ようやく東京市では近代水道による給水が始まった。その間、東京市の水道は、江戸の遺産である神田・玉川両上水のメインテナンスでしのいでいた。

近代水道とは、簡単にいうと、浄水処理した水道水に圧力をかけて鉄管などによって配水・給水するシステムである。この章では、近代水道になるまでの紆余曲折とともに、東京府を含む政府の動きや渋沢栄一の果たした役割、水道にまつわる当時の地方制度なども紹介する。近代水道に欠かせない鉄管に関して生じたスキャンダルなどにも触れる。

一方、近代水道の施工直前、自然流下を最大限に活用すべく設計変更が行われ、それによって東京の近代水道の〝基本形〟が定まった。現在の多摩地区が一八九三（明治二六）年に神奈川県から東京府に編入された理由は、「東京市の水源である多摩川がこれらの地域を流れていたから」というよりも、実は、自由党の牙城となっていた三多摩を神奈川県から切り離すためであったことにも触れる。

1　東京が引き継いだ江戸の水道

水質問題

慶応三年一〇月一四日（一八六七年一一月九日）の大政奉還、慶応四年七月一七日（一八六八年九月三日）には江戸が東京と改称され、一八六九（明治二）年、太政官が京都から東京に移された。

東京に引き継がれた上水は限界に達していた。維持管理費用の調達も困難になっており、水質悪化が深刻であった。降雨時には汚れて濁った水が流れ込むのはもとより、導水路には道路のゴミや生活関連の汚物などが流入し、木樋の継ぎ目からも生活排水などが染み入るありさまだった。木樋そのものの腐食も進んでいた。

また、上水の水質を重視していた江戸幕府は、玉川上水の水路を利用した船の運航の願出を許可することはなかったが、新政府になってからは管理も緩められた。一八六九（明治二）年、武州多摩郡の羽村、砂川村、福生村の名主が毎年二八〇〇両の租税上納などを訴えて通船を願い出ると許され、翌年四月には羽村から四谷大木戸間の通船が始まった。しかし、水質悪化の深刻化などにより、結局、一八七二（明治五）年五月限りで禁止となった。[1]

当時の衛生行政を担当していた警視庁も危機感を持っていた。一八七四（明治七）年、警視庁の奥村陟《のぼる》が作成した報告書は、[2]「時トシテハ腐敗ノ人屍モ流レ来ル」といったショッキングな表現も用いながら、開渠の導水路や木樋が不衛生な状態となっていることを強調し、木樋などを鉄管に交換すべきであるといった内容となっていた。このレポートは奥村の上司（小警視・檜垣直枝《ひがきなおえ》）の副申とともに大警視・川路利良《かわじとしよし》に提出され、それが川路から当時の内務卿・伊藤博文あての「建言」となっている。

また、この年、東京府の依頼により文部省が上水の水質試験を初めて実施した。玉川上水の上流部は清浄であるが、市街地の水質は著しく悪く、神田上水の水質も悪いと報告されている。[3]

これらが契機となり、東京市における水道の近代化への動きが始まった。

しかし、当面の対策は、小規模な修繕、上水路での洗濯・漁猟・廃棄物の投棄などを禁ずる立札の掲出のみであった。一八七五（明治八）年には内務省が二万円を東京府に貸し付けて、上水路を清潔に保つ措置も講じられたが、堤の破損個所からの悪水の流入を防ぐための小堤防の築造などに止まっていた。一八七八（明治一一）年には警視庁・東京府により神田玉川両上水水源取締仮規則が施行され、上水で「魚鳥ヲ捕リ及ヒ遊泳シ、又ハ諸物ヲ洗フヘカラス」、「塵芥瓦礫其他汚穢物ヲ投棄スヘカラス」等となった。ここで禁止されている行為が日常の光景となっていた。

一方、『東京近代水道百年史　通史』（東京都水道局）によれば、「皇居内水道は、明治六（一八七三）年五月の皇城炎上以来、旧上水はほとんど使用していなかった」としている。[4] 皇居（旧江戸城西丸御殿）が焼失したため、赤坂離宮が仮皇居となり、新皇居（明治宮殿）が「西の丸」に完成するのは一八八八（明治二一）年であった。新皇居には沈澄池《ちんとうち》、ろ過池等の水道施設が設けられていた。なお、旧・江戸城の呼称も「東京城」「皇城」と変遷したが、宮内庁HPによれば、「皇居」の名称は明治元年以来で、明治二一年からは「宮城」、一九四八（昭和二三）年に「宮城」が廃止されて「皇居」となった。

上水組合の消滅と明治初期の地方制度

このような中途半端な対応しかできなかった背景には、特に経営面で、上水組合の消滅による財源不足に直面し、官費による修理や賦課金などに依存せざるを得ない状況となっていたことが挙げられる。江戸幕府が瓦解して新政府が成立すると、江戸からは諸大名が領国に帰り、武家の消費活動に依存していた商工業も衰退した。そのため、水銀や普請金を集めていた上水組合が実体を失い、上水の維持管理は構造的に困難になっていた。

そのうえ、上水を管理する組織の変遷も激しかった。一八六八（慶応四）年六月、神田・玉川両上水の管理は町奉行所を引き継いだ組織である市政裁判所附上水方屋敷改の所管となったが、同年九月の東京府制の制定により、その事務は東京府に移った。

しかし、水銀や普請金の徴収ができなくなったため、一八六九（明治二）年二月、神田玉川両上水の工事に係る事務を、東京府から会計官営繕司に移管した。同年四月、それが民部官水利営繕司に移された後、明治政府の目まぐるしい組織改編に伴う形で、東京の上水の工事事務を所管する組織も変遷を重ねた。民部官土木司、民部省土木司、工部省土木司などを経て、一八七一（明治四）年七月の廃藩置県に伴って、神田・玉川両上水の導水路管理事務は、一八七二（明治五）年から東京府の所管となった。廃藩置県によって、一一月に品川県と小菅県等が廃止され、新たな東京府の区域になったほか、両上水沿いの町村もこれに編入された。

明治政府の地方行政は「地方三治制」によって始まった。しかし、『東京百年史　第二巻』（東京都）によれば「東京府も中央政府の出先機関で、『地方自治体』としての性格も与えられず、その主体性・自律性は乏しかった。また府財政と区町村財政の区別もなく一体のままで運用された」[5]という状況で、東京の自治的機能は著しく制限されていた。そうした中で、東京の水道を所管する組織は、朝令暮改といってよいほど変遷したのであった。

しかし、神田・玉川両上水の最低限の維持管理は必要であったので、上水組合が集めていた普請金や水銀に代わる財源が必要となった。それが「官費」、「民費」、「賦金」とともに江戸時代から積み立てられてきた「旧町会所積金」（七分《しちぶ》積金《つみきん》）であった。

この七分積金[6]は、老中・松平定信が主導した「寛政改革」の一環として一七九一（寛政三）年一二月に創設されたもので、江戸の町人（地主）が毎年積み立てる積金（金二万五九〇〇両／年）に、幕府の出資を加えたものを基金として、江戸の庶民向けの備荒貯穀、土地を担保にした低利融資の原資とし、今でいう低所得者向けの生活保護の財源にされた。備荒貯蓄とは、飢饉や火災などの非常時の施米や施金のほか、平時の窮民救済などのために米穀や現金を町会所に準備することであった。

この資金や囲籾を運用していたのが町会所で、勘定奉行と町奉行の共管だったが、実務は御用達商人（勘定所御用達）や町役人が運営していた。町会所の建物と籾蔵《もみぐら》は一七九二（寛政四）年に向柳原《むこうやなぎはら》（現・台東区浅草橋）に設置された。一八五八（安政五）年のコレラ流行に際しては、約五二万三〇七六人に米二万三九一七石余りを支給している。

先ほどの『東京百年史　第二巻』によれば、当時の東京府の財政は、次の四部門から成り立っていた。四部門とは、①「官費」を財源とした府庁費・土木費などの官費会計（官費は、政府からの支出で全経費の約三分の一を支弁）、②「民費」を財源として運用された区町村経費（民費は、住民に賦課された費用で、最初は江戸時代からの徴収方法によって公役銀《くやくぎん》の課率単位であった「公役小間」＝二〇坪を基準に賦課されたが、後に地価基準の徴収に変更された）、③「府税」を財源とした府税会計（府税は、はじめは「賦金」と称し、営業・免許税に区分される）、④「七分積金」をもとにした共有金会計、であった。しかし、「教育・衛生・水道・ガス燈などを設備する経費のおもな部分は、住民負担である「民費」や「七分積金」などによって調達され」「そうした中央財政の地方財政へのしわよせと圧迫は、以後もながく続くことになる」としている。

一八七〇（明治三）年一二月、民部省が水税取立規則を制定したが、土地の広さを賦課の基準としたため、大名・旗本が消滅し、商工業も衰退していたので実効性を欠いていた。そのため、寛政改革の際に始まり、幕末まで積み立てられた七分積金（旧町会所積立金）に頼らざるを得なかった。『東京近代水道百年史　通史』（東京都水道局）によれば、「水道関連の経費は、東京府の会計処理上は「橋りょう修繕などと一緒に仕訳されていたため、単独の支出額は不明」「明治初期の水道関係費用は、ほとんどが他の市政費用と同じく七分積金から支払われ、その間の年額支出は、約一万五〇〇〇円」「しかし、旧町会所積金は全部遣い切ってしまい、水賦金の賦課がどうしても必要となった」としている。[7]

そこで水税取立規則が一八七四（明治七）年と一八七五（明治八）年に改正され、水賦金の徴収が始まった。市街は小間割、玉川上水からの分水については上水引込口の断面積比、神田上水からの田用水については田の反数の割合によってそれぞれ賦課した。金額は過去五年の平均費用（樋桝の修繕、泥浚い、白堀の浚渫費用など）の一万五〇〇〇円と、玉川・神田両上水の水源費（分水と田用水に係る水門の補修費や藻類の除去費）の一一六〇円余の計一万六一六〇円余で、一八七三（明治六）年に遡って徴収した。上水経営に必要な費用を、使用者に割り振って徴収したのである。[8]

明治八年になると、東京府は水税規則の改正による水賦金の増額を内務省に申請し、一一月に許可されると、市街については従来の小間割を廃止して、井戸（上水井戸）ごとに賦課する「上水井戸数割」とし、平均三〇年に一回の修理を前提とした費用を算定して年間二万円とした。

明治八年以降は、上水路清潔費の年間四〇〇〇円（大蔵省からの借入金二万円の五年年賦返済）も上水井戸数割で賦課することが認められ、市街地からは二万四〇〇〇円が徴収された。一八八九（明治二二）年七月になると東京市上水水料賦課規則が改正告示されて年額五万二〇〇〇～五万三〇〇〇円が徴収されるようになり、それが一八九八（明治三一）年の近代水道の開設まで続いた。[9]

このように、明治初期には上水の供給原価の一部に「官費」が投入されたが、多くが七分積金の取り崩しによって補塡されていた。それが、明治六年以降になると、江戸時代とは形態は異なるものの、上水の利用者から原価が徴収される形となっている。

こうして、江戸から引き継いだ神田・玉川両上水の維持管理が、曲がりなりに行われるようになっていた。これまで紹介してきた明治初期の『樋線図第4種』には、明治時代における樋線の布設替えや、桝の交換といったメインテナンスの実際が記載されている。しかも、そうした記録が散見されるということは、両上水の維持管理が、近代水道になるまで連綿と続けられていたことを物語っている。

2　水道改良に向けて

具体化する水道改良

大警視・川路利良による伊藤博文あての「建言」にもみられるように、政府関係者も水道改良の必要性を痛感していた。水道改良とは、水道を近代化することだけでなく、近代化された水道事業そのものを意味する場合もあった。不衛生な状況を放置することはできなかっただけでなく、近代国家としても憂慮すべきとの認識が多くの当局者に共有されていた。

政府はファン・ドールン（内務省土木寮雇・オランダ国工師）に水道改良に関する調査を命じた。ドールンは一八七四（明治七）年五月に「東京水道改良意見書」、翌年には「東京水道改良設計書」を提出した。この「東京水道改良設計書」は、玉川上水を水源として活用し、四谷付近に沈《ちん》澱《でん》池等を設けて濾《ろ》過《か》したのちに、ポンプで麹町付近に築く浄水池に送水するといった設計概要のほか、管網、消火栓、所要経費などから構成されていた。これは、大都市における近代水道の設計としては我が国最初のものとなった。

一八七六（明治九）年一二月になると東京府に水道改正委員が設置され、翌年九月、その報告書「府下水道改設之概略」[10]が橋本深造ほか四名の水道改正委員の連名で東京府知事・楠本正孝に提出された。そこでは、清潔で豊富な水の供給や、水を高くまで上げられる圧力が必要であり、それは衛生と消防に有益だとした上で、樋や上水井戸を廃止して、沈澱池・濾過池・配水池などを設置し、鉄管によって配水すべき、と述べている。

その後、水道改良の議論は本格化していったが、そうした折、一八七七（明治一〇）年、一八七九（明治一二）年、一八八二（明治一五）年と東京ではコレラの流行が相次いだ。大流行となった一八八六（明治一九）年八月には、市部と郡部の死者は九八七九人に上り、水道改良の機運はさらに高められた。

一八八八（明治二一）年一〇月五日、内務省において第一回市区改正委員会が開催され、明治の初めから叫ばれ続けていた水道改良の実施が決議された[11]。なお、この根拠法となった東京市区改正条例は、東京における都市計画、道路、河川、橋梁、水道、下水道などを含む都市整備を定めるもので、その公布は明治二一年八月である。一九一九（大正八）年制定の都市計画法の前身となった。

一〇月一二日には水道改良の設計について嘱託委員を委嘱した。主任の英国人・バルトン（William K. Burton, 一八五五〜一八九九年）のほか長与専斎《ながよせんさい》、古市公威《ふるいちこうい》などであった。バルトンは、東京帝国大学工科大学に一八八六（明治一九）年に開設された衛生工学講座の初代講師として招かれた「お雇い外国人」で、一八八九（明治二二）年には内務省衛生局顧問技師も兼務した。バルトンらによる設計は〝バルトン案〟と呼ばれる「上水設計第一報告書」として一八八八（明治二一）年一二月、東京市区改正委員長・芳川顕正《よしかわあきまさ》あてに具申（提出）された。

渋沢栄一と水道改良――東京水道会社

コレラの大流行に呼応して、水道改良を求める社会の動きも大きくなっていたが、明治初年以来、遅々として進んでいなかった。そうした中で、社会基盤の最も脆弱となっていた部分を突かれる形で、コレラのパンデミックに襲われた。

そこで、政府とは別に、大流行の翌一八八七（明治二〇）年七月二二日、渋沢栄一、大倉喜八郎、安田善次郎などの財界人十数名が東京市内の水道改修と水道会社設立の方針を決定し、渋沢は他の二名とともに調査を委任された。[12] それにより、給水規則や収支といった経営面とともに、施設計画といった技術面の調査・検討も始まり、横浜水道の設計と完成に実績のあるイギリス人・パーマー（Henry Spencer Palmer, 一八三八〜一八九三年、英国工兵少将）に設計が依頼された。これは、政府の市区改正に先んじたスピードといってよい。

年が明けた一八八八（明治二一）年一月、「東京水道報告書」がパーマーから渋沢栄一と大倉喜八郎あてに提出され、一二月五日、渋沢らは東京水道会社の設立を東京府に出願した。発起人総代は渋沢栄一で、民間会社の経営による水道事業を東京で展開しようとするものであった。一二月六日付の時事通信[13]によれば、「水道会社に関係の人々は、昨年七月以来取調に従事し、工事の方法、経済の予算より、会社定款、給水規則、其他図面十数通まで再三調査を遂げたる後《の》ち、殆んど一年有半を此事に費やしたる。今日漸く脱稿せしものにて、設計の任を托したるパーマー氏一人に支給せし金高のみにても二千九百余円に上りたる次第」となっている。つまり、パーマーに二九〇〇円余りの設計料で依頼していたのであった。

この出願に先立つ一一月一四日、東京水道会社の発起人会が評決[14]を行って、「もしも、水道改良が公的に行われないならば、渋沢栄一らの民間人が東京府の水道改良を行う」という意思を、府知事（市区改正委員会）や政府に突きつけた。そして、その実現性を裏付けるものとして、パーマーの設計を含む東京府の水道改良に必要な経営面と技術面にわたる綿密な調査・検討の結果のすべてが寄贈された。

こうした発起人会の評決の背景には、明治二一年一月にパーマーが渋沢栄一らに提出した「東京水道報告書」に関して五月一〇日に東京府庁で開催された「府下給水法改良協議会[15]」における議論があった。東京府書記官のほか渋沢栄一、大倉喜八郎などが出席し、「給水法の改良は急務だが、これを私企業に任せるのは不可」であるが、「もし区部会において万一否決するなら、私立の会社への委託も止むを得ない」の旨を決していたのである。

なお、水道事業の経営主体（公営か民営か）については、一八八七（明治二〇）年六月、内務省は水道の布設は地方政府に委任し、真にやむを得ない場合に限って私立会社に委任すべき、との方針を定めた。その後、一八九〇（明治二三）年の水道条例公布に際しては、公営原則に統一されている[16]。この水道条例は、戦前における水道事業の根拠法であり、現在の水道法の前身となった。

こうした中で、バルトン案の提出と重なる形で一二月五日に東京水道会社の出願に至った渋沢らの動きは、水道改良に向けた政府（東京府）の具体的な行動を刺激し、促したといえるだろう。一九〇〇（明治三三）年、東京市区改正委員会は渋沢たち東京水道会社の設立発起人に謝礼金二〇〇〇円を支出することを決したが、それはパーマー案も含め、東京水道会社が実態を備え、有益であったことを物語っている。

東京水道改良設計書

一八八九（明治二二）年三月になると、東京市区改正委員会においてバルトン案とパーマー案の比較がなされたが、欧州の専門家の意見も聞くこととなった。それらの経過を経て、一八九〇（明治二三）年四月一八日、東京市区改正委員会は「東京水道改良設計」を議定、内務大臣に具申し、七月五日「東京水道改良設計書」は内閣総理大臣・山県有朋《やまがたありとも》の認可を受けた。『東京近代水道百年史　通史』（東京都水道局）によれば、これはバルトンの設計を中心にしたものであるが、他の外国人の修正意見だけでなく日本人技術者の意見をも取り入れたものであった[17]。認可に基づく「東京市水道設計告示[18]」では、水源は玉川上水（多摩川）、全市の人口（給水人口）を一五〇万人、一人一日あたり四立方尺を給水することになった。

3　市制町村制と三都の特例

東京府から東京市に移管された水道改良

明治二〇年代前半は戦前の地方制度の確立期であった。一八八八（明治二一）年四月二五日には市制・町村制の公布（施行は一八八九〔明治二二〕年四月一日より順次）、一八九〇（明治二三）年五月一七日には府県制が公布された。これらは、明治二二年二月一一日に公布された大日本帝国憲法の下での地方制度の法制であった。『地方自治百年史　第一巻』（地方自治百年史編集委員会）によれば[19]、市制町村制の前文は、市町村を独立の法人と認め、自治の原則をうたっている反面、地方自治制の狙いが、国家統治の基礎確立にあることを明らかにするものであった。また、プロシア流の地方名望家を中心とした地方制度が採用された背景には、従来、ともすれば自由民権運動に走り勝ちであった在地地主層を権力の側にとりこんでいこうとする意図もあったとされている。

市制町村制、府県制の下では、市と町村が基礎的地方団体とされ、市は国の機関である府県に包括されていた。市町村には市町村会が置かれ、人口規模に応じた人数の公選議員から成っていた。市の執行機関は市参事会、町村は町村長で、市参事会は市長・助役・名誉職参事会員から構成され、市長が議長となった。収入役、委員、書記なども置かれた。市長は内務大臣が市会の推薦した三名の候補者のうちから上奏裁可を請うて選任した。

一方、東京、京都、大阪の三都には市制特例（明治二二年三月二三日法律第一二号）が定められ、市長・助役を置かず、市長の職務は府知事、助役の職務は書記官が行なうなど、自治的権能が著しく制限されていた。三市の参事会は、府知事、書記官、名誉職参事会員によって組織されたが、三市には収入役、書記などの付属吏員をおかず、府庁（国）の官吏がその職務を執行するものとされた。このような三都の実態は〃国の直轄地域〃に等しかった。しかも、『東京百年史　第二巻』（東京都）によれば、「ほとんど毎期にわたり国会に提出された東京市会の「特別市制廃止法案」は、容易に実現されなかった[20]」。

明治三一年三月の特別市制の施行に伴い、東京市内の水道改良、すなわち玉川上水なども含め近代化が始まろうとしていた水道事業は、地方政府の性格を有していた府から東京市（一九四三〔昭和一八〕年に東京府と東京市が合併して東京都となる）に移管された。

東京市にあって、市独自の行政の実績を積み上げていく上で、水道改良の役割は大きかった。『東京百年史　第二巻』（東京都）では、「市参事会は、固有の下部機構をもたなかったが、（明治）二四年には水道改良事務所を設置しており、市行政がしだいに定着して多様化へ向かっていた」としている。市政特例が廃止され、東京市が自治市となった一八九八（明治三一）年一〇月の東京市は、総務部、土木部、水道部、会計部の四部体制となっていた。

なお、東京市発行の『東京市市政年報　昭和一二年版』によれば、一八九一（明治二四）年一一月に開設された水道改良事務所は、当初は東京府第二課に属していたが、一八九四（明治二七）年四月に水道改良事務所内に給水掛を置いて、水道に関する一切の事務を東京府より東京市が引き継いだとしている。[21] 一八八九（明治二二）年の特別市制の施行から、水道改良の事務が東京市に移るまでには時間が必要だったのだろう。

とはいえ、近代水道が一八九八（明治三一）年に通水するまでは、江戸時代の遺産で〝食いつないでいた〟のが実情であった。神田・玉川両上水だけでなく、明治初期には七分積金という江戸の遺産に多くを依存していた。玉川上水もそのままの形で改良水道の導水路に転用された。

玉川上水の敷地所有権問題

こうした東京府から東京市への水道改良の移管は、玉川上水の敷地所有権の帰属という思いもよらない問題も近年まで生じさせていた。

この問題は一九六〇（昭和三五）年の会計検査院の「玉川上水は国有財産台帳に記載されているにもかかわらず、国による適切な管理がなされていない」という指摘によって顕在化した。その後、玉川上水に国の史跡指定を受けようとしていた東京都に対して、国（文化庁）は、玉川上水の所有権が都に帰属することが史跡指定の前提となる旨の見解を示したため、史跡指定を進める上では、東京都にとっては敷地所有権の帰属を確定させることが必須の課題となっていた。

そこで、『日本水道新聞』に「時代の伝承　東京水道の軌跡」と題して連載された赤川正和・

元東京都水道局長と関係者の対談のうち、二〇一五（平成二七）年一二月一〇日付で同紙に掲載された〝玉川上水所有権問題〟の要点を紹介しよう。[22] なお、対談の相手はこの問題の解決にあたった黒沼靖・東京都水道局総務部長（当時。後に東京都副知事）である。

玉川上水の敷地所有権をめぐる国（関東財務局）と東京都の主張の対立について、対談者の黒沼は「国は玉川上水については水道施設の管理権は東京都に移転したが、敷地所有権はなお国に留保されているとの立場。都は、管理権はもとよりその敷地所有権も譲り受けたとする立場。これが争いの核心部分となります」と述べている。そして「明治二二年時点で仮に敷地所有権は東京市に移転せずに東京府に留保されたとしても、地方政府たる東京府の地位を、後に包括的に承継した東京都（水道局）が今日の所有者という結論になります」となった。民事調停を経たのち、二〇〇二（平成一四）年に玉川上水の敷地所有権が東京都に帰属することが確定し、官報に登載され、二〇〇三（平成一五）年には国の史跡に指定された。それを受けて東京都では「史跡玉川上水保存管理計画」を二〇〇七（平成一九）年に策定し、将来にわたっての玉川上水の適切な保存管理の基礎としている。

4　中島鋭治による設計変更

『東京水道改良設計書』では、浄水工場（以下、原文の引用等を除き、現在の呼称に従って「浄水場」という）は玉川上水をそのまま活用するために千駄ヶ谷に築造することになっていた。千駄ヶ谷からは自然流下管によって小石川伝通院《でんづういん》付近と麻布今井町《いまいちょう》にそれぞれ建設を予定していた給水池（以下、原文の引用等を除き、現在の呼称に従って「給水所」という）にそれぞれ送水し、二つの給水所から市内の低地（海面上高二〇尺：標高約六m以下）に鉄管で配水する計画であった。高地には浄水場からポンプで加圧した水を鉄管で配水することになっていた。給水方法は、水量を計らず供給する「放任給水」と、計って給水する「計量給水」の二つの方法とされた。

千駄ヶ谷に計画していた浄水場は、旧・戸田邸の跡を中心とした場所で、甲州街道（玉川上水）の南側・JR山手線の西側の現・渋谷区代々木二丁目にあたる。玉川上水に面し、導水が容易で建設費が抑えられることもあって、この場所が選ばれた。

小石川伝通院付近の給水所は、現・文京区小石川三丁目、豊島台の先端部である春日台が神田川に面して張り出している場所に予定されていた。ここは、現・本郷給水所の建つ本郷台から旧・小石川を隔てた西側の台地である。もう一つの給水所の予定地であった麻布今井町は、現・港区六本木一丁目・同三丁目にあたり、武蔵野台地・麻布台の先端部の高台となっているが、現・芝給水所の建つ芝台からは谷を隔てた西側に位置している。

この『東京水道改良設計書』に対して、一八九一（明治二四）年、中島鋭治による設計変更が加えられ、浄水場と二つの給水所の位置を、地形の利点をさらに活かせるものとした。

中島は、東京帝国大学理学部土木工学科を一八八三（明治一六）年に首席で卒業し、同大学助教授となる。その後、文部省の命で米欧各国に海外留学し、橋梁工学と衛生工学等を学ぶ。一八九一（明治二四）年、内務省技師補。ここで述べるように、東京市の水道改良工事基本計画を修正。一八九六（明治二九）年には東京帝国大学教授、一八九九（明治三二）年に工学博士となった。一九一一（明治四四）年になると、東京市が水道拡張調査を委嘱したほか、一九一九（大正八）年には、後述のように、東京府知事が隣接町村の水道計画調査を委嘱している。このほか、日本各地の水道創設にも大いに貢献した。

中島は、後日の講演において、浄水場を千駄ヶ谷に築造することは適当でなく、淀橋が適地であると述べている。[23] 千駄ヶ谷の欠点として、地形に凹凸があるために盛土工事が多くなり、盛土の上に池を築造するのは「誠ニ危険ニシテ甚好マシカラザル処」と断じている。これは、渋谷川支流の谷筋が計画地に含まれていたためである。淀橋は、現・新宿区西新宿二丁目の都庁舎を含む高層ビル街を中心にした広大で平坦な範囲である。

中島が淀橋浄水場を選択した理由は、千駄ヶ谷より一五尺（約四・五ｍ）あまり標高の高い淀橋に浄水場を築造すれば、その標高差を自然流下のエネルギーとして利用できるからであった。その第一は、高地給水区域へのポンプ圧送において一五尺分の揚水に必要な動力が節約できるので、機械の購入・維持管理費、燃料（石炭）の消費も抑えられるというものであった。第二は、低地への自然流下では、鉄管の内径を減らすことが可能となり、減じない場合には、将来の需要増に応じて送水量を増加させられるためであった。

ただし、淀橋に浄水場を造る場合、直近の玉川上水との標高差が大きいので、玉川上水の代田橋付近（現・杉並区和泉二丁目の東京都水道局和泉水圧調整所付近）から導水路を新設して原水を引き込む必要が生じた。これが玉川上水新水路であった。

その築造にあたっては、一部に盛土の部分があって経年につれて沈降することも中島は予測していたが、「通水ノ深サ浅キヲ以テ、敢テ危険ノ虞ナカル可シ」と、影響はわずかであると判断している。この新水路は、一九三七（昭和一二）年に甲州街道の下に、これに代わる導水管が布設されると廃止され、現在は都道四三一号角筈和泉《つのはずいずみ》町線の直線道路となっている。

しかし、この盛土の築堤は、一九二一（大正一〇）年の地震では一カ所、関東大震災では二カ所が崩壊し、原水の導水が不可能になったために、淀橋浄水場の機能が失われている。地震で致命的な被害が生じることは皮肉にも中島の予測の範囲外であった。

二つの給水所の場所も、小石川伝通院付近から本郷元町に、麻布今井町から芝栄町《しばさかえちょう》にそれぞれ変更された。その理由は、浄水場から給水所に自然流下で送水するための鉄管を布設する上で、変更後の方が、施工が楽になるからだった。中島によれば「其鉄管ハ如何ナル場合ニ於テモ動水系斜線以下ニ布設セザル可ラズ」であるので、千駄ヶ谷から小石川伝通院付近の区間では、鉄管布設のために一六〇〇間余（約二九〇九m）にわたって二〇〜三五尺（六・一〜一九・六m）の深さまでの掘削が必要であった。一方の千駄ヶ谷から麻布今井町の区間でも、九〇〇間（一六三六m）にわたって一八〜二七尺（五・五〜八・二m）の深さの掘削が必要であった。

それに対して、淀橋から本郷元町までなら深さ一二尺（三・六m）以内、淀橋から芝栄町の給水所までなら浄水場内二〇〇間（三六四m）で一八〜二五尺（五・五〜七・六m）、青山練兵場付近の二三〇間（四一八m）で一八尺（五・五m）と、いずれも浅い掘削で済むとしている。狭い道路の掘削が多いので、掘削深度が浅い方が効率的で安全であるという理由だった。

また、需要地（都心部）に必要な水を送るには、浄水場から給水所までの鉄管延長はなるべく長く取り、給水所から需要地までの配水管はなるべく短い方が好ましいとしている。

こうして作成された変更案（「東京市水道浄水工場及給水ノ変更」）では、浄水場は淀橋、給水所は本郷元町と芝栄町の二カ所となり、代田橋付近から淀橋までの新水路建設も盛り込まれていた。

そして、一八九一（明治二四）年一二月一日の市区改正委員会で議決され、翌日には「東京市水道設計中工場位置ニ係ル上申」として内務大臣に上げられた。内務大臣はそれを一一日の閣議に提出し、同日付で内閣総理大臣・松方正義による認可を得ている(24)。

5 鉄管の問題

国産か輸入か——徽章事件というスキャンダル

前述の通り、一八八九（明治二二）年三月の市制特例の施行に伴って、五月、水道改良は東京府から東京市に移管された。六月になると、市会では水道経済（水道会計）を特別経済（特別会計）とすることを議決し、七月には上水料賦課規則、一〇月には上水使用規則が定められた。九月三日の東京市会では「水道改良費」六五〇万円と「道路河濠橋梁及公園改正費」三五〇万円の合計一〇〇〇万円の予算が全会一致で可決された。水道改良費の内訳は「給水線路費」三三三万円余、「沈澄池濾水池貯水費」一九〇万円、「工場敷地買上費」二五万円余、「喞筒汽機《しょくとうきき》汽《き》鑵《かん》及附属建物費」二八万円余などであった(25)。

そこで、水道改良など財源として額面一〇〇〇万円の東京市公債を募集することになったが、東京市会が政府の事業として進められてきた水道改良に係る公債募集や予算審議の権限を有するのかといった議論も生じたため、東京市公債条例が市会の議決を経て内務大臣の認可を得たのが一八九一（明治二四）年一〇月二日までずれ込み、公債募集の開始は一〇月一〇日となった。

一方、東京市会で議決された水道改良費六五〇万円のうち、半分以上を占めるのが送配水管の布設のための給水線路費の三三三万円余であった。内訳は、鉄管（四万三九五〇トン）二〇六・五万円、彎管丁字《わんかんていじ》管《かん》等割増費（異形管）二四・七万円、鉄管布設工費（一六万六九三九本）七五・五万円などで、鉄管の関連だけで三〇六万円余に達していた。このような大量の鉄管を短期間で調達することは、当時の国内における鉄管の生産能力からすれば過大であったので、鉄管を国産とするか輸入にするかといった議論が盛んになった。東京市は一八九二（明治二五）年五月、鉄管購買示《し》方書《ほうしょ》甲（外国品）と鉄管購買示方書乙（内国品）の二つの契約案を市会に提出し、二三日に議決された。どちらでも東京市にとって有利であればよいとの考えに基づいていた。

しかし議論は続き、明治二五年一一月に設立された日本鋳鉄会社の発起人総代だった遠武秀行《とおたけひでゆき》は、輸入では四八万三四六九円の冗費（ムダ）が生じると主張した(26)。内訳は地震等の事故に備えた「予備鉄管貯蔵費」などであった。遠武は、横須賀造船所長、海軍省主船局副長、海軍大佐と造船の専門家で、明治二四年に予備役になると日本鋳鉄株式会社の創設に係わっている。日本鋳鉄会社は後に株式会社となり、甲州財閥の実業家である雨宮敬二郎や相場師で「新宿将軍」と呼ばれた浜野茂等が社長となっている。

一方、外国品を輸入すべきとしていたのが市参事会員でもあった渋沢栄一らであった。その理由は、雑誌『竜門雑誌』に後日掲載された渋沢の談話「実験論語処世談（第三〇回）」[27]で、「当時の日本の工業状態では鉄管を内国で製造できる見込みが無かった」「内国製の使用にこだわると、水道の完成が何時になるか判らない状況」「鉄道でも何んでも初めのうちは外国製の材料のみならず外国人の技師をさえ招聘し、これによって啓発せられ、以て今日の発達を見るに至った」「水道の完成を急ぐなら、水道鉄管も最初は外国製を用いることによって、漸次、国内生産に関する知識を開発すべき」といった旨を述べている。

渋沢の主張は、国内製造の鉄管を主張する側には不都合であったため、外国メーカーと結託しているとの中傷もあり、一二月一一日、渋沢は暴漢に襲撃され軽傷を負っている。

一八九三（明治二六）年二月になると、市参事会は日本鋳鉄会社との購買契約案を市会に提出し、三月八日、東京市会は「本市水道用鋳鉄管購買契約ノ件」を原案どおり可決した。[28]①国内で十分に良質な鉄管が鋳造できるので工事に便利、②日本鋳鉄会社は「代価低廉ニシテ、且ツ示方書ニ戻ラザルニ因リ」、見積書を提出した三社の中で（他の二社は石川島造船所、東京鋳鉄所）最も有利という理由であった。

この契約（鉄管購買示方書）が、市参事会と日本鋳鉄会社の間で締結されたのは四月七日であったが、その直後、いわゆる「徽章《きしょう》事件」が発生した。会社側から、契約通りの履行が難しいという理由で、契約内容の変更を市参事会に願い出たのであった。契約では、一本一本の鉄管の定められた位置に、製造所の名称、東京市水道の文字、製造年、番号を「鋳出《いだ》す」こととなっていた。しかし、字画の多い日本文字を鮮明に鋳造するのは難しいので、これを東京市の徽章（現・東京都の〝亀の甲〟の紋章）に変更したいという理由であった。

　古市工事長は、工事の遅延を避けるにはやむを得ないとしたため、市参事会も日本鋳鉄会社の契約変更願に許可を与え、会社の求めに応じて公正証書として確定させた。それにより、市参事会は四月一四日付で市会に契約（鉄管購買示方書第二一条）の改正案を提出した。事後承諾を求めたのと同じであった。しかし市会は、契約書は市会の議決事項であり、それを市会の議決なしに変更したのは越権行為であるとして、それを否決した。

　四月七日に締結した契約では、日本鋳鉄会社はφ一〇〇㎜～一一〇〇㎜の各種直管と異形管を合わせて二万一三三五トンを九九万円余で納入すること、契約締結後一八〇日以内に製造に着手し、二カ月ごとに二〇〇〇トン以上を納めるものと定められていた。しかし、日本鋳鉄会社は、技術的にも未熟であり、この契約を履行する能力を備えていなかった。

　この辺りの事情について、『疑獄１００年史』（松本清張編）[29]では「水道鉄管の製造は、日本鋳鉄会社（社長雨宮敬次郎）に請け負わせることにきまった。東京市は総量二万一千三百余トン、九十九万円という大量の鉄管の製造を発註し、明治二十六年（一八九三）末にその一期分二千トンを納入させる契約を結んだ。しかし雨宮は、水道鉄管問題がおきてから急に会社の規模を拡大し、まだ製造所すら建設されておらず、生産の実績もあげていないのに、もっとも低廉な見積書を出して、請負の権利を獲得したのであった。しかも、その製造技術は未熟で、納入期限までに合格品を製造することができなかった」と述べている。

そこで日本鋳鉄会社は一八九三（明治二六）年一二月、第一期分の延期を出願したが、市参事会はこれを認めず、違約金を完納時に徴取することとした。翌年二月になると、第二期納入分についても延納の願い出があった。市会では五月になると日本鋳鉄会社との契約を解除し、改めて、一八九四（明治二七）年六月から一八九六（明治二九）年二月までに一万トンを納入させる契約の再締結を決定した。なお、違約金と損害賠償は免除され、保証金のうちから五万円が没収された。その後も、納付期限の延期、納入高の減少の出願が重なり、請負高は六二〇〇トンにまで減っている。

不足する鉄管については、明治二七年二月に市会で外国品使用の決議がなされ、リエージュ市（ベルギー）の水道鉄管会社代理店ファーブルブランド商会（一八九五［明治二八］年三月）、スコットランドのマクファレンストランク社（同年七月）と一万トンずつの購入契約を結んだ。

鉄管不正納入事件

一八九五（明治二八）年一〇月三〇日夜、東京府知事・三浦安《みうらやすし》は、鉄管の製造・納入をめぐり日本鋳鉄会社が詐欺行為をはたらいている旨の情報提供を受けた。(30) 同社では、東京市の徽章と製造番号をあらかじめ作っておき、不合格品となった鉄管に嵌入《かんにゅう》して（嵌め込んで）、合格品と偽って納入しているという内容であった。翌朝、水道改良事務所の工務掛長・中島鋭治（東京帝国大学助教授と兼務）と庶務掛長を実地検査に出張させたところ、納付された鉄管に、不合格となって返品された鉄管に市の徽章を嵌入したものが発見された。それを試験打ちしたところ、徽章は剝がれ落ちた。鉄管の不正納入は明らかだった。

明治二八年一一月六日付の『東京日日新聞』[31]は、「東京市水道の不正鉄管事件」という見出しで「一昨日の東京市会は（中略）……三浦府知事は、或者の密告により去月二十七日之を発見し直に技師に検査せしめ其不正の事実を得たれば、三十日に至り水道常設委員に之を謀りて後急訴に及びたり」と、情報提供等の日時などは異なるが報じている。

一八九三（明治二六）年一二月以来の度重なる納入延期に対しては、保証金の一部は没収したものの、契約の再締結によって納入量を当初の半分以下に減少させ、しかも違約金と損害賠償を免除するといった同社の製造・納入能力の不十分さを〝厚遇〟によって補うスキームは、遂に破綻した。なお、こうした密告は五月二七日、八月二七日、九月四日にもあったとされる[32]。『東京近代水道百年史　通史』では、「市参事会は、それまでの措置を取り消し、保証金は全部没収したうえ、淀橋から本郷及び芝給水工場に通じる自然流下管並びに神田、日本橋両区内において、これまで埋設した鉄管を掘り上げて新しい鉄管に布設替えさせる議案を市会に提出し、市会は即日これを可決した」と記している。

告訴により、社長の浜野満、前社長で取締役の雨宮敬次郎などの会社関係者のほか、市会議員三名も逮捕されたが、翌年五月、市会議員三名は罪証不十分により不起訴、予審に回された者のうち雨宮らは免訴となった。浜野も二審では証拠不十分により無罪となったほか、有罪になった者も比較的軽い量刑となっている。

この事件は東京府政と市政を大混乱に陥れた。市参事会員の総辞職、市会全員による三浦府知事の不信任決議の可決に対抗して、府知事は市会を解散した。解散による改選後の市会も再び府知事の不信任案を可決したため、再度解散させられている。しかし、新聞や世論の批判等もあって結局、知事は辞任に追い込まれた。

この事件の処理は、水道改良の進捗に大きく影響し、一八九五（明治二八）年に給水が始まる予定が一八九八（明治三一）年まで遅れる一因となった。すでに布設されていた不正鉄管の取り替え、鉄管の水圧試験のほか、裁判関係資料の作成に追われたためである。

それらの問題の多くは、特別市制下の東京市が自治的機能を制限され、当事者能力を十分発揮できない体制の中で、東京市および東京府における組織のガバナンス上の弱点を突いて噴出した側面があった。さらに、一八九四（明治二七）年七月から一八九五（明治二八）年四月の日清戦争に伴い、鉄を含む資材・労働力の高騰や入手難も要因となっていた。東京市会は、この事件を踏まえて特別市制撤廃の請願をさらに重ね、近代水道開業の直前の一八九九（明治三二）年一〇月一日、ようやく撤廃に至っている。なお、この日が現在の「都民の日」となっている。

当時の工事従事者

一八九一（明治二四）年、東京市に水道改良事務所が設置された後、近代水道の準備を行う組織や規程類が相次いで整えられていった。一八九三（明治二六）年の「水道改良事務所事務分掌」をはじめ、工事を実施するための諸規程として、一八九五（明治二八）年には「水道工事直傭職工人夫使役規則[33]」、「水道直傭職工人夫募集方法[34]」、「水道直傭職工人夫賃金支払手続」が制定された。これらの規程には、現在ではありえない用語が並ぶが、当時の雇用の実態を反映しているため、あえてそのまま紹介することにする。

現在は、浄水場や給水所などの築造工事、管路などの布設工事は民間事業者による請負によって施工されるが、当時は、水道改良事務所の直営工事として行われ、必要な作業員を雇用して必要な作業を行わせる方式となっていた。ただし、「水道直傭職工人夫募集方法」によれば、水道改良事務所では、まず、必要に応じて信用の置ける者を指名して「職工頭」および「人夫頭」を選定した上で、彼らに命じて工事に必要な「職工人夫」を差し出させる形を取っていた。現代の労働法制からすれば違法であるが、当時は許容されていた。

一方、「水道工事直傭職工人夫使役規則」は、作業員の労働条件（作業員の組織、一日九時間の労働時間や賃金、掛員の指揮監督に従う義務など）などを定めていた。

雇用する者は「身体強壮ナル者」で年齢二〇歳以上四〇歳以下程度、「充分其労働ニ耐へ得へキモノ」や専門技能を持つ者などであった（第一条）。また、「直傭職工人夫差出人（職工頭、人夫頭）」は一〇名から二〇名に対して「小頭」一人を置き、「掛員ノ指揮ヲ伝達シ又ハ命令ニ従ヒ職工人夫ヲ誘導シテ共ニ労働セシムヘシ」（第二条）となっていた。水道改良事務所の正規職員である掛員の指揮命令が「職工頭」や「人夫頭」に出され、それが「小頭」に伝達された後に、その傘下の作業員たちに行き渡る体制となっていた。

さらに「職工人夫ハ毎朝就業ノ時間十分前ニ於テ総テ掛員ノ面前ニ整列セシメ其着到ヲ改メ一人毎ニ番号札を交付シ以テ当日雇入ノ証票トス（以下略）」（第六条）となっており、掛員の面前で点呼した上で、その日の雇用を証明する番号札が交付された。この番号札を終業時に提出しなければ賃金（日額）を受け取れない扱いになっていた。

賃金は「人夫頭　一日ノ賃金　三五銭　乃至　四五銭」「同小頭　同　三〇銭　乃至　三五銭」「人夫男　同　二〇銭　乃至　三二銭」「同女　同　一〇銭　乃至　二〇銭」「煉瓦工　同　四〇銭　乃至　六〇銭」「石工　同　四五銭　乃至　六五銭」「大工　同　四五銭　乃至　六〇銭」「左官　同　四〇銭　乃至　五〇銭」「鍛冶職　同　三〇銭　乃至　八〇銭」となっていた。

専門技能を持った石工、大工、煉瓦工、鍛冶職などの一日あたりの賃金が高い傾向にあるほか、女性の「人夫」も規定されており、男性「人夫」の半額程度となっていた。

また、工事に使用する諸器具（クワ、スキ、ツルハシ、荷棒、シャベル、コテなど）は、作業員が自前で用意し、起重機（クレーン）やポンプなどの装置は水道改良事務所が貸し出すことになっていた。

さらに、「職工人夫ニシテ其労働ニ耐ヘサルモノ若ハ怠惰ナルモノ」「事業中他ノ人夫ノ働作或ハ工事上ニ妨害ヲ為スモノ若ハ為スト認ムルモノ」「掛員ノ指揮監督ニ背戻シタルモノ」には「直チニ退場ヲ命スヘシ」（第二四条）となっていた。労働に耐えない者、仕事を怠ける者、他の者の作業を妨害する者、水道改良事務所の正規職員である掛員の指揮監督に背く者は、直ちにクビにすべし、というものであった。第六条や第二四条は、当時における掛員の強力な権限と、厳格な労務管理（現代の日本なら人権侵害に相当する）の下に作業員たちが置かれていたことを物語っている。

なお、印刷局が刊行した『職員録』（明治二八年一一月現在（乙）[35]）によれば、水道改良事務所の体制は、庶務掛、工務掛、給水掛の三掛体制となっていた。この『職員録』に掲載された者が、これまで述べてきた掛員に当たる。

このうち庶務掛には、年俸一〇〇〇円の掛長・楳川忠兵衛の下に二一名の月俸の事務員が配置され、二二名体制となっていた。工務掛は、技師で年俸二〇〇〇円の中島鋭治（東京帝国大学教授を兼務）が掛長で、その下に年俸八〇〇～一五〇〇円の技師が四名、工手（月俸）二六名、助手（月俸）三五名と、建設工事を担当するだけあって、六六名の体制となっていた。さらに給水掛には、掛長・楳川忠兵衛（庶務掛長と兼務）の下に月俸の一九名が配置され、二〇名体制となっていた。水道改良事務所全体は兼職を含めて一〇八名の体制となっており、それによって、近代水道の建設工事や関係事務を処理していた。

6　三多摩の東京府編入と水道の関係

一方、一八九三（明治二六）年二月、衆議院本会議において、神奈川県に属していた西多摩、南多摩、北多摩の多摩三郡（以下、「三多摩」という。）の東京府への編入が決せられ、四月一日に移管された。それまでの東京府は、江戸以来の都市部（麴町、神田、日本橋、京橋、芝、麻布、赤坂、四谷、牛込、小石川、本郷、下谷、浅草、本所、深川の一五区）と、近郊の五郡（荏原《えばら》、豊多摩、北豊島、南足立、南葛飾）で、面積は約六一七平方キロメートル、人口約一四〇万人[36]であった。そこに、面積一一六〇平方キロメートル、人口二五万人の三多摩が加えられた。

この編入に際しては、帝国議会（衆議院本会議）の討論において、水源涵養《かんよう》の重要性が主な移管理由として挙げられている。また、『東京近代水道百年史　通史』（東京都水道局）でも「明治一九（一八八六）年に多摩川沿岸の長淵《ながぶち》村で起きたコレラの汚物流失騒ぎ」を契機に「明治二五（一八九二）年九月に東京府知事は、「水源地の神奈川県に属する西北多摩両郡（傍点：筆者）の境界変更」を内務大臣に上申した」と、玉川上水上流の水源の保護と涵養が、三多摩編入の目的であったとしている。

しかし、それはあくまで〝オモテの理由〟だった。当時の神奈川県と三多摩の関係で無視できないのは、日清戦争（一八九四［明治二七］年～一八九五［明治二八］年）に備えた軍艦建造費の大規模な増額の問題であった。政府は帝国議会で増額予算を通過させるにあたって、それに強力に反対する自由党に手を焼いていた。明治一〇年代からの自由民権運動とその後の国会開設という当時の政治情勢の中で、藩閥政府と自由党の対立が続いていたが、三多摩は自由党の有力な拠点となっていた。

三多摩の自由党の支持層は、旧幕府時代の名主層で代表される豪農、機業家＝企業家、関東山地や甲州地方を商圏とする流通業者たちで、養蚕や生糸、絹織物などの生産・流通と深く関係し、東京よりも、外国貿易の窓口であった横浜の後背地としての利益を受ける層だった。それゆえ、彼らにとっては軍艦建造費よりも経済的利益が優先され、しかも「三多摩壮士」と呼ばれた戦闘集団さえ組織して政府に対抗していた。

したがって、三多摩の東京府編入は、単なる行政区画の移管にとどまらず、選挙区の再編を通じて自由党の地盤を解体する意味を持っていた。(37) 何人も反対しづらい「水源保護」を名目に、当時最大の政治課題を解消する実質的な効果がもたらされたのが実際であった。

ちなみに一八九二（明治二五）年九月に東京府知事が内務大臣に移管を上申した範囲は「西北多摩両郡」で、南多摩は含まれていない。玉川上水の羽村取水堰までの多摩川本流は西多摩郡と北多摩郡を流れ、南多摩郡は流れていないので、この上申と水源問題には矛盾はない。

ところが、この上申に対する神奈川県知事の意見は「南多摩郡だけを残して、西北多摩両郡を東京府に編入するのは沿革の上からみてもおかしい。どうせ編入するなら南多摩も入れて三多摩一緒に(38)」というものだった。神奈川県知事としては、生糸や絹織物の集散市場であり、北関東や山梨県との経済的結びつきが強く、三多摩の中でも最も強固な自由党の牙城となっていた南多摩郡の八王子や町田を切り離すことが重要だった。

当然、自由党は「地盤を潰される」として反対運動を繰り広げ、対抗する改進党は〝錦の御《み》旗《はた》〟よろしく「水道のためには編入が急務」と主張している。その結果、玉川上水の取水とは無関係であり、かつ、八王子や町田という絹織物関係で栄える南多摩郡も編入に加えられたのであった。

つまり三多摩の東京府編入の本当の理由は、いわゆる水源の問題ではなかった。

(1) 小平市立図書館HP https://adeac.jp/kodaira-lib/text-list/d100020/ht003480（二〇二五年二月二三日閲覧）。

(2) 「第四十号」「玉川上水実地景況」東京市編『東京市史稿 上水篇第二』東京市、一九二三年、三八九～三九六頁（国立国会図書館デジタルコレクション二〇七～二一一／六二九）。

(3) 「上水分析」東京市編『東京市史稿 上水篇第二』東京市、一九二三年、三五六～三六二頁（国立国会図書館デジタルコレクション一九一～一九四／六二九）。

(4) 東京都水道局編『東京近代水道百年史 通史』東京水道局、一九九九年、四九頁。

(5) 東京百年史編集委員会編『東京百年史 第二巻』ぎょうせい、一九七二年、二四三～二五三頁。

(6) 鈴木浩三『パンデミック vs. 江戸幕府』日経BP日本経済新聞出版本部、二〇二〇年、九〇～九四頁。

(7) 東京都水道局編『東京近代水道百年史 通史』東京水道局、一九九九年、三八～三九頁。

(8) 「上水賦金徴収」東京市編『東京市史稿 上水篇第二』東京市、一九二四年、三三一～三五六頁（国立国会図書館デジタルコレクション一七九～一九一／六二九）。

(9) 東京都水道局編『東京近代水道百年史 通史』東京水道局、一九九九年、三八～四〇頁。

(10) 「上水改良調査」東京市編『東京市史稿 上水篇第二』東京市、一九二三年、四二九～五三三頁（国立国会図書館デジタルコレクション二六四～二八三／六二九）。

(11) 「上水改良費支出方案決議」東京市編『東京市史稿 上水篇第二』東京市、一九二三年、九八〇～九八三頁（国立国会図書館デジタルコレクション五二六～五二七／六二九）。

(12) 竜門社編『渋沢栄一伝記資料 第15巻（実業界指導並ニ社会公共事業尽力時代 第12）』渋沢栄一伝記資料刊行会、一九五七年、二頁（国立国会図書館デジタルコレクション五／三五五）。

(13) 新聞集成明治編年史編纂会編『新聞集成明治編年史 第七巻』林泉社、一九四〇年、一七六頁（国立国会図書館デジタルコレクション一一六／三〇二）。なお、時事通信社の設立は一八八八（明治二一）年一月。

(14) 『東京経済雑誌』第18巻第44号、一八八八年一一月一七日（竜門社編『渋沢栄一伝記資料 第15巻（実業界指導並ニ社会公共事業尽力時代 第12）』渋沢栄一伝記資料刊行会、一九五七年、二五五～二五六頁（国立国会図書館デジタルコレクシヨン一二三六～一二三七／三五五)。

(15) 東京市編『東京市史稿 上水篇 第二』東京市、一九二三年、九八三頁(国立国会図書館デジタルコレクション五二六／六二九)。

(16) 東京都水道局編『東京近代水道百年史 通史』東京都水道局、一九九九年、六〇頁。

(17) 東京都水道局編『東京近代水道百年史 通史』東京都水道局、一九九九年、八～九頁。

(18) 「東京市水道設計告示」東京市編『東京市史稿 上水篇第三』東京市、一九二三年、三九五～三九九頁(国立国会図書館デジタルコレクション二二五～二二七／五五二)。

(19) 地方自治百年史編集委員会編『地方自治百年史 第一巻』地方財務協会、一九九〇年、三二〇～三三二頁。

(20) 東京百年史編集委員会編『東京百年史 第2巻』ぎょうせい、一九七二年、一三八四～一三八八頁。

(21) 東京市編『東京市市政年報 昭和12年度 水道篇』東京市、一九三九年、一〇三頁(国立国会図書館デジタルコレクション https://dl.ndl.go.jp/pid/1278329 (二〇二五年一月八日参照)。

(22) 「時代の伝承 東京水道の軌跡⑰ 玉川上水所有権問題」『日本水道新聞』二〇一五年一二月一〇日付、六頁。

(23) 中島鋭治「東京市改良水道浄水及給水工場の位置を変更したる理由に就て」『東京市史稿 上水篇 第二』一九二三年、五〇七～五一八頁(国立国会図書館デジタルコレクション二九〇～三〇一／六二九)。

(24) 「水道設計変更」東京市編『東京市史稿 上水篇第二』東京市、一九二三年、四九八～五〇七頁(国立国会図書館デジタルコレクション二八〇～二九〇／六二九)。

(25) 「市会水道改良費議決」東京市編『東京市史稿 上水篇第三』東京市、一九二三年、四一八～四二七頁(国立国会図書館デジタルコレクション二三七～二四一／五五二)。

(26) 「日本製の鉄管と舶来鉄管」『工業雑誌』、工業雑誌社、一八九二年一一月二二日号、第一巻第一六号、八・二～三頁(国立国会図書館デジタルコレクション五～六／三三)。

(27) 竜門社『渋沢栄一伝記資料 別巻第7(談話 第3)』竜門社、一九六三年、二〇八～二〇九頁(「実験論語処世談(第30回)」『竜門雑誌』第三五四号、一九一七年一一月)(国立国会図書館デジタルコレクション一一五／三二七)。

(28) 「水道用鋳鉄管購買契約決議」東京市編『東京市史稿 上水篇第三』一九二三年、九二二～九二三頁(国立国会図書館デジタルコレクション五二一／五五二)。

(29) 松本清張編『疑獄100年史』読売新聞社、一九七七年、六六～七〇頁(国立国会図書館デジタルコレクション四七～四九／一八七)。

(30) 東京都水道局編『東京近代水道百年史 通史』東京水道局、一九九九年、六九頁。

(31)「東京市水道の不正鉄管事件」新聞集成明治編年史編纂会編『新聞集成明治編年史　第9巻』林泉社、一九四〇年、三一七～三一八頁（国立国会図書館デジタルコレクション一八五～一八六／二七四、https://dl.ndl.go.jp/pid/12230566、二〇二四年七月二八日参照）。

(32)「鉄管不正事件」東京都編『東京市史稿　上水篇第四』臨川書店、一九五四年、三七〇～四〇七頁。

(33)『東京市例規類集』東京市参事会、一八九七年五月、五一六～五二六頁（国立国会図書館デジタルコレクション https://dl.ndl.go.jp/pid/788617、二〇二五年一月七日参照）。

(34)『東京市例規類集』東京市内記課、一九一三年、五九一頁（国立国会図書館デジタルコレクション https://dl.ndl.go.jp/pid/1337642、二〇二五年一月七日参照）。

(35)『職員録　明治二八年一一月現在（乙）』印刷局、一八九五年、一九～二〇頁（国立国会図書館デジタルコレクション https://dl.ndl.go.jp/pid/779771、二〇二五年一月八日参照）。

(36)鈴木理生・鈴木浩三『ビジュアルでわかる　江戸・東京の地理と歴史』日本実業出版社、二〇二二年、一六四頁。

(37)鈴木理生・鈴木浩三『ビジュアルでわかる　江戸・東京の地理と歴史』日本実業出版社、二〇二二年、一六四～一六五頁。

(38)川崎房五郎「江戸東京漫筆52　東京と行政区画㈢――市政特例撤廃」『選挙：選挙や政治に関する総合情報誌』、第三六巻第一〇号、都道府県選挙管理委員会連合会、一九八三年一〇月、二七～三一頁（国立国会図書館デジタルコレクション一五～一七／二三）。

第8章
近代水道の成立と関東大震災——拡張の始まり

本章では、一八九八（明治三一）年にスタートした東京の近代水道と地形の関係とともに、関東大震災で被災した水道が、復興と拡張に同時に取り組んでいたことを紹介する。

東京の近代水道は、地形を十二分に活かした自然流下と、ポンプを用いた配水系統を有機的に組み合わせていた。当時の配水系統では、市内を高地と低地に分け、高地にはポンプ圧送《あっそう》、低地向けには自然流下によって浄水処理した水が送られていた。

東京市内を二重のループで結び、二系統からの相互融通性を持たせるほか、隅田川の対岸にも給水するなど画期的なものとなっていた。関東大震災により東京の水道は大打撃を受けたが、折しも施設拡張に迫られていた水道は、積極的な管網整備を展開するなど、帝都復興と一体的に復興と拡張を進めていった。

1　近代水道の管路網

東京の改良水道は、一八九八（明治三一）年一二月一日、神田区、日本橋区の一部に通水を開始した。その後順次、東京市内に、浄水処理された水道水の給水区域が拡大した。ポンプや鉄管という新技術と、自然流下の組み合わせによる二重の環状配水管路によるものである。神田上水は一九〇一（明治三四）年、玉川上水は一九〇〇（明治三三）年まで使われた後、廃止されている。

ここでは、江戸の上水の配水系統との比較も交えながら、草創期の近代水道における主要な管路網と地形の関係を見ながら、その「近代性」の一端に焦点を当てる。

近代水道が通水して一年目の一八九九（明治三二）年一二月一七日、淀橋《よどばし》浄水場において水道工事落成式が盛大に挙行された。東京市役所水道部はこの日付で『東京市水道小誌』(1)（東京都立中央図書館蔵）を発行しており、式典で配布した可能性もある。

この冊子には「東京水道銕管線路略図」（以下、「略図」という。）が掲載されている（図表8―1）。現代の水道事業でいえば「主要管路図」に相当し、実物は二一×三〇㎝、江戸城の濠や河川・運河、鉄道、区名、主な橋梁、最小限の地名だけが描かれた簡単な地図に、φ二五〇㎜以上の主要な送・配水管が記載されており、縮尺は「4万分の1」となっている。

この章では、「略図」とともに、大日本帝国陸地測量部が明治四〇年代に作成した2万分の1

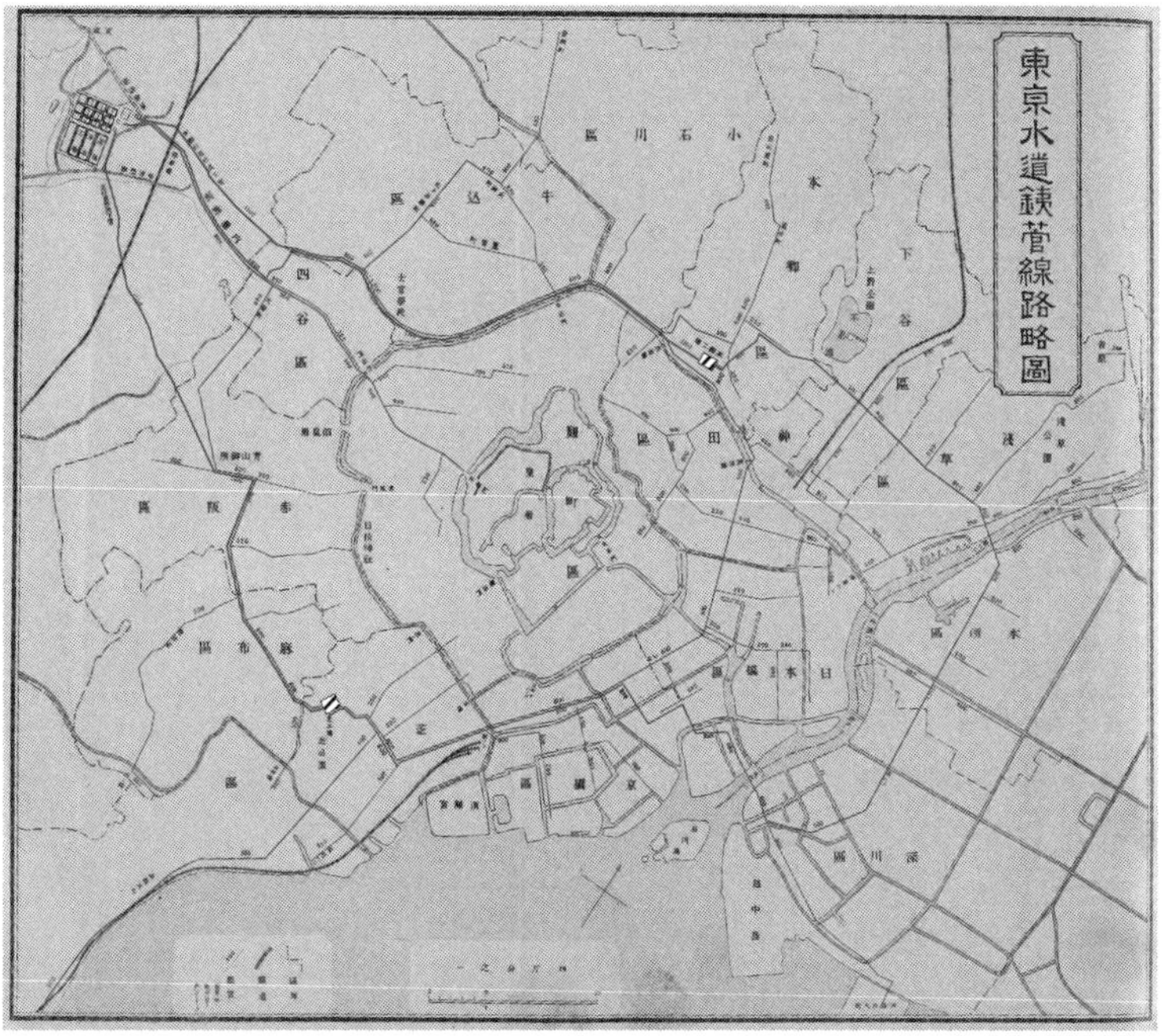

図表8－1　東京水道鋳管線路略図（東京都立中央図書館蔵）

地形図[2]、現在の国土地理院のホームページから得られる地形図（色別標高図[3]）を用いて、発足時の東京の近代水道と地形との関係を見ていく。実際の作業では、「略図」に記された管路を、この2万分の1地形図『東京首部』（一九一一年発行）と『東京南部』（一九一五年発行）に投影する（図表8—2）。水道鉄管のほとんどは道路下に埋設されており、投影した結果も、当時の青山練兵場（現・国立競技場、神宮外苑の一帯）の地下を直進する部分等を除き、「略図」と陸地測量部が作成した地形図それぞれの道路の形状は一致する。この道路の形状は、震災復興事

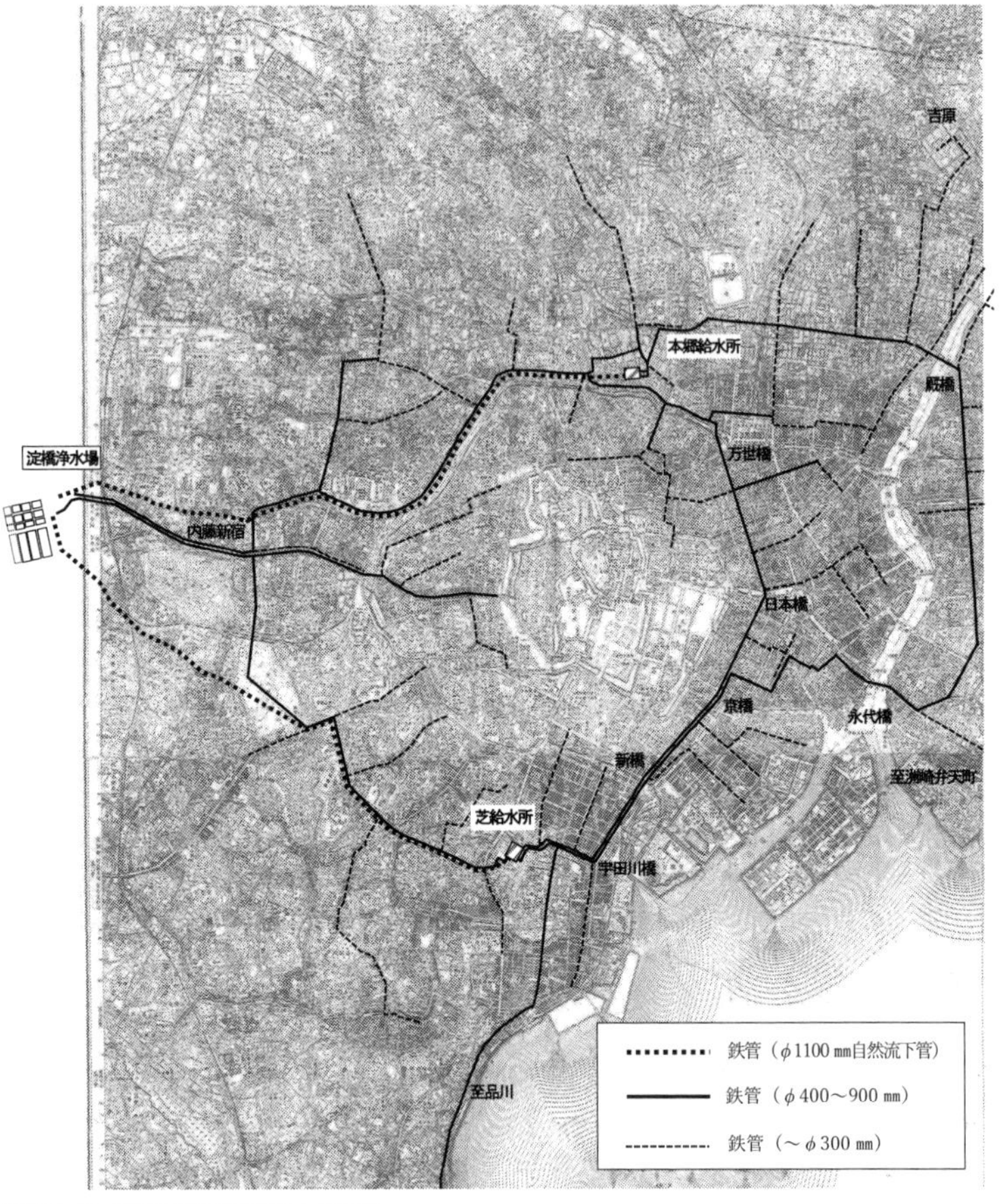

図表8－2　明治末期の地形図と鉄管網

業などを経ても、現在の道路の形態におおむね引き継がれている。

この結果を受けて、「略図」に記載された鉄管網を〇～四m、四～一〇m、一〇～二〇m、二〇～三〇m、三〇m～の五段階の等高線（標高面）で区分した国土地理院ホームページ上の地図（色別標高図）に再度投影する（口絵5）。この図は、近代水道の発足一年後の東京市の管路網を、土地の高低との関係を可視化して現代の地形図上で復元したものである。

2　近代水道の配水系統

高地と低地

東京市は地形の高低があるため、『東京市水道小誌』では、一八九〇（明治二三）年七月に認可された『東京水道改良計画書』を引き継いで、配水系統を「海面上高二十尺」（標高約六m）を境界線に、全市を高・低二つの給水区域に分けている。

低地には、淀橋浄水場から自然流下によって本郷給水所と芝給水所に送水し、その二カ所からはポンプで低地に送水する設計となっていた。ただし、一八九九（明治三二）年一二月の時点では、ポンプを用いずに自然流下によって日本橋、京橋（いずれも現・中央区）、下谷、浅草（いずれも現・台東区）、本所（現・隅田区西部）、深川（現・江東区西部）の全区、および芝（現・港区）、麴町（現・千代田区）、牛込（現・新宿区東部）、小石川、本郷（いずれも現・文京区）、神田区（現・千代田区）に配水していた。なお、一九一一（明治四四）年発行の『東京市水道小誌(4)』では、本郷および芝給水所の低地向けポンプは稼働中であった。

一方、淀橋浄水場内の浄水池からポンプ圧送により、四谷《よつや》（現・新宿区東部）、赤坂《あかさか》、麻布《あざぶ》（いずれも現・港区）の全区、および芝、麴町、牛込、小石川、本郷、神田区の高地に配水していた。

サイフォン構造となっていた箇所など水密性が確保された一部を除いて、一般的な石樋や木樋では、高所から低所に送水すると圧力も開放されて、以後はそれ以上の標高の場所には物理的に流れない。しかし、近代水道では、自然流下と加圧に耐えられる鉄管を組み合わせたサイフォン構造が可能となり、淀橋浄水場から本郷、芝の両給水所に自然流下によって送水できるようになった。

配水管（鉄管）の内径は、φ一一〇〇㎜からφ一〇〇㎜の一二種類、総延長は約二六万二五〇〇間《けん》にして一二一里（約四七七㎞）で、φ四〇〇㎜以上を本管、φ三〇〇㎜以下を支管としていた。なお、浄水場は「浄水工場」ないし「工場」、給水所は「浄水池」と表記されているが、ここでは第7章と同様、現在の水道施設の呼称に従い、浄水場、給水所とする。また、明治三二年時点の給水人口（計画）は一五〇万人で、配水量は一日一人あたり四立方尺となっていた。

自然流下管

本郷行自然流下管（淀橋浄水場～外濠沿いの低地～本郷給水所）　淀橋浄水場から本郷給水所への送

水管（「略図」の記載では「本郷行自然流下管」、φ一一〇〇㎜）は、現・神田川（旧・平川《ひらかわ》）の谷地（標高の最低部分は現・JR水道橋《すいどうばし》駅の北側で約四m）に布設されていたが、淀橋浄水場の標高（約三八m）が本郷給水所（約二八m）よりも高いために、自然流下で送水される構造となっている。

　このルートは、淀橋浄水場から新宿北裏町《きたうらちょう》（現・新宿区新宿一丁目）に向かう。そこから神田川の支流・紅葉川《もみじがわ》の谷筋に入り、現・防衛省の南から旧・平川の谷筋を利用して造られた市ヶ谷《いちがや》濠《ぼり》と牛込濠、旧・飯田濠《いいだぼり》に沿って船河原橋《ふなかわらばし》を渡る。ここはJR飯田橋駅の北東、外濠（旧・飯田濠）に神田川が合流する低地である。船河原橋からも外濠沿いに進み、淀橋浄水場から本郷給水所までで最も低い標高（三〜四m）の東京ドームの南側を過ぎ、JR水道橋駅の東側から一気に本郷台を登って本郷給水場に至る（図表8―2、口絵5）。

芝行自然流下管（淀橋浄水場〜千駄ヶ谷の低地〜芝給水所）　一方、淀橋浄水場から芝給水所に向かう「芝行自然流下管」（φ一一〇〇㎜）は浄水場の南側に進み、甲州街道を横断し、玉川上水路を渡って山手線を横断、そこから淀橋台と青山台の間を流れる渋谷川の谷地である千駄ヶ谷（標高約二四m）を経て、青山練兵場を斜めに進む（図表8―2、口絵5）。なお、千駄ヶ谷を形成する渋谷川は下流では古川《ふるかわ》と呼ばれている。

　この場所を過ぎると、標高三四mの青山台の旧・青山離宮前（現・赤坂御用地の南西の角）に至る。そこで右折して、青山台から麻布台の尾根筋に沿って麻布飯倉町《いいぐらまち》（現・港区麻布一〜三丁目）を経て芝給水所に達している。淀橋浄水場の標高が芝給水所（約二二m）よりも高いために、鉄管ならば自然流下による送水が可能となっていた。

ポンプ圧送による高地への配水

高地については、淀橋浄水場から発した二本のφ八〇〇㎜鉄管が、遊郭もあった繁華街の内藤《ないとう》新宿《しんじゆく》に達する。余談になるが、ここには閻魔大王と奪衣婆《だつえば》の像で有名な太宗寺《たいそうじ》がある。奪衣婆は閻魔大王の手下で葬頭河婆《しようずかのばば》ともいい、三途の川＝葬頭河の渡し銭を持たずに来た亡者の衣服を剝ぎ取るのが役目である。遊郭に遊びに来る客から「着物を剝ぎ取って下さい！」と、関係者から厚い信仰を集めていた。

二本のφ八〇〇㎜鉄管の一本は、現・JR四ツ谷駅から番町・麴町台の尾根筋をたどって田安《たやす》台、永田《ながた》台の高台に配水している。途中、南側の青山台方面へのφ六〇〇㎜の路線が分岐するほか、四ツ谷駅まではφ五〇〇㎜、半蔵門まではφ四〇〇㎜となっている（図表8―2、口絵5）。

残る一本のφ八〇〇㎜は北側に分岐し、茗荷坂《みようがさか》（現・新宿区富久町《とみひさちよう》）から本郷行自然流下管と併行しながら目白台《めじろだい》方面へのφ五〇〇㎜を分岐させてφ六〇〇㎜となって外濠に沿って進む。途中、本郷給水所からのφ八〇〇㎜が加わって神田川沿いに万世橋《まんせいばし》に至り、そこから神田、日本橋に向かうφ五〇〇㎜の幹線となっている。

さらに、現・防衛省（旧・陸軍士官学校）の西側を北上して牛込区（現・新宿区東部）、小石川区（現・文京区西部）の高地に給水するφ五〇〇㎜の路線も延びている。この給水範囲は、現在の新宿区市谷柳《いちがややなぎちよう》町、簞笥町、天神町《てんじんちよう》などの牛込台の高台の場所のほか、神田川の谷を隔てた目白台の音羽町《おとわちょう》（現・文京区音羽一・二丁目）にも通じている。
これらの分岐路線を含む淀橋浄水場からのポンプ圧送路線は、当時の四谷区（現・新宿区東部）、赤坂区（現・港区北部）、麻布区（現・港区南部）の全域と芝区（現・港区東部）、麹町区（現・千代田区西部）、牛込区、小石川区、本郷区（現・文京区東部）、神田区（現・千代田区東部）の高地をカバーしていた。

3　二重のループ化と隅田川東岸への給水

江戸の上水では、神田上水系と玉川上水系の配水系統は、市中においては明確に分離され、相互融通はみられなかった。ただし、寛文期（一六六一～一六七三年）に現・渋谷区代々木三丁目付近の玉川上水から現・新宿区西新宿五丁目の神田上水（神田川）の淀橋付近まで掘られた神田上水の助水堀は除く。

ここで、江戸の上水と近代水道の配水系統の比較のために、口絵4『樋線図第4種』の樋線と地形（明治初期）(5)を見てみると、神田上水系の樋線は、日本橋川、旧・京橋川、旧・外濠（現・常盤橋《ときわばし》付近から新橋《しんばし》駅付近までの外堀通り）、旧・楓川《かえでがわ》に囲まれた場所（現・中央区日本橋一～三丁目と京橋一・二丁目）までにとどまっている。一方、現在の中央区銀座《ぎんざ》一～七丁目は玉川上水系の給水系統となっていた。両上水の給水区域では料金徴収も独立していたほか、隅田川の東側には、両上水の樋線は伸びていなかった。

それに対して、近代水道になった東京市内には、二重のループになった配水管の幹線が整備されたのが特徴である。二つのループのうち、内側のループは、前述のように淀橋浄水場から送られ（一八九九［明治三二］年の時点ではポンプは未稼働で自然流下）、本郷給水所の直下から万世橋を渡ってφ五〇〇㎜となって神田、日本橋に至っている。日本橋を渡るとφ六〇〇㎜となるが、この管路は芝給水所から出た二本のφ八〇〇㎜の幹線のうちの一本が、宇田川橋《うだがわばし》（現・港区新橋六丁目）で左折して新橋、銀座を経て、京橋を渡った場所でφ六〇〇㎜となる幹線と結ばれている。こうした鉄管の口径から見ると、日本橋付近が淀橋浄水場からの水と、芝給水所からの水の境界だった可能性もあるが、何より、メインストリート沿いの東京中心部では、配水系統の二重化ないしは相互のバックアップが成り立っていたことになる。

一方、外側のループは、本郷給水所から自然流下によりφ九〇〇㎜の鉄管で東に進み、途中、上野や吉原方面などへの分岐を出しながらφ八〇〇㎜、φ六〇〇㎜となる。この路線は、多摩川から取水した水道水を、隅田川東岸に配水する画期的なものとなった。それまで、低湿地帯が続く東京下町低地の開発は進んでいなかったが、水道という基本的なインフラの整備によって、以後、この地域の市街地化・工業化が加速されていった。

この管路は、隅田川を厩橋《うまやばし》で渡るとφ五〇〇㎜となって南に向かって進み、永代橋《えいたいばし》を渡る直前にφ六〇〇㎜となる。そこからは、現・中央区新川一丁目、φ八〇〇㎜となって同茅場町二丁目を通って同京橋一丁目付近に至り、先述の内側ループと同じルートで芝給水所に至っていた。この場合も、本郷給水所と芝給水所の二系統により、隅田川東岸への配水系統が、当初から二重化されていたことになる。

以上が、「略図」から見た当時の送・配水管と地形の関係である。自然流下とポンプ圧送を組み合わせることによって、二つの給水所による相互バックアップも視野に入れつつ、二重のループ路線が布設されていたことがわかる。そこには、江戸の上水の配水系統が引き継がれていた側面もある。江戸市街の北部から東部をカバーしていた神田上水と、江戸城内や江戸の南側から南東部をカバーしていた玉川上水の配水系統は（口絵4）、本郷給水所と芝給水所のそれぞれの配水エリアと重なる。本郷給水所は、神田、日本橋、浅草、厩橋の東側といった市街の北から東部にかけて、芝台に設置された芝給水所は、芝、銀座、茅場町、永代橋の東側といった市街の南から東部に水を送っていた。

一方、こうした幹線の形態とともに、支管の布設箇所にも特色がある。この図の範囲は、北の吉原《よしわら》（新吉原）、南の高輪《たかなわ》北町（φ五〇〇㎜の本管は品川まであったが図では入りきれなくて省略）、東の洲崎弁天町《すさきべんてんちょう》までで、淀橋浄水場の近くには内藤新宿の表記もある。

吉原は江戸時代の公認の遊郭、品川と内藤新宿は飯盛り女の置かれた宿場が継続していたもので、近代水道が発足した時代も賑わっていた。一方、洲崎弁天町には一八八八（明治二一）年に開業した深川洲崎遊廓があった。これは、洲崎弁天の東側の広大な湿地帯を埋め立てた場所に根津（現・文京区）から移転してきた遊郭である。配水管網の末端には大量の水を使う歓楽地（遊郭）が立地し、そこへの着実な給水が確保されていたのであった。

この時期、水源林経営も始まった。現在、多摩川上流の東京都の水源地は、東京都西多摩郡奥多摩町のほか、山梨県の甲州市の一部、北都留《きたつる》郡の小菅村《こすげむら》と丹波山村《たばやまむら》の範囲に及んでいる。この水源地域の経営は、一九〇一(明治三四)年以降、東京市によって行われ、現在に至っている。[6]

4 関東大震災と東京水道の復興

大きな被害

一九二三(大正一二)年九月一日に発生した相模トラフを震源地とするM七・九の関東大震災は、東京市の水道にも甚大な被害をもたらした。[7] 市内の配水管は破裂や漏水のために大部分が使用不能となり、芝給水所系統の一部を除き、ほぼ全市にわたって断水となった。

和田堀から淀橋浄水場間の新水路の築堤は、一九二一(大正一〇)年の地震で一カ所が崩落したのに続いて二カ所が決壊して一三日まで通水不能となった。その設計にあたった中島鋭治は、築堤(盛土)の経年による沈降は予想していたが、大地震によるリスクまでは想定していなかった。

淀橋浄水場は、沈澱池、濾過池、浄水池の被害はあったが運用は可能であった。しかし、ポンプ六台のうち三台の送水管の切断、ポンプ室外の高地給水の本管φ一一〇〇㎜の破裂により、高地地区は地震とともに断水となった。また、淀橋浄水場から本郷給水所に自然流下で送水する本郷線（本郷行自然流下管）φ一一〇〇㎜管は、九月四日と一九日に本郷給水所内、一七日には四谷区新宿一丁目（太宗寺裏通り）で破裂した。

一方、淀橋浄水場から芝給水所に至る芝線（芝行自然流下管）φ一一〇〇㎜管は被害が少なく送水を続け、丸の内地区では水圧低下はあったが断水は回避された。しかし、水路網が縦横に発達していた当時、水道鉄管が架設されていた橋梁の多くも地震火災のために焼失した。また、市内には公設四九四〇栓、私設二二八〇栓の消火栓があったが、芝線（芝低地線）を除いて、ほとんど断水となり、消防水利が失われた[8]。

地震火災に見舞われた広範な地域では、鉛製の各戸引込線（給水管）が溶けて漏水が多発した。復旧活動により、市内の標高六m以下の低地では、一〇月初旬になると不十分ながら通水され、漏水修理の進捗に従って一二月には全市の給水がほぼ回復している。

管路被害と地形

市内の鉄管[9]については、一九二四（大正一三）年に作成された『東京市上水道拡張事業報告第五回』（東京市水道局拡張工事課）によると、河川や濠、埋立地などの低地で地盤の軟弱な場所では被害が著しい一方で、地盤の堅固な場所では被害が少なかったと記されている。

この巻末に付された「鉄管被害一覧図」（一九二三［大正一二］年一一月二〇日調）（口絵6）で、「漏水及鋏直《かしめなお》シ（赤色の●印：一点二〇箇所）」の分布を見ると、小石川《こいしかわ》区と牛込《うしごめ》区のほとんどは神田川の谷筋、麴町区《こうじまち》はその下流を流れていた旧・平川《ひらかわ》に沿った地域である。不忍池《しのばずのいけ》の北側の本郷区と下谷区《したや》は旧石神井川《しゃくじいがわ》（谷田川《やたがわ》）の流路沿い、麻布区《あざぶ》や芝区は古川《ふるかわ》沿いの低地、赤坂区《あかさか》では旧・溜池《ためいけ》に沿った低地が大多数を占めている。つまり、火災被害の少なかった山の手では、谷筋や沖積地といった地盤の軟弱な場所の鉄管被害（漏水）が大きかった。

口絵6とともに、本文に付された「水道鉄管破裂及漏水個所一覧表」（本書では省略）によれば、漏水四万一三八七件、鉄管破裂二〇四件と、漏水が圧倒的に多い。当時から、管体そのものよりも継手などの被害が主だったことが示されている。

しかし、全体の件数は少ないものの「鉄管破裂（赤色の×印：一点一箇所）」の×印は、焼失した東京下町低地に属する隅田川の下流部や、江戸時代の初めまでは日比谷入江《ひびやいりえ》であった丸の内付近など、地盤の軟弱な地域に分布している。以上の傾向は、水道の復興が一段落した一九二七（昭和二）年に内務省復興局が発行した『関東大地震（大正十二年）震害調査報告 第二巻』（以下「震害調査報告」という）でも同様である。

翌年三月三一日現在までに震災応急工事による施工実績では、破裂一九四件、折損三〇件、漏水九万五五六二件、計九万五七八六件となっていた。[10] また、同書に掲載された「東京市上水道震災水道鉄管被害箇所調査図」（自大正一二年九月一日至大正一三年五月三一日）でも、沖積地では破裂および折損の出現頻度が高い傾向にあった。

一方で、口絵6では東京下町低地は「漏水及鉸《かしめ》直シ」の〝空白区域〟となっている。これを「関東大震災による焼失区域」（図表8―3）に照らすと、丸の内地区など一部を除いて、この

〝空白区域〟は焼失区域とほぼ一致する。山の手の火災被害は大きくはなかったが、東京下町低地の日本橋《にほんばし》区、京橋《きょうばし》区（現・中央区の一部）、浅草《あさくさ》区、神田《かんだ》区（現・千代田区の一部）、本所《ほんじょ》区、深《ふか》川《がわ》区は地震火災で壊滅状態となっていた。[11]

震災三カ月後の時点における被害状況を示す口絵6は、焼失地域では鉄管の漏水箇所の特定も困難、ないしは先送りにされたことを示唆しており、地震火災の凄まじさを物語っている。この辺の事情に関しては、『震害調査報告』に「鉄管漏水中分水栓の脱出に因るもの浅草、下谷、本所、深川各区の内、地盤不良の地に於て可なりありたれども多忙の際統計を欠きその数不明なり」と正直に書かれている。[12]

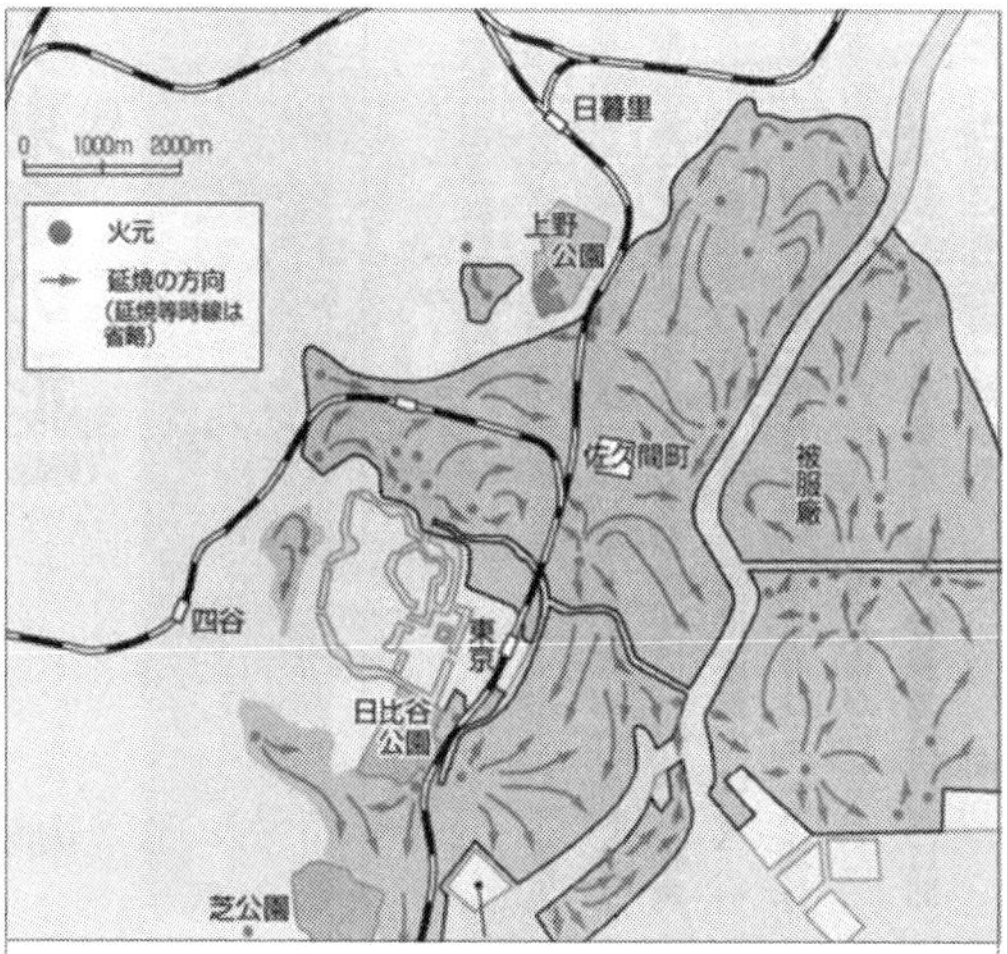

焼失面積
・下町低地
日本橋区99.3%、浅草区96.4%、本所区94%、
京橋区93.3%、神田区91%、深川区80.4%、下谷区47.5%
・山の手台地
牛込区・麻布区各0.1%、四谷区２%、小石川区3.9%、
赤坂区6.9%、本郷区16.9%、麹町区20.4%、芝区23%

図表8－3 関東大震災による焼失地域（出典：鈴木理生・鈴木浩三『ビジュアルでわかる 江戸・東京の地理と歴史』日本実業出版社、2022年）

また、水路網が縦横に発達していた当時、『東京近代水道百年史 通史』（東京都水道局）によれば、「河

川に架設した水道管の架橋焼失」は八六橋に及んでいる。[13] 一方、『震害調査報告』[14] では、「焼失墜落橋七〇橋」「鉄管外套（木造）・木造橋脚焼失および鉄管接合部溶解四〇橋」の一一〇橋に及んだとしている。このうち隅田川の橋では「相生橋《あいおいばし》は焼失のためこれに添架《てんが》せる三〇〇粍《ミリ》管墜落し、永代橋《えいたいばし》は仮橋焼失墜落のためこれに添架せる五〇〇粍管二本墜落し厩橋《うまやばし》焼失のためこれに添架せる三七五粍鋲接鋼鉄管二本接合部全部融解し、吾妻橋《あづまばし》は仮橋焼失墜落のためこれに添架せる二五〇粍マンネスマン管墜落せり」となっている。

給水管については、『震害調査報告』によれば、給水栓二四万一四七五栓のうち一五万五一〇三栓（六四％）が焼失した。復旧工事は、所有者からの申し込みにより九月一八日から着手し、一九二四（大正一三）年五月末までに七万五五五四栓に達している。こうした区域では、破裂したり漏水した配水管の修繕のほか、溶けた給水管（鉛管）からの漏水防止に力が注がれた。

5　拡張と重なった震災復興

第一水道拡張事業

関東大震災は、東京の水道が拡張に拡張を重ねている最中に発生した。日本の近代化・工業化の進展とともに東京市への人口集中も進んだ。日清戦争（一八九四［明治二七］〜一八九五［明治二八］年）と日露戦争（一九〇四［明治三七］～一九〇五［明治三八］年）を経た明治末期から大正期に入ると、第一次世界大戦（一九一四［大正三］～一九一八［大正七］年）の影響もあって、東京では、江戸以来の商工業地域への人口集積のほか、市の外延部や隅田川東岸などで大規模工場とともに中小零細工場による工場地域が急拡大していった。戦争が一〇年に一回の割合で勃発した影響もあった。一九一四（大正三）年には東京駅も開業し、丸の内地区の業務地区化も進んでいた。

近代水道の始まった一八九八（明治三一）年における東京市旧一五区の人口一四三万人（東京府統計書、一万未満四捨五入）であったが、一九〇〇（明治三三）年には一五〇万人、一九〇五（明治三八）年には一九七万人、一九一〇（明治四三）年には若干減少して一八一万人、一九一五（大正四）年には二二四万人と、二〇世紀に入ると五〇万人が増加して二〇〇万人を超えた。

東京の水道も、近代水道の発足時には給水人口は一五〇万人、一日標準給水能力は一七万㎥の計画であったが、一九〇九（明治四二）年になると、一日最大給水量は実際には八〇〇万立方尺（二二万二六四〇㎥）を超えていた。そのため、淀橋浄水場を二回にわたって拡充し、一日六〇〇万立方尺から八〇〇万立方尺に増強したが、それでも不足していたのであった。[15]

しかし、需要はさらに増え続けていたため、一九一三（大正二）年、前年に事業認可を受けていた「第一水道拡張事業」の着工となった。[16]それまでの淀橋浄水場、芝および本郷給水所に加えて、多摩川を水源とし、狭山丘陵を利用した村山《むらやま》貯水池（現・東大和《ひがしやまと》市など）、境《さかい》浄水場（現・武蔵野市）、和《わ》田《だ》堀《ほり》浄水池（現・世田谷区）の築造が始まった。しかし、一九一四（大正三）年に第一次世界大戦が始まり、労力や資材の確保が進まず、一九一六（大正五）年七月に計画変更が内閣から認可された。一九一七（大正六）年には、一九一三（大正二）～一九一九（大正八）年の計画期間を一九二一（大正一〇）年まで延長したものの、[17]物価高騰による拡張事業費の増大が見込まれたため、一九二〇（大正九）年、第一水道拡張事業は第一期（大正二～一二年度）と第二期（大正一三～一七年度）に分割された。

積極的な管網整備

この計画変更では、新規に布設する配水本管路線は「本市人口増加ノ関係上此際《このさい》出来得ル限リ之《これ》ヲ敷設シ置クノ必要ヲ認ムル」（『東京市上水道拡張事業報告　第二回』）との理由で、将来分の工事も前倒しにされた。[18]需要急増の前に管網整備は〝待ったなし〟であった。

震災後の一九二四（大正一三）年に作成された「第一期工事配水管敷設之図」（『東京市上水道拡張事業報告　第五回』、第一水道拡張事業の第一期工事における配水管布設の実績図）（図表8―4）では、都心部よりも、人口・産業の集中が進む東京市外延部（深川・本所、本郷・小石川、芝・麻布の各区域）での管網整備に邁進していた。この地域や、東京市の隣接五郡（荏原《えばら》・豊多摩《とよたま》・北豊島《きたとしま》・南足立《みなみあだち》・南葛飾《みなみかつしか》）では、震災前から人口や工場の急増が始まっていた。

その一方で、焼失の激しかった隅田川両岸における管路の復旧等は第一期工事には含まれていなかったとみえて、記載が空白の地域が広がっている。復興事業の一環として修繕・復旧が進められたとみられる。

変更計画における配水管路線の対象一七路線[19]には、本郷給水所の水を隅田川対岸の深川区や本所区方面に送る本管も計画され、一九二二（大正一一）年に竣工した[20]。これは近代水道の創設当初からの厩橋と永代橋のルートに加えられた路線である。日本橋区南茅場町《みなみかやばちょう》（現・中央区）から深川区西森下町《にしもりしたちょう》（現・江東区）に至る口径三六吋《インチ》（φ九〇〇㎜）・延長一一五〇間《けん》（約二㎞）の本管で、一九一二（明治四五）年に鉄橋となって現在地に架けられた新大橋《しんおおはし》に添架されて隅田川を横断した。

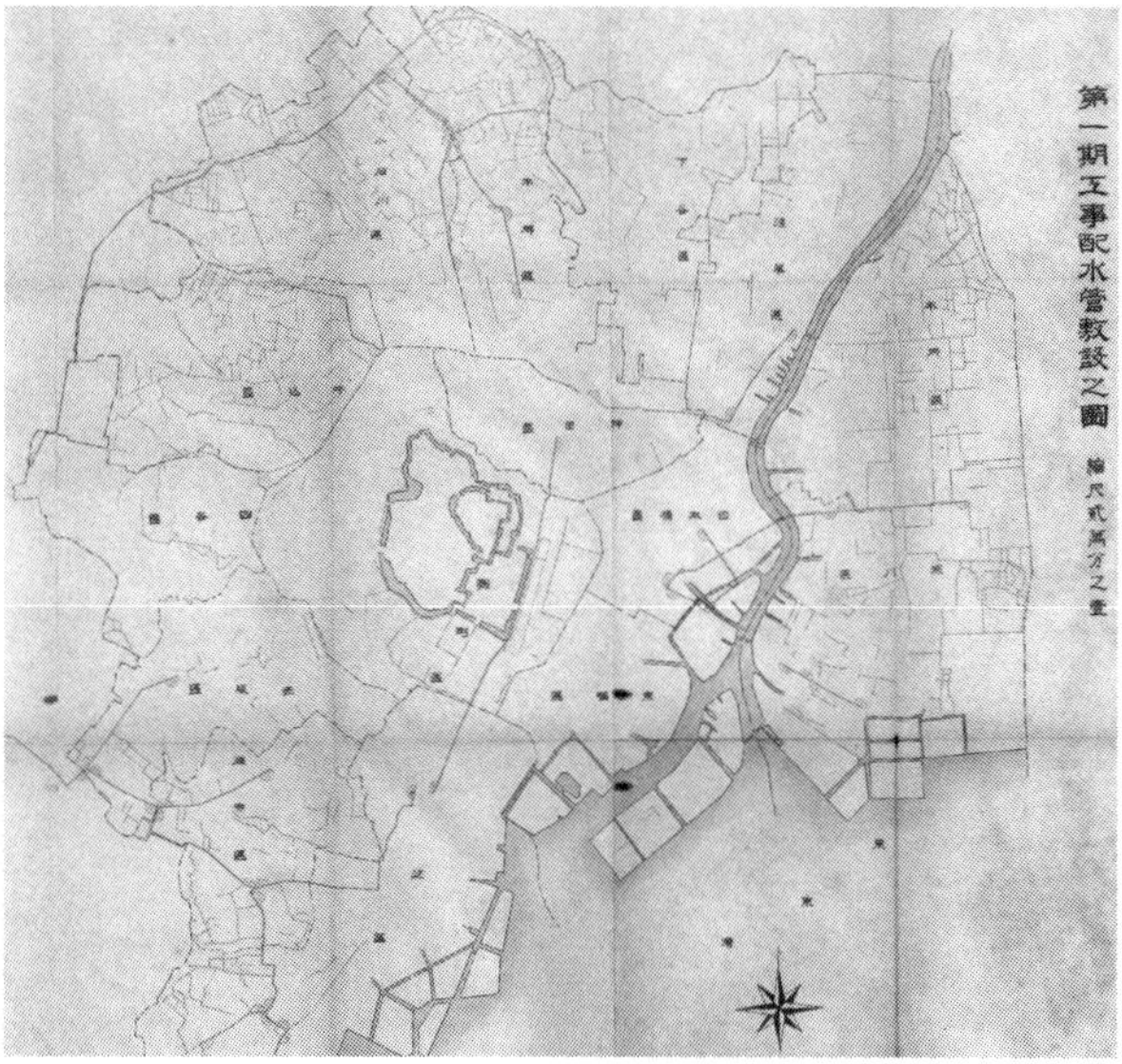

図表8－4　第一期工事配水管敷設之図（出所：東京市水道局拡張工事課『東京市上水道拡張事業報告　第5回』1925年、東京都立中央図書館蔵）

　また、本所区方面への供給を増強するため本郷給水所と厩橋を結ぶ本管も整備された。なお、新大橋は関東大震災では焼失を免れ、人々の避難ルートとなったため「お助け橋」とも呼ばれたが、一九七七（昭和五二）年に現在の橋に架け替えられている。

帝都復興と一体で進んだ水道の拡張

震災直後、内務大臣兼帝都復興院総裁の後藤新平が提唱した大規模な復興計画は、帝国議会や大蔵省、関係地主などの反対で縮小され、道路計画と連動した土地区画整理が中心となった。とはいえ、この計画によって現在の昭和通りや靖国通り等の復興計画幹線街路とともに、隅田川の橋梁や動力船に対応した市内各所の道路橋や運河、公園なども整備された。首都高速道路などを除けば、この時に東京のインフラの基盤が定まった側面もあった。

ただし、土地区画整理が大規模に行われたのは焼失の激しかった東京下町低地が中心だった。たとえば、焼失地域を通る昭和通りがまったく新たに開通した一方で、靖国通りは、焼失地域は通るが、市ヶ谷から神田までは江戸以来の主要道の若干の拡幅となっている。しかも、皇居を取り巻く濠や主要街路には大きな変化は見られない[21]。江戸時代に形成された「東京の都市のかたち」は基本的には維持されており、帝都復興事業によって、それに〝磨きをかけられた〟かたちとなった。

水道の拡張工事は一時休止され、「市内水道鉄管の故障修理・橋梁架設の災害応急工事」が行われたが、復興事業の一環である水道復興速成工事として実施されたため、拡張は着実に進捗した。

この水道復興速成工事[22]の実施に際しては、一九一三（大正二）年から着手されていた第一水道拡張事業の第一期工事は工期が一年延長され、一九二五（大正一四）年三月に完了した時点で中止された。整備されたのは、一九一六（大正五）年起工の村山貯水池、一九一八（大正七）年起工の羽村村山線（原水を送水する馬蹄形の隧道）、境浄水場、境和田堀線（境浄水場で処理した濾過水を送水するコンクリート巻き鋼鉄管と新水路に原水を送るコンクリート暗渠の一部）、一九一九（大正八）年起工の和田堀浄水池で、震災翌年の一九二四（大正一三）年中に相次いで竣工した。

また、第二期工事のうち緊要度の高い村山下貯水池の堰堤築造の残工事などは、帝都復興事業の水道復興費一〇〇〇万円のうち、水道拡張速成費四七〇万円（変更後の予算額五一三万円）によって、一九二四（大正一三）年度に遡った上で一九二八（昭和三）年度までに実施された。

一方、既設の水道のうち、直ちに復旧を要するものには、水道復興費一〇〇〇万円のうち水道設備復旧費五三〇万円（変更後四八七万円）が手当された。予算に対する工事費の実績額は約四一五万円で（事務費を除く）、淀橋浄水場内の施設修繕や電動ポンプ新設などに二〇〇万円（構成比四八・三％）、玉川上水の新水路修繕に六四万円（同一五・四％）、市内の配水管修繕に一五〇万円（同三六・三％）となっている。また、大震災の教訓から新造の設備などには耐震構造も取り入れられるようになった。

『帝都復興事業大観　下』（日本統計普及会編）によれば、配水管修繕は「配水鉄管の漏水調査及破損箇所修理の延長約一万五千間《けん》（約二七㎞）と、永代橋外二十二の橋梁に鉄管を添架し、破損箇所の修繕、給水栓の漏水を防止するもの」[23]となり、新大橋に添架された鉄管の「災害応急工事」も実施された。[24]なお、参考として『震害調査報告』には、一八九四（明治二七）年九月から一九〇八（明治四一）年三月までの既設管が約四二万間（一八九四［明治二七］年九月〜一八九九

写真8－1　添架管（清洲橋）

〔明治三三〕年一二月布設二六万七一四五間、一九〇〇〔明治三三〕年五月～一九〇六〔明治三九〕年三月九万八〇七七間、一九〇六〔明治三九〕年五月～一九〇八〔明治四一〕年三月五万七八七九の計四二万三一〇一間・約七六九㎞）、そのほか拡張工事などによる布設管の約一二万間があったと記されている。(25)

土地区画整理や道路の新設・拡幅に伴う配水管の布設替えも行われた。帝都復興の多くが道路計画と連動した土地区画整理によって実施されたので、焼け跡での鉄管修繕は、区画整理と道路造成の進捗に合わせて行われた。『震害調査報告』では、損傷した鉄管の復旧に関して、被害の影響が小区域にとどまるものや、件数は膨大でも継手の弛《ゆる》みによる漏水で復旧に断水を伴わないものよりも、「被害が大局即ち大区域（例へば数区）に影響を及ぼし送水を不可能ならしむるもの」や、それに準じたものを「最大の吾人の考慮を要するもの」と、結論づけている。(26)

このような漏水に関する『震害調査報告』の認識は、「口数の多き点に於てその被害の給水上に及ぼす影響決して軽視すべからざるは勿論にして、殊に将来全部の主なる街路が舗装せらるゝ暁に於てはその掘鑿《くつさく》修理は一層困難を加へ且巨費を要するのみならず、現在の砂利敷道路に於ける如く迅速に復旧の工程を進め漏水を防止する能はざることゝなるべきを以て誠に寒心に堪へざるものあるや言を俟たず」というもので、軽視はしていない。また、そこには当時の道路舗装があまり進んでいなかった状況も反映されている。

帝都復興事業の象徴ともなった「震災復興橋梁」として架けられた隅田川の永代橋と清洲《きよす》橋《ばし》は、現在も当時の姿を残し、国の重要文化財にも指定されている。永代橋は震災で焼失した旧橋に代わるもの、清洲橋は、復興計画幹線街路第二八号線（現・清洲橋通り）が隅田川を横断する地点に、内務省復興局の施工で新設された橋で[27]（一九二五［大正一四］年着工・一九二八［昭和三］年竣工）、φ五〇〇㎜鉄管（鋼管）も添架された。なお、この添架管の取得年は東京都水道局の固定資産上は一九二四（大正一三）年となっている。

一九二四（大正一三）年から一九二五（大正一四）年にかけて、近接の深川区福住町《ふくずみちょう》などでもφ五〇〇㎜本管の布設が行われていることから[28]、この添架管は、先に紹介した本郷給水所の水を隅田川東岸に送る三六吋《インチ》本管の補完路線とみられる。新たに橋が架けられる機会を逃さずに本管を通したのだろう。

この清洲橋の添架管（写真8―1、図表8―5）[29]は、単に帝都復興事業の痕跡ということを超えて、東京の復興と管路拡張が一体的に進められたことの象徴といえるだろう。現在は運用から外れており、重要文化財に指定された橋の負担軽減のために、いずれは撤去されるが、現時点では、川沿いのテラス（遊歩道）から橋

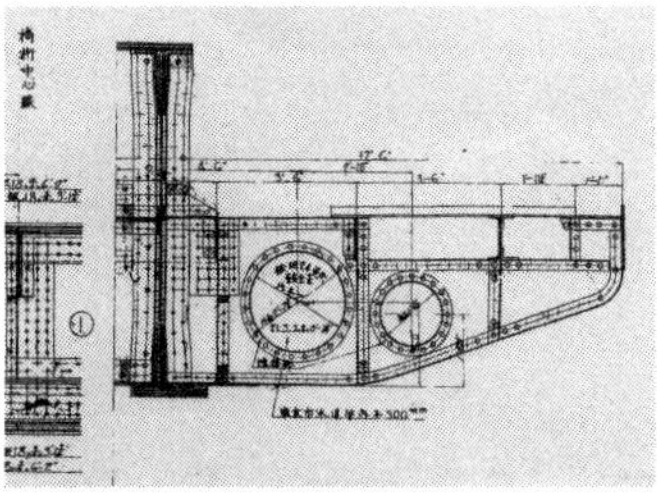

図表8－5　清洲橋設計図中の500㎜水道管（出典：内務省復興局土木部橋梁課『清洲橋設計図集』1928年、東京都公文書館蔵）

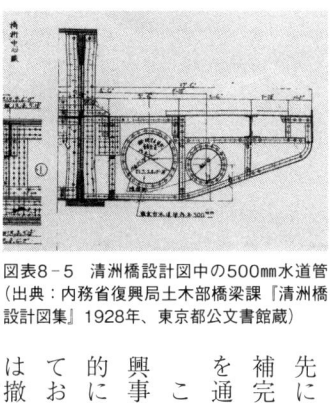

の下側の添架管を観察できる。

関東大震災後に展開された帝都復興事業は、東京や横浜の道路、橋梁などのインフラ整備を大きく進め、戦争を挟んで、高度成長以降の日本の発展の基盤になった。水道の場合、大きな被害を被った一方で、水道施設の復旧・復興が、震災前から顕在化していた需要増に対応するための施設の拡張と一体的に行われ、加速されていった。

(1)『東京市水道小誌 全』東京市役所水道部、一八九九年。
(2) 大日本帝国陸地測量部『2万分の1地形図』(東京首部) 一九〇九年測図、一九一一年発行、大日本帝国陸地測量部『2万分の1地形図』(東京南部) 一九〇九年測図、一九一五年発行。
(3) 国土交通省国土地理院ホームページ (地理院地図を見る→標高・土地の凹凸→自分で作る色別標高図)、**https://maps.gsi.go.jp** (二〇二三年三月二三日閲覧)。
(4) 東京市水道課編『東京市水道小誌』、一九一一年、四~九頁。
(5) 鈴木浩三『地形で見る江戸・東京発展史』ちくま新書、二〇二二年、一一一頁。
(6) 東京都水道局ホームページ (「水源林の歴史」、**https://www.mizufuru.waterworks.metro.tokyo.lg.jp/overview/history/**、二〇二四年七月二一日閲覧)。
(7) 東京都水道局編『東京近代水道百年史 通史』東京都水道局、一九九九年、一五~一六頁。
(8) 中央防災会議災害教訓の継承に関する専門委員会編『1923関東大震災報告書 第2編』内閣府、二〇〇九年、一八頁。
(9) 東京市水道局拡張工事課編『東京市上水道拡張事業報告 第5回』東京市水道局拡張工事課、一九二五年、二六六~二六八頁。
(10) 復興局編『関東大地震 (大正十二年) 震害調査報告 第2巻』土木学会、一九二七年、九~一一頁。
(11) 鈴木理生・鈴木浩三『ビジュアルでわかる 江戸・東京の地理と歴史』日本実業出版社、二〇二二年、一八二~一八三頁。
(12) 復興局編『関東大地震 (大正十二年) 震害調査報告 第2巻』土木学会、一九二七年、一一頁。

(13) 東京都水道局編『東京近代水道百年史　通史』東京都水道局、一九九九年、九四頁。
(14) 復興局編『関東大地震（大正十二年）震害調査報告 第2巻』土木学会、一九二七年、一一一～一一二頁。
(15) 東京都水道局編『東京近代水道百年史　通史』東京都水道局、一九九九年、九七～九八頁。
(16) 東京市水道課水道拡張準備掛編『東京市上水道拡張事業報告　第1回』（緒言）東京市水道課水道拡張準備掛、一九一三年。
(17) 東京市臨時水道拡張課編『東京市上水道拡張事業報告　第2回』（緒言）東京市臨時水道拡張課、一九一六年、東京都水道局編『東京都水道史』東京都水道局、一九五二年、一六八～一七五頁。
(18) 東京市臨時水道拡張課編『東京市上水道拡張事業報告　第2回』東京市臨時水道拡張課、一九一六年、一四～一五頁。
(19) 東京市水道拡張課編『東京市上水道拡張事業報告　第4回』東京市臨時水道拡張課、一九二三年、一四二～一四三頁。
(20) 東京市水道局拡張工事課編『東京市上水道拡張事業報告　第5回』東京市水道局拡張工事課、一九二五年、一七六～一八八頁。
(21) 鈴木浩三『地形で見る江戸・東京発展史』ちくま新書、二〇二二年、一九〇～一九五頁。
(22) 東京都水道局編『東京近代水道百年史　通史』東京都水道局、一九九九年、九七～九八頁。
(23) 日本統計普及会編『帝都復興事業大観　下』（第十五章）日本統計普及会、一九三〇年、一～一八頁。
(24) 東京市水道局拡張工事課編『東京市上水道拡張事業報告　第5回』東京市水道局拡張工事課、一九二五年、一七六～一八八、二〇九～二一一頁。
(25) 復興局編『関東大地震（大正十二年）震害調査報告　第2巻』土木学会、一九二七年、九頁。
(26) 復興局編『関東大地震（大正十二年）震害調査報告 第2巻』土木学会、一九二七年、一三～一七頁。
(27) 復興事務局編『帝都復興事業誌　土木篇　上巻』復興事務局、一九三一年、四八四～四九一頁。
(28) 東京市水道局編『東京市上水道拡張事業報告　第6回』東京市水道局、一九三一年、三二～四四頁。
(29) 復興局土木部橋梁課編『清洲橋設計図集』復興局土木部橋梁課、一九二八年、四二頁（東京都公文書館蔵）。
＊本章の1～3節は、鈴木浩三「一二五年目を迎えた東京の近代水道と地形」（『地理』第六八巻第九号、二〇二三年九月、一一～一二頁、九二～一〇一頁）、4～5節は、鈴木浩三「関東大震災と東京水道の復興」（『日本水道新聞』第五八三八号、二〇二三年八月三一日、六～九頁）をそれぞれ再構成したものである。

第9章
大東京と水道

本章では、旧・東京市に隣接した五郡の人口急増や一九三二（昭和七）年の大東京（東京市が一五区から三五区に拡大）の成立を踏まえ、それに伴う東京市営水道の拡張や町営・民営水道の誕生のほか、戦時体制下における水道の拡張について述べていく。

ここでは、これまであまり注目されてこなかった我が国初の民間水道会社である玉川水道株式会社の財務内容も含む実態を紹介する。東京市による同社の買収に際して、同社幹部と株主が激しく抵抗するなど、水道事業が公益よりも株主利益を優先した場合の問題点も提示している。

1　隣接五郡の人口急増

東京北部から始まった増加

前章では、大正期に入ると、東京市の旧一五区の人口は二〇〇万人を超えるようになったが、

図表9－1　隣接5郡の範囲

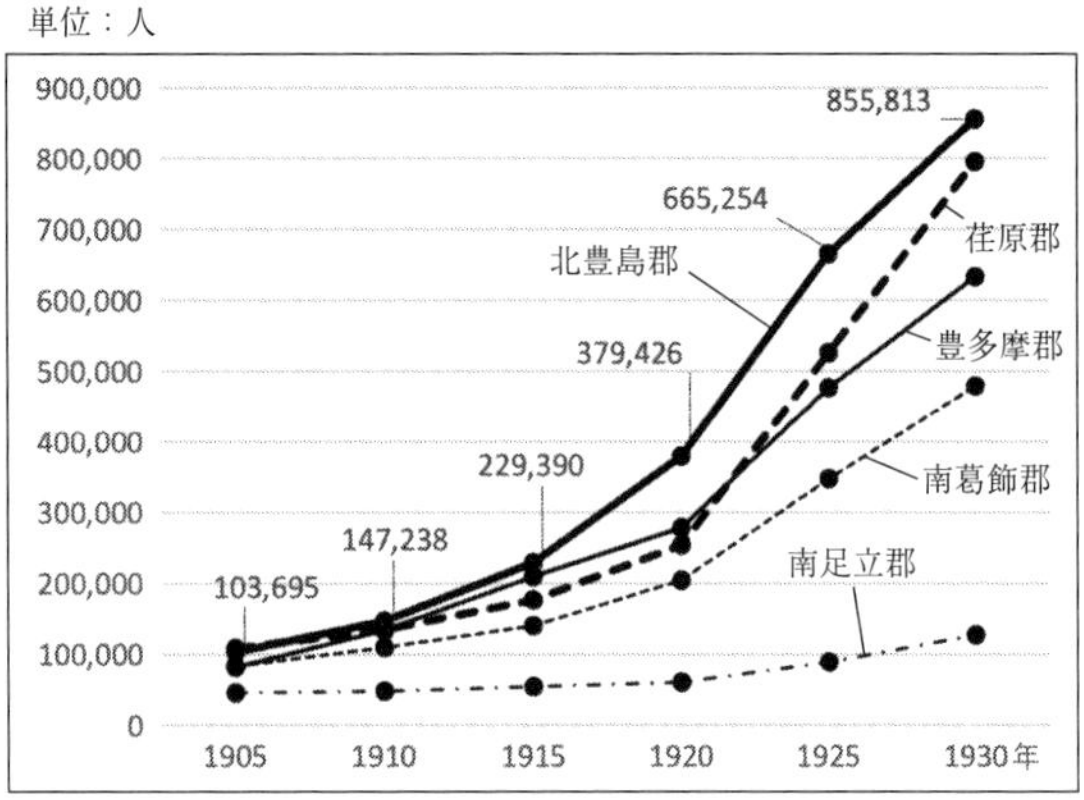

図表9－2　隣接５郡の人口推移（資料：東京府統計書）

それに隣接した荏《え》原《ばら》、豊多摩、北豊島、南足立、南葛飾の隣接五郡（図表9―1）にも人口増加の波が押し寄せた。[1] 最初に人口が増え始めたのは北豊島郡で、一九一〇（明治四三）年から一九一五（大正四）年までの五年間で一四万七〇〇〇人が二二万九〇〇〇人と一・五倍になった。この地域は、明治末期に工業化の中心となった浅草、下谷、本郷、小石川の各区に接しており、中小工場の進出が盛んだった。地方からの転入者も多く、関東大震災頃まで急増が続いた。

一方、関東大震災を挟んだ一九二〇（大正九）年と一九二五（大正一四）年を比べると、荏原郡と豊多摩郡では約二倍、南葛飾郡でも二倍弱となった。関東大震災をきっかけとする都心部からの人口移動が大きな要因だが、地方からの人口流入の影響もあった。この増加傾向は昭和になっても続いたが（図表9―2）、この時期を中心に私鉄の郊外電車の整備が進んだことも、住宅地化に伴った人口増加の要因となった。明治末期から昭和初期にかけて、荏原郡では現在の東急東横線や京浜急行、豊多摩郡では京王電鉄、小田急電鉄、西武新宿線などが開業した。

人口増加と水道施設の拡張

大正期に入ると、第一水道拡張事業の第一期工事と第二期工事により、本格的な水道の拡張が始まった。関東大震災による中断を経たのち、一九二七（昭和二）年には、村山下貯水池（多摩湖）、一九三四（昭和九）年には山口貯水池（狭山湖）が竣工した。これらの貯水池からの原水を浄水処理する境浄水場（現・武蔵野市）の第二期工事も一九三五（昭和一〇）年に竣工している（図表9―3）。

羽村取水堰で取水した多摩川の原水は、淀橋浄水場に加えて、村山・山口貯水池～境浄水場～和田堀浄水池（現・和田堀給水所／世田谷区大原）を経由して市内に送られる体制となった。この新たなルートも自然流下によるものであったが、送水管の埋設された直線の敷地は〝水道道路〟と呼ばれ、後に整備されて井の頭通りや遊歩道になっている。

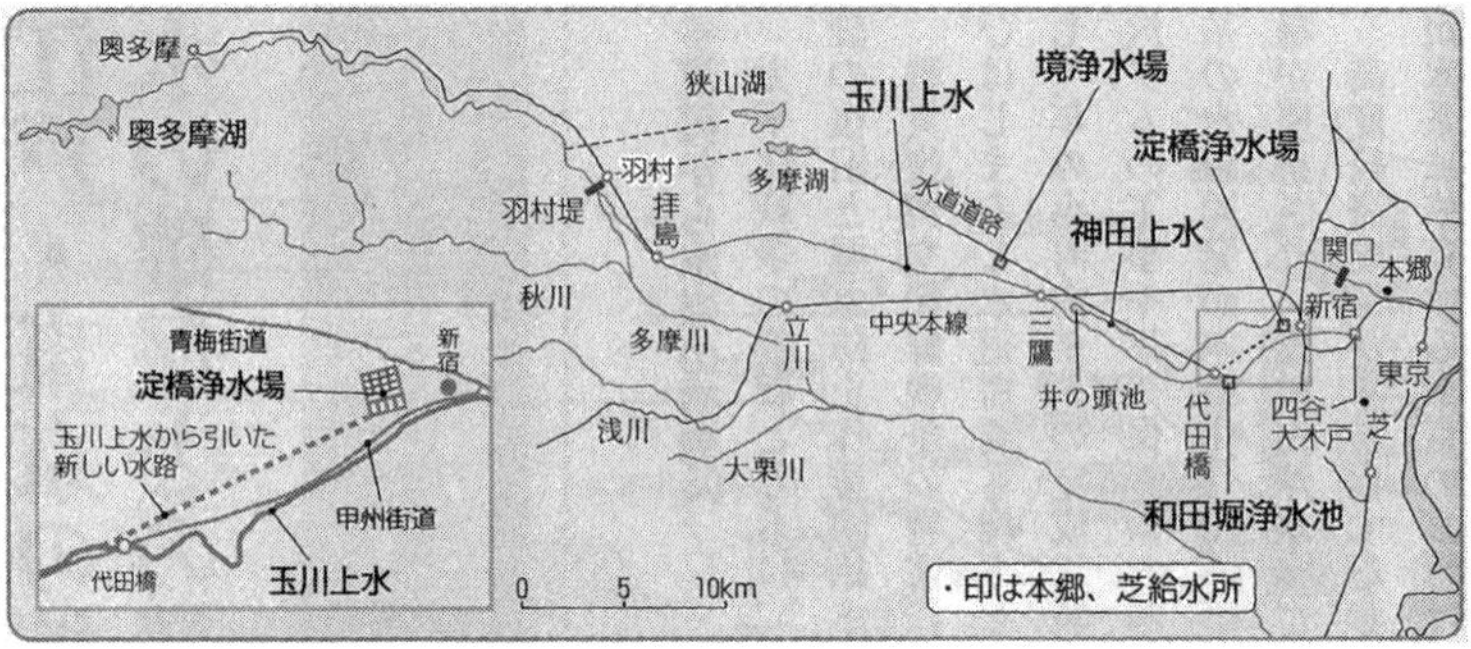

図表9－3　新たな貯水池と境浄水場（鈴木理生・鈴木浩三『ビジュアルでわかる　江戸・東京の地理と歴史』日本実業出版社、2022年）

しかし、東京市は市域一五区とその周辺の隣接五郡も含めて人口増加や工業化の舞台となっており、第一水道拡張事業だけでは増加する給水需要を満たせない状況に直面した。

そうした中で、一九一九（大正八）年、東京府知事は中島鋭治博士に郡部への給水計画の調査を委嘱、中島は「東京市郊外上水道給水計画」を立案した。一方、東京市では一九二三（大正一二）年五月に「大東京水道案」を作成したが、すでに着手していた第一水道拡張事業によっても数年先の給水需要を満たすのがギリギリであると認識していた。そこで東京市会は、一九二六（大正一五）年度予算の可決に際して「将来、大東京実現ノ場合ヲ予想シ、本市水道事業上百年ノ長計ヲ立テラレタシ」と決議した。九月になると「将来ノ水道拡張ノ水源ハ利根川ニ求メラレタシ」という建議が満場一致で可決されている[2]。

その後、一九三一（昭和六）年九月、東京市は「大東京水道計画ニ関スル調書」を発表した。これは、大正一二年に作成された「大東京水道案」に対して震災後の人口変動や翌年に控えた市域拡張などを踏まえて修正したものであった。『東京近代水道125年史』（東京都水道局）によれば、「この『大東京水道計画ニ関スル調書』は、昭和前半期の東京水道の原形となるもので、その一部が具体的に実現したのが第二水道拡張事業計画」とされている(3)。

一九二九（昭和四）年刊行の『時事年鑑 昭和5年版』（時事通信社）では、当時審議中の「大東京水道計画ニ関スル調書」を次のように紹介している。「大東京人口五百万を目標とし、従来の単一水源を廃し、利根川、江戸川、荒川、多摩川、相模川の五川より導水する将来に於ける大東京水道計画と共に目下審議中なり(4)」と、水道の需給が逼迫《ひっぱく》していた中で、大東京五〇〇万人への給水を念頭に、多摩川以外の河川も対象にして計画が練られていたことがわかる。

放任給水から計量給水へ

現在は、水道メーターによって水道使用者ごとの使用水量を計量して、それに基づいた料金請求が行われているが、近代水道の発足時から大正期の半ばまでは、放任給水（共用栓）の件数が計量給水の件数を上回っていた。放任給水は水量を計らずに供給し、計量給水は水量を計って供給する。東京市の統計資料である『東京市勢提要』の各年版(5)をみると、一九〇〇（明治三三）年では、計量給水が二五・八％（一万一二八〇栓）、放任給水が七四・二％（三万二四六〇栓）と、四分の三が放任給水であった。

一九一一（明治四四）年の『東京市水道小誌』（東京市水道課）では「純良なる清水を最も便利なる方法により無代償にて放任的に供給せんことを欲す」とした上で、「水料ハ成ル可ク低廉ナラシムルヲ要ス。特ニ下級細民ニ対シテハ相当条件ノ下ニ水料ヲ免除スルヲ穏当ナリトス。蓋シ一般衛生保持ノ上ニ必要ナレハ也」と、公衆衛生上、放任給水が必要だと述べている。

この明治四四年には改良水道の関連工事が終了し、日量八〇〇万立方尺（人口二〇〇万人）の供給能力が備わっていた。しかし、堀越正雄『水道の文化史――江戸の水道・東京の水道』によれば、この時期「夏場の最多需要期には設備の標準量の約五〇％も多く水が使われて、配水管の末端に近い地域では、朝夕の水圧がひどく低下して断減水する[(6)]」状態であった。

そこで、東京市では一九二一（大正一〇）年以降、放任給水を計量給水に切り替える取り組みを推進した。増大する水道需要に応えるための水源確保と施設能力の拡大には、適切な水道料金を徴収することが不可欠であり、放任給水では節水のインセンティブが働きにくいからであった。この取り組みにより、一九二二（大正一一）年には、計量給水が六二・八％（一四万八三六五栓）と、放任給水の三七・二％（八万七七六五栓）を大きく上回るようになった。

その後については、水道協会（現・日本水道協会）が編集した『水道統計[(7)]』を見ると、一九三〇（昭和五）年の計量給水は六九・六％（二〇万五二二七栓）、放任給水が三〇・四％（八万九七五〇栓）と、計量給水の栓数（給水件数）は急増したが、両者の割合は大正一一年と比べてあまり変化はない。さらに、一九三二（昭和七）年の隣接五郡の東京市への編入後、町営水道や組合水道を市営水道に統合したが、一九三五（昭和一〇）年における両者の関係は、計量給水が六四・三％（四三万六一五八栓）、放任給水が三五・七％（二四万二八八三栓）となっており、給水件数が倍増した一方で、放任給水も残っている。これが一九四〇（昭和一五）年になると、計量給水八〇・六％（七〇万六二八三栓）、放任給水一九・四％（一六万九六四八栓）と、計量給水への転換を始めてから約二〇年で放任給水が二割を切る状況になった。

とはいえ、東京都営水道において全栓の計量化が完了したのは一九五五（昭和三〇）年であった。戦災により給水装置（給水管や蛇口）の多くが焼失したが、その復興のプロセスを通じて放任給水（共用栓）が淘汰され、計量制の徹底に至った側面は否定できないだろう。

2　隣接五郡の水道

東京市を取り囲む町営・民営の水道

人口増を反映して、隣接五郡では続々と公営・私営の水道事業が給水を開始し、最盛期には単独の町営が八水道、町村組合経営が二水道、私営が三水道の計一三水道となった。

この〝新規参入〟の根拠となったのが、一九一一（明治四四）年と一九一三（大正二）年に帝国議会の議決を経て公布された水道条例の改正であった。東京府も、一九一九（大正八）年に中島博士から提出された「東京市郊外上水道給水計画」に基づいて、東京市に隣接する町村に水道布設を奨励していた。

一九一一年の改正では、それまでは市町村営とされていた水道事業を、土地開発に必要、当該市町村に資力がない、元資償却を目的とする、の三条件を満たす場合に民営を認めた。しかし、償却期間が過ぎれば当該市町村に無償で水道を移譲するという条件が付されており、市町村の財源不足の〝つなぎ〟として民間に肩代わりさせることには無理があった。そこで、一九一二年の改正では、当該市町村に資力のないことだけを条件とし、所定期間満了後の移譲を有償にするなど、規制を大幅に緩和した。

こうした法的整備と歩調を合わせて、城南地区の大森、蒲田、入新井《いりあらい》、矢口、池上などへの給水を目的に、第7章で述べた「地方名望家」にあたる地元有力者たちが出資する社団法人・荏原水道組合(図表9―4)が一九一二(明治四五)年七月三日付で内務大臣から許可された。許可年限は許可の日より満二二年、給水区域は大森町、羽田《はねだ》町、蒲田町、入新井村(現・大田区大森北)であった。

この地域は、日清・日露、第一次世界大戦による日本の工業化の中で、いち早く京浜工業地帯の一角となった場所であった。しかし、武蔵野台地の底部に広がる湿地や低地も多く、自然河川や井戸からは良質な飲料水を得ることは難しく、天水の貯水や買水などに頼っていた。そうした場所に水道を布設することは地域の願いでもあった。なお、理事の氏名と住所は官報に記載されており、それぞれの職業は、当時の『紳士録』などを公開している国立国会図書館のデジタルコレクションにおいて、理事の氏名から検索すれば容易に得ることができる。

一九一四(大正三)年の時点で、調布浄水場(現・大田区田園調布三丁目の多摩川台公園内に遺構が残る)や配水本管の布設などは終わり、一部は通水していたが、主に資金難のために事業の継

	氏名	在住地	住所	職業（当時）
1	小野藤兵衛	荏原郡	羽田村大字羽田千七十五番地	荏原郡郡会議員、㈱羽田銀行監査役
2	當間仲蔵	荏原郡	蒲田村大字蒲田新宿千二百六十七番地	蒲田村村会議員、當間組（真田紐・帽子製造）
3	岩井和三郎	荏原郡	入新井村大字新井宿千二百九十番地	入新井信用組合理事
4	田中才次郎	荏原郡	大森町六十五番地	㈱偕楽社取締役（演芸等の興行・賃貸）
5	渡邊銀次郎	荏原郡	入新井村大字不入斗百三十七番地	㈱豊年館監査役（映画館）
6	小野半彌	荏原郡	羽田村大字羽田猟師町二百五十二番地	㈱羽田銀行監査役
7	石関倉吉	荏原郡	荏原町大字鈴木新田六百十番地	荏原郡郡会議員
8	遠藤信久	荏原郡	蒲田村大字蒲田新宿千九十番地	蒲田村村長（製塩業、帝国製塩㈱取締役、製塩釜で特許あり）
9	鹽澤藤吉	荏原郡	大森町二千百七十七番地	砂利販売業、（合）モーターボート商会有限社員、鈴が森耕地整理請負人、㈱偕楽社監査役（演芸等の興行・賃貸）
10	田中彦次郎	荏原郡	大森町百三十九番地	荏原郡郡会議員
11	平林淺次郎	荏原郡	入新井村大字新井宿二千七百二十五番地	入新井信用組合理事
12	平林百太郎	荏原郡	入新井村大字不入斗二百七十二番地	東京府荏原郡書記・正八位
13	平林正之助	荏原郡	大森町三千六百八十九番地	大森養殖（合）有限社員
14	月村惣左衛門	荏原郡	蒲田村大字御園二百六十番地	蒲田村村長
15	大竹　繁	荏原郡	羽田村大字羽田猟師町百三十三番地	羽田村農会会長

図表9－4　荏原水道組合理事名簿（1913［大正2］年1月20日登記。出典：官報1913年2月1日等、国会図書館デジタルコレクション）

続は困難となっていた(8)。そのため、一九一六（大正五）年、会社組織による経営に変更されている。

そして一九一八（大正七）年二月になると、日本最初の民営水道である玉川水道株式会社（資本金三〇万円、給水人口一〇万人、以下、「玉川水道」という）が設立され、荏原水道組合を買収して水道事業に乗り出した（同時に製氷事業も開始している）。そして、一一月には多摩川下流を水源とする玉川浄水場（二〇二三〔令和五〕年三月に廃止、現・世田谷区玉川田園調布一丁目）から入新井町、大森町の一部に通水を始めた。

一方、玉川水道の給水区域を含んでいた荏原郡を含む隣接五郡では、先ほど述べたように、大正期になると人口が急増した。それに伴って、一九二三（大正一二）年の渋谷町水道（現・砧下《きぬたしも》浄水場）にはじまり、一九三二（昭和七）年までに、目黒町水道、江戸川上水町村組合（現・金町浄水場）、荒玉水道町村組合（現・砧上浄水場）、千駄ヶ谷町水道、矢口水道株式会社（旧・矢口浄水場）、日本水道株式会社（旧・狛江浄水場）、大久保町水道、代々幡《よよはた》町水道、戸塚町水道、井荻《いおぎ》町水道（現・杉並浄水場）と町営や民営の計一三水道が新設された（図表9―5）。

　隣接五郡内の町村営で最初となった渋谷町水道は、当初は私設、その後、東京市の水道拡張による市外給水を計画していたが、その目途が立たないため、一九一九（大正八）年に渋谷町会の議決、一二月の認可を得て、一九二三年五月に通水した。多摩川の伏流水を水源とし、砧に浄水場（現・砧下浄水場）を設け、渋谷町、世田谷町・駒沢町の一部に給水した。

　目黒町水道は、一九二五（大正一四）年に内務大臣の認可を得た後、一九二六（大正一五）年に通水した。渋谷町からの分水を供給した。

　江戸川上水町村組合は、北豊島郡の南千住《みなみせんじゅ》町、三河島町、日暮里《にっぽり》町、尾久《おぐ》町、南足立郡の千住町、南葛飾郡の砂町、大島《おおじま》町、小松川《こまつがわ》町、亀戸《かめいど》町、吾嬬《あずま》町、寺島《てらじま》町、隅田《すみだ》町の三郡一二町から構成された組合で、大正八年一二月に関係町村協議会の議決を経た後、町村組合経営として設立の認可を得た。東京府の財政補助も得ながら、一九二六年八月には江戸川を水源とする金町浄水場が通水し、給水が開始された。この地域は、東京市の北部から東部にかけた場所で、北豊島郡や南足立郡の千住町では明治末期から工業化に伴う人口増加が続いており、南葛飾郡ではそれに続いて人口が増え始めた地域であった。

荒玉水道町村組合は豊多摩郡と北豊島郡の一三町村から構成され、一九二五年一月に設立、一九二六年に東京市と分水契約（淀橋町、大久保町、千駄ヶ谷町、戸塚町）を結ぶとともに、一九二八（昭和三）年には多摩川の伏流水を水源とする砧浄水場（現・世田谷区、砧上浄水場）が通水した。砧から野方給水所（現・中野区）を経て大谷口給水所（現・板橋区）までの約一七㎞を管径一〇〇㎜の鉄管で結んだが、その上部は、現在も「荒玉水道道路」と呼ばれている。

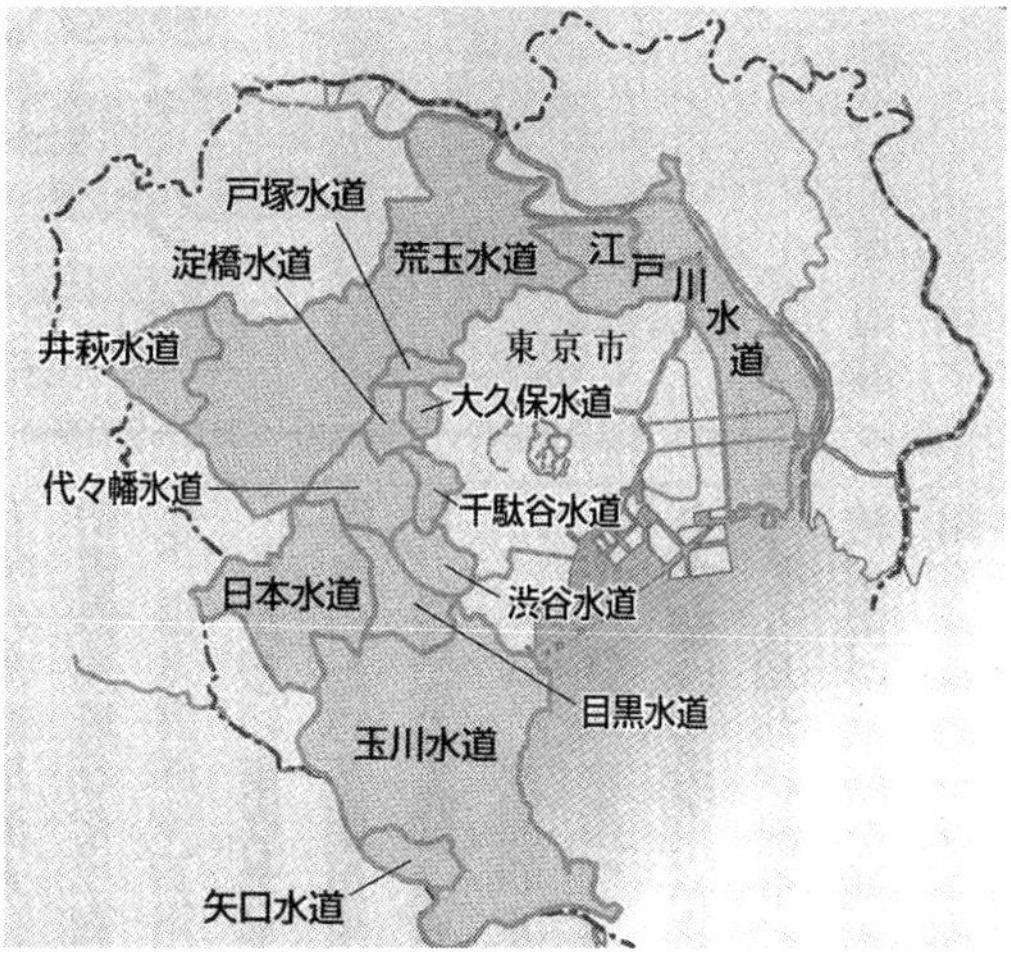

図表9－5　隣接5郡の水道事業（出典：鈴木理生・鈴木浩三『ビジュアルでわかる　江戸・東京の地理と歴史』日本実業出版社、2022年）

一九三二（昭和七）年に隣接五郡が東京市に編入され、「大東京」として三五区になると、それに伴って、町営と町村組合経営の一〇水道は東京市営水道に統合され、民営水道三社も、次に紹介するように統合の段階で混乱が生じた玉川水道もあったが、一九三五（昭和一〇）年には矢口水道、一九四五（昭和二〇）年には日本水道が東京市およびそれを引き継いだ東京都に買収・統合された。

我が国初の民間水道会社——玉川水道株式会社

荏原水道組合は、地元村長や郡会議員、町村会議員などの地元有力者などによる出資額が二〇万円で、それで不足する部分は関係者の私財が投入されていたが、前述の通り、資金難により、事業を断念することとなった。そして一九一八（大正七）年二月一五日、荏原水道組合の財産とともに内務大臣の許可によって得た権利一式が玉川水道（本社：荏原郡入新井町《いりあらいまち》、現・大田区大森北一～六丁目付近）に譲渡された。

当時の技術からすれば、自然流下による送配水の活用が前提となっていたので、多摩川の河岸段丘上の武蔵野台地の中でも、標高の高い場所を選んで調布浄水場（現・大田区立多摩川台公園）と玉川浄水場（構内にある三角点の標高は四〇・八m）を設け、そこから自然流下で配水した。原水は多摩川左岸に設けた調布取水口からポンプで浄水場に送った。玉川浄水場は、田園調布の円形街路と玉川全円耕地整理事業による矩形《くけい》街路が接する場所で、直下は高さ一〇～二〇mの急斜面の続く国分寺崖線となっていた（図表9—6）。

この権利譲渡に関する事情について一九三六（昭和一一）年に東京市が作成した『玉川水道株式会社ニ関スル調書』（東京都水道歴史館蔵）[9]によれば、「仄聞する処に因れば右譲渡による買収額は四万円にして、投資約一七万円余の同組合水道を此の如き低額を以て譲渡することを組合員が承認した」と述べている。

東京市は一九三五（昭和一〇）年に玉川水道を強制的に買収したが、それに際して詳細な調査や経営分析等を行っている。買収後に、その経過をまとめたのがこの調書である。

つまり、設備投資を行って一部への給水まで漕ぎつけていた荏原水道組合を、玉川水道株式会社にとって著しく有利な条件で譲渡することを、地元住民を背景とする荏原水道組合が受け入れたのであった。その背景には、同組合設立の法的根拠となった一九一一（明治四四）年の給水条例改正において、「住民の福利の為め、関係町村の公営の場合は許可年限中と雖も、何時にても移譲し、年限満了後は無償移譲す」旨の規定があり、その「組合の設立の際に於ける誠心をも必ず継承することを条件としたるものの如し」と東京市役所は述べている。なお、先ほど紹介したように、一九一三（大正二）年の給水条例改正により、所定期間満了後の移譲は有償に変更されている。

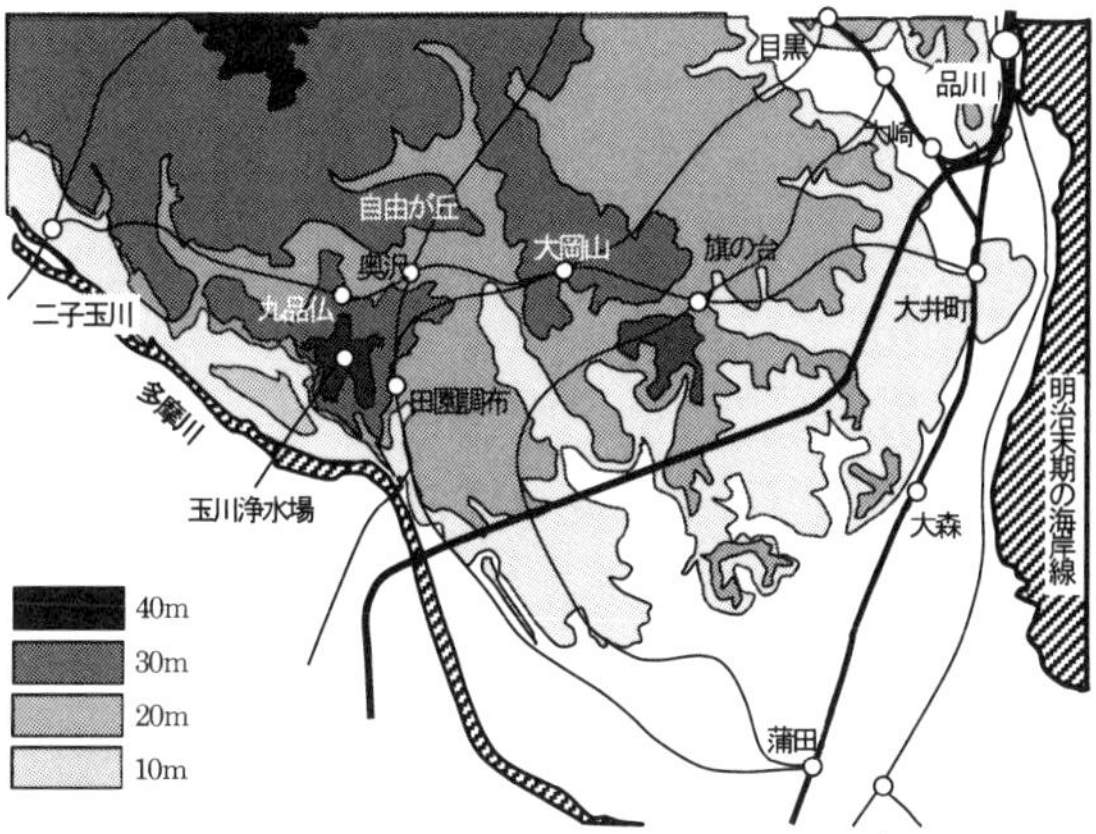

図表9－6　玉川浄水場付近の地形

『玉川水道買収の経過』（東京市役所）によれば、玉川水道の創立当時の資本金は三〇万円で、買収成立とともに送配水管の整備などを行い、一一月には入新井や大森の一部に通水した。その後、玉川浄水場、池上給水場の築造や給水区域の拡張を開始し、一九一九（大正八）年に資本金を二〇〇万円に増資した。さらに旧六郷村《ろくごう》、玉川村《たまがわ》、調布村《ちょうふ》、碑衾村《ひぶすま》、馬込村《まごめ》など七村への拡張の許可を得て、拡張工事に乗り出し、一九二二（大正一一）年には資本金を五〇〇万円に増額した。

関東大震災後は、市街中心部からの転入者が急増したことに伴う施設拡張のため、一九二七（昭和二）年には資本金を一〇〇〇万円、一九三二（昭和七）年には一五〇〇万円に増資している。当初の施設規模が給水人口四〇万人、一人一日最大給水量一三九リットルであったものが、一九三三（昭和八）年時点では給水人口五〇万人、一人一日最大給水量二〇八リットルとなった[10]。

3　買収された玉川水道

玉川水道の株主は実業家や成金

こうした会社の急成長は、会社経営陣の積極策によるもので、それは組合が旨とした「住民の福利」というよりも、もっぱら株式会社組織による経済的利益の追求のためであった。それを如実に物語るのが同社の株主名簿である。新たに株主となった者のほとんどは、地元との関係は希薄であり、投資を目的にして集まった人々であった。

そこで、玉川水道の第二期営業報告書（一九一八［大正七］年六月一日〜同年一一月三〇日）の付属資料である株主名簿（一一月三〇日現在）を紹介する（図表9―7）。なお、玉川水道の各期の営業報告書については東京大学経済学図書館が所蔵している（一部欠号あり）。第二期の株主名簿を取り上げるのは、第一期（大正七年二月一五日〜同年五月三一日）の株主名簿とほぼ同じであることや、同社が入新井町および大森町の一部に初めて給水を開始したのが第二期末の一一月であったことによる。なお、同社の決算期は五月末と一一月末の年二回であった。

この名簿を見ると、一〇五名の株主が合計六〇〇〇株の株式（一株の額面五〇円）を保有している。株の保有状況は一人五〇〇株から二株までで、三〇〇株以上を保有する株主が五名で一八九三株、二〇〇株以上の保有者が五名で一〇五〇株、一〇〇株が一一名で一一〇〇株、これだけで四〇四三株となって、発行済株式の半数を優に超えている。

また、一〇五名の株主のうち荏原水道組合の理事は二名にとどまっており、組合色は一掃されていたといえる。また、一〇五名を国立国会図書館デジタルコレクションで閲覧可能な当時の官報や紳士録によって検索すると、ほとんどが実業家で占められており、数名を除いてヒットするのが特徴である。官報には法人登記に伴って法人の長や取締役などが登載され、当時盛んに出版されていた各種の『紳士録』には企業の経営者や幹部従業員が掲載されている。

とりわけ、一〇〇株以上を保有する主要株主には、「大正バブル」ないしは「大戦景気」と呼ばれる一九一五（大正四）年下半期から一九二〇（大正九）年三月の「戦後恐慌」の期間を中心に登場した「成金」とともに、電力会社の従業員が目立つのが特色である。株主名簿を見る限り、買収された荏原水道組合は、株式配当を目的とする会社に変質したわけで、『玉川水道株式会社ニ関スル調書』が述べる「精神」が、会社設立当初から「空証文」となったのは、むしろ当然の

No.	株数	府県別	氏名	役職	主な経歴（当時）
1	500	東京	山本唯三郎		実業家、（合資）山本総本店代表社員、（株）松昌洋行、木屋瀬採炭（株）等社長、池上在住
2	493	東京	豊田實之助	取締役会長	実業家、東京電燈（株）経理部副長兼経理課長、南洋製糖（株）取締役（大正8年現在）
3	300	東京	瀧鼻慶吾	取締役	実業家、東京瓦斯電気工業（株）機械営業課長
4	300	東京	栗原幸蔵	専務取締役 のち社長	実業家、大正6年まで東京電燈（株）、明治38同社集金係長、大2調査係長のち大東京鉄道社長、湘南水道社長、三陸水電㈱取締役
5	300	東京	望月政友	取締役	実業家、大正10~1期・衆議院議員（立憲政友会）、東京府島嶼殖産、辰巳屋商店（株）各取締役
6	250	東京	渡邊三郎	監査役	技術者・実業家、（株）渡辺銀行取締役、日本電気冶金（株）取締役、日本特殊鋼（合資）無限責任社員、大正4年日本特殊鋼合資会社（現大同特殊鋼）を設立・社長、大正5年大森工場操業開始
7	200	東京	永橋至剛	取締役	実業家、東予水力電気（株）社長、帝国電燈（株）取締役、帝国製油（株）取締役等
8	200	東京	松本留吉	監査役	実業家、藤倉電線（株）社長、藤倉合名代表社員、帝国電燈（株）取締役、帝国製油（株）取締役
9	200	東京	柴田清之助		実業家（染料）、日本化工（株）監査役、東京硫酸（株）専務取締役、大正7年第一製薬（現・第一三共）創業・社長、
10	200	東京	平林浅次郎	取締役	大8.9.25～東京府会議員、入新井信用組合理事
11	100	東京	岩井和三郎		入新井信用組合理事、大6.1.29東京府信用勾配組合連合会・監査役、倉庫業
12	100	東京	遅塚保三		実業家、技術者、第二吾妻川電力㈱土木課長、東信電気㈱土木技師
13	100	横浜	若尾幾造		衆議院議員（横浜市選出・立憲政友会）、銀行家、実業家、生糸相場、東京電燈取締役、日本鉄道取締役、京浜電気鉄道取締役、帝国ホテル取締役等
14	100	東京	渡邊譲吉		実業家、明治電気（株）監査役、入新井町新井宿2732在住（大正14年時点）
15	100	東京	田澤 又右衛門		実業家（横浜の薬品業）、日本安全石油（株）、東洋曹達（株）、東洋染料（株）等の取締役
16	100	千葉	能勢鼎三	取締役	実業家、三省堂各（株）取締役、 三省堂の大正4年設立時から取締役
17	100	三重	九鬼紋七		実業家、勲四等、衆議院議員、三重県多額納税者、四日市商業会議所会頭、三重人造肥料（株）、四日市倉庫（株）、四日市鉄道（株）等社長、九鬼産業（株）のち四日市製油所取締役
18	100	三重	九鬼健一郎		九鬼紋七の孫
19	100	東京	藤田英次郎		実業家、（合資）今井商会無限責任社員、株式仲買業、 のち㈱角丸商会監査役（株屋・東京株式取引所仲買人）

20	100	東京	秋本喜七	監査役	実業家、大4～衆議院議員（立憲政友会）、(株) 田無銀行頭取、南洋製糖（株）取締役、武蔵野村会議員、村助役、村長、北多摩郡会議員、東京府会議員を歴任
21	100	東京	佐々木政吉		医学博士、杏雲堂医院顧問、杏雲堂顧問・佐々木政吉の別荘が入新井、新井宿2335番地にあり

図表9－7　玉川水道株式会社　第2期株主名簿（100株以上、1918［大正7］年11月30日現在。網掛けは、荏原水道組合の理事であった者。出典：『玉川水道株式会社　第2期営業報告書』1918年（東京大学経済学図書館蔵）、官報　人事興信所編『人事興信録』（各版）、日本興業通信社編『銀行会社職員録』（各版）、日本商工通信社編『職業別電話名簿 東京・横浜』（各版）等、いずれも国会図書館デジタルコレクションによる）

成り行きであった。

この時点の筆頭株主は、池上に豪邸を構え、朝鮮半島で加藤清正を模した虎狩りをするなど「船成金」として有名だった山本唯三郎《ただざぶろう》(11)で五〇〇株を保有していた。しかし、次の第三期の株主名簿には見当たらない。第二期の株主名簿（一九一八［大正七］年一一月三〇日現在）は、大正バブルの爛熟期で、翌年にはバブル崩壊の予兆としての不況が到来した時代であった。その影響もあって山本は零落し、一九一七（大正六）年に三五万円余で購入した『佐竹本三十六歌仙絵巻』（旧・秋田藩主佐竹侯爵家が所蔵）を、一九一九（大正八）年には三七万円余りで売却している。しかし、高額すぎて一括して購入できる者が現れなかったため、三十六歌仙は一人一人に分割されて売却されるという悲惨な結末を迎えた(12)。山本が『佐竹本』を売りに出した時期と、玉川水道の株主名簿から姿を消した時期は一致する。

山本が手放した五〇〇株は、第三期の株主名簿では松方正義の五男・松方五郎（一九一一［明治四四］年に東京瓦斯工業の二代目社長に就任、一九一三［大正二］年に東京瓦斯電気工業と社名変更）の手に渡っている。

保有株数の二位は豊田寅之助（四九三株）で、同社設立時の取締役会長である。一九一九（大正八）年現在、東京電燈㈱経理部副長兼経理課長を務めていた。

三位（三〇〇株）は、東京瓦斯電気工業㈱の機械営業課長であった瀧鼻慶吾（取締役）、一九一七（大正六）年まで東京電燈㈱の係長を務めていた栗原幸蔵（専務取締役）、実業家で一九二一（大正一〇）年から衆議院議員（立憲政友会）を一期務めた望月政友（取締役）の三名である。栗原は後に玉川水道の社長に就任し、東京市に買収されるまで在任した。

六位の二五〇株は、日本特殊鋼合資会社（現大同特殊鋼）を設立して社長に就任していた渡邊三郎（監査役）である。一九一六（大正五）年には同社の大森工場が操業を開始していた。

七位の二〇〇株は、東予水力電気㈱社長で帝国電燈㈱取締役の永橋至剛（取締役）、藤倉電線㈱社長で帝国電燈㈱取締役の松本留吉（監査役）、日本化工㈱監査役、東京硫酸㈱専務取締役で、染料で材をなした柴田清之助（一九一八［大正七］年・第一製薬［現・第一三共］創業・社長）、さらには、かつて荏原水道組合理事であり、入新井信用組合理事の平林浅次郎の四名であった。

一一位の一〇〇株には、荏原水道組合の理事であり、入新井信用組合理事の岩井和三郎のほか、東京電灯㈱取締役で甲州財閥の若尾幾造、横浜の薬成金といわれた田澤又右衛門、株式仲買業でのちに㈱角丸商会監査役となる藤田英次郎、軍服の染料で財を成した日本染料工業㈱社長の稲畑勝太郎、九鬼産業の関係者なども見える。

図表9―7をざっと眺めただけでも、第一次世界大戦から戦間期にかけて活躍し、経営史の教科書に登場するような実業家、投資家が登場している。

一方、これらの大株主の出自をみると、取締役会長の豊田寅之助は東京電燈㈱経理部副長兼経理課長、専務取締役の栗原幸蔵は東京電燈㈱の係長、取締役の永橋至剛は帝国電燈㈱取締役、監査役の松本留吉も帝国電燈㈱取締役と、電力会社の中堅・幹部従業員が目立つ。なお、取締役の瀧鼻慶吾も東京瓦斯電気工業㈱の機械営業課長だったが、同社は車輛などの製造を行っていた。彼らは、経歴から見れば資本家というよりも従業員の色彩が濃いところが共通する。ということは、実際には別に金主が居て、そこから送り込まれた者たちが玉川水道の経営陣となっていた可能性も否定できない。

玉川水道の営業成績

先ほどの『玉川水道株式会社ニ関スル調書』（東京市役所、一九三六年）には、同社の決算資料が掲載されており、「利益率ト配当率トノ関係」と表記された表（図表9—8）を見ると、一九二〇（大正九）年一一月（第六期の決算期）では、「平均払込資本に対する利益率」は一・〇八割、現在の株主資本利益率（ROA）と近似する「株主資本に対する利益率」は一・〇三割、「配当率」は〇・七〇割となっている。この傾向は、大まかにいって、東京市に買収される直前の第三二期、すなわち一九三三（昭和八）年一一月期まで同じである。ただし、第一〇期（一九二二［大正一一］年一一月）と第一一期、第一四期から第二三期（一九二四［大正一三］年一一月から一九二九［昭和四］年五月）それぞれの決算期における配当率は「一割配」を維持していた。昭和恐慌が本格化した一九三〇（昭和五）年から翌年にかけても、〇・八から〇・七割までの低下に収まっており、不況下でも着実に利益を上げて、株主に配当していたことがわかる。

単位：千円

期	決算期	資本金	株主資本	平均 払込資本	利益金	株主資本に 対する 利益率（割）	平均払込資 本に対する 利益率（割）	配当率 （割）
6	大正9年11月	2,000	1,221	1,172	63	1.03	1.08	0.70
7	大正10年5月	2,000	1,285	1,150	67	1.04	1.17	0.90
8	大正10年11月	2,000	1,681	1,595	98	1.17	1.23	0.90
9	大正11年5月	2,000	2,125	1,992	111	1.04	1.11	0.90
10	大正11年11月	2,000	2,141	2,000	133	1.24	1.33	1.00
11	大正12年5月	5,000	2,914	2,324	152	1.04	1.31	1.00
12	大正12年11月	5,000	2,902	2,750	144	0.99	1.05	0.80
13	大正13年5月	5,000	3,672	2,900	172	0.94	1.19	0.90
14	大正13年11月	5,000	3,732	3,500	222	1.19	1.27	1.00
15	大正14年5月	5,000	4,456	3,632	233	1.05	1.28	1.00
16	大正14年11月	5,000	4,530	4,250	263	1.16	1.24	1.00
17	大正15年5月	5,000	5,295	4,382	296	1.12	1.35	1.00
18	大正15年11月	5,000	5,333	5,000	336	1.26	1.34	1.00
19	昭和2年5月	10,000	6,520	5,110	360	1.10	1.41	1.00
20	昭和2年11月	10,000	6,668	6,250	431	1.29	1.38	1.00
21	昭和3年5月	10,000	7,927	6,360	443	1.12	1.39	1.00
22	昭和3年11月	10,000	7,999	7,500	514	1.29	1.37	1.00
23	昭和4年5月	10,000	8,014	7,500	534	1.33	1.42	1.00
24	昭和4年11月	10,000	9,259	8,244	585	1.26	1.42	0.90
25	昭和5年5月	10,000	9,229	8,750	594	1.29	1.36	0.80
26	昭和5年11月	10,000	9,230	8,750	593	1.28	1.36	0.80
27	昭和6年5月	10,000	10,513	9,374	624	1.19	1.33	0.80
28	昭和6年11月	10,000	10,506	10,000	611	1.16	1.22	0.70
29	昭和7年5月	10,000	10,548	10,000	631	1.20	1.26	0.70
30	昭和7年11月	10,000	10,605	10,000	637	1.20	1.27	0.70
31	昭和8年5月	10,000	10,659	10,000	669	1.26	1.34	0.90
32	昭和8年11月	10,000	10,541	10,000	612	1.16	1.22	0.70

図表9－8 「利益率ト配当率トノ関係」（出典：東京市役所『玉川水道株式会社ニ関スル調書』1936年、東京都水道歴史館所蔵）

次に、同書に記載のある「社内保留金及社外分配ノ内容」（第一三期・一九二四〔大正一三〕年五月～第三二期・一九三三〔昭和八〕年一一月）を見ると、第一三期の決算では、「株主配当金」と「役員賞与金」を合わせた「社外分配」の割合が実に八・一割となっており、第三二期には六・二割まで低下するものの、株主への利益還元が優先されたことを物語っている。第一三期から第三二期までの合計では、利益金九三六〇千円のうち「償却金」や「積立金」などの「社内留保金」が二八九三千円（三一%）、「社外分配」が六四七九千円（六九%）となっていた。

さらに、第二三期（一九二八〔昭和三〕年一二月）から第三二期までの損益では、「当期総益金」に占める「当期総損益」の割合は、第二三期の六〇・七五%と第三二期の七〇・〇四%の間を上下している。昭和恐慌を挟んでいたとはいえ、関東大震災後になると、同社の給水区域である城南地区（三五区では旧荏原郡の品川、荏原、目黒、大森、蒲田、世田谷の六区）への人口流入が続いて給水収益が増え続ける条件にあったことも幸いしていた。また、無料工事による給水件数の拡大にも積極的だった。しかし、同社において、収益を出すために投入されるコストの割合を低く抑える努力が払われ続けたことが、こうした黒字体質の大きな要因であった。

それを物語るのが、同社は漏水しやすい木管（円形にくり抜いた木製の管）に鉄製の箍《たが》を連続してはめたものの多用であった

写真9－1　玉川水道の木管（大田区立郷土博物館蔵）

（写真9―1）。一九一八（大正七）年の会社創設当時は、大戦景気もあって鉄管の価格が高騰していたこともあって木管を採用し、買収直前の第三二期（一九三三〔昭和八〕年一一月）の時点でも送配水管四〇万九二九・七mのうち三六五二・三m（〇・九％）の木管が残っていた。

そうした〝経営努力〟の甲斐もあって、玉川水道は高配当で高額な役員報酬が得られる優良企業となっていた。たとえば、買収話が世上の話題になった一九三三（昭和八）年当時の株式市場では、同社の評価はポジティブで、住石政雄『株はどう動く：利殖総纜』（一九三三年）では「事業の性質から最近の成績は不況裡乍ら順調だ。七分配当は維持されるだらうし、前途買収価格が問題だが、少くも額面以上と予想されてゐる」と述べている。(13) また、『東京株式取引所市場上場株会社内容早判《はやわかり》』（入叶《いりかのう》商店調査部、一九三三年）でも「今期の成績は社会の問題となつた塩水騒ぎも料金の一時的引下げ等で僅かに拾五万円の損失であつた、次に給水数量は増加して此方面の収入も増し結局差引一分増配といふ好成績であるから買収問題も有利に解決さるるかも知れぬので悲観は要しない」となっている。(14) この「塩水騒ぎ」については次項で触れる。

大東京の発足と玉川水道の買収――水道に海水が混入

一九三二（昭和七）年一〇月一日、隣接五郡を合併して大東京が成立すると、この地域の私設水道を東京市が買収して、都営水道に統合する動きが始まった。『玉川水道買収の経過』（東京市役所）では、「変則的に存在すること、なった私設水道の早急統合の必要を認め、調査を開始し」、その中でも「布設許可年限満了近き玉川水道に付ては、出来得る限り調査を急ぐ方針」となったとしている。この買収は、水道条例第一七条の強制買収規定を適用した我が国最初の事例となっている。[15]なお、同条例第一八条は協議による買収となっていた。

それと呼応して、玉川水道の給水区域であった旧・荏原郡の各区（現・品川、目黒、大田、世田谷区）では、一〇月一八日には地元有志から買収の陳情がなされたほか、関係各区からの意見書提出等が相次いだ。翌年の一九三三（昭和八）年になると、各区における玉川水道の買収促進運動はさらに盛んになった。それは、旧一五区の市営水道と玉川水道では料金に倍近くの格差があり、その均衡を図ることを、玉川水道の給水区域の人々が強く求めていたからだった。

『蒲田町史　市郡合併記念』（蒲田町史編纂会）によれば、玉川水道の「水道使用料は、十四立方米に対し、水料一円五十銭、メートル料二十五銭、合計一円七十五銭を徴し、且引込工事に対しては、実費と称して頗る高額を要求するが為に、町内に於て之が不当を叫ぶの声漸く多きを加ふるに至つたので、瓦斯及電燈、電力使用料の値下要求と共に、水道料金値下運動が勃発した。即ち東京市に於ける水道料は、十立方米に付九十銭なるに、玉川水道は殆ど其の倍額に相当し[16]」と、当時の大きな料金格差を訴えている。買収後の一九三六（昭和一一）年当時、東京市水道局長であった原全路も「是等民営水道は営利会社当然の結果として、市営に比較して使用料も高率である為に、市民の負担が不均衡を免れぬので、之等の需要者（利用者）よりの民営水道買収の叫は日を追ふて高められた[17]」と述べている。

こうした矢先の同年六月上旬、玉川水道の水道水に海水が混入する事件が起こった。背景は、多摩川で行われていた無秩序な砂利採取等によって、下流から中流域で河床低下が生じて海水の遡上が拡大したことにあった。折からの少雨もあって、河口から一三kmの多摩川左岸に設置された調布取水口にも、海水が遡上するようになっていた。

そのため、緊急的に、取水口を上流に設ける対応がなされたが、それが完成するまでの七月までは、公衆浴場や飲食店の休業などもあって新聞紙上でも大きく扱われた。住民側は自警団を組織、在郷軍人も加わるほか、関係六区の区会によって結成された「六区水道対策連合委員会」が〝会社膺懲《ようちょう》〟（会社をこらしめる）のために毎夜数カ所で演説会を開くなど社会問題化した。玉川水道は謝罪広告の掲出、料金の減額といった対応を迫られた。(18)

しかし、海水混入は防潮堰などの設置により回避が可能であり、玉川水道が多額の投資を伴う防潮堰の建設に消極的だった可能性は十分にあるだろう。調布取水口に「調布防潮堰」を設けたのは東京市で、玉川水道を買収した後の昭和一一年二月であった。

海水混入騒ぎが落ち着いた一九三四（昭和九）年三月になると、同年七月二二日に迫った玉川水道の前身であった荏原水道組合に内務大臣から出された許可年限の満了を前に、東京府知事から東京市の内意の照会があり、これをきっかけに、玉川水道の買収に向けた機運が市役所内で高まっていった。

一方、玉川水道側では、すでに一九三二（昭和七）年九月に内務大臣あてに二五年の許可年限の延長を願い出ていたことから、一九三四（昭和九）年四月、内務省衛生局長からの照会を受けた東京府知事より、改めて東京市に対して方針の照会があった。五月、東京市としては「玉川水道ノ市営統合ハ一日モ速ニ之ヲ実現」したく、もし許可年限を延長する場合にはなるべく短期間とし、引継に必要な書類を一カ月以内に提出するように指示してほしい旨を回答している。

さらに東京市は六月一三日、玉川水道の栗原幸蔵社長あてに、水道条例第一七条による買収を通告、内務大臣は七月二一日付で、前年九月の同社による許可年限の二五年間の延長申請に対して、一九三五（昭和一〇）年三月二二日までの八カ月間の延長とした。これは、東京市において玉川水道の事業を引き継ぐために必要な期間であった。また、東京府知事からは、この期間満了と同時に、土地物件の授受を終了すべきことも通牒されていた。

会社・株主の抵抗

しかし、買収交渉に入っても玉川水道側は抵抗した。「水道布設ニ要シタル費用」の解釈のほか、一一月二日には、玉川水道は水道条例第一八条による買収を主張するなど、双方の主張の隔たりは大きかった。一一月三日に東京市が提示した金額は同社によって拒否された。東京市では評価の一部を修正し、一二月三日付で一六五三万三千円を提示したが、会社側はこれも拒否した上で、引き延ばしを図る状況となった。

そこで東京市は、一九三五（昭和一〇）年一月一二日付で東京府知事に買収価格の決定方を申請、三月一六日付で東京府知事は一八二六万八千円余の買収価格を決定した。延長された期間満了の直前となっていた。しかし、この間を通じて、水道条例第一七条に基づく買収を避けられない状況となった玉川水道は、買収価格の増額に向けて盛んに動いていた。

『玉川水道買収の経過』（東京市役所）によれば、期限満了の三月二二日夜、「玉川水道株主有志」の多数が、翌日の施設等の引継を拒んで、入新井の本社屋や調布取水口などの関係施設に立て籠り、警官隊の出動という事態になった。給水が止まってはならないので、市側は円滑な施設の引継に向けて臨んだ。従業員については、希望者は東京市に引き続き採用された一方で、補償金は出るとはいえ、高配当の優良株を失う株主たちの抵抗は大きかった。労働者ではなく株主が立て籠った点が特徴的だった。調布取水口には二三日午前三時頃にようやく市の職員が入場できたが、本社では抵抗が大きく、大森警察署長のあっせんで話し合いが持たれた結果、午前一〇時頃までには株主たちは退場している。

こうした混乱を経て、三月二三日、玉川水道は東京市に引継がれたが、後日談もあった。『財界三十年譜 下巻』（実業之世界社編輯局編、一九三八年）の一九三五（昭和一〇）年五月二八日の項には「玉川水道社長栗原幸蔵検事局に召喚——玉川水道会社（資本金一千五百万円）は東京市に去る三月二千八《マ》十万七《マ》千円を以て強制買収されたが同社長栗原幸蔵は買収価格吊上げのため運動費をバラ撒き、背任横領瀆職の嫌疑を以て東京地方裁判所検事局に召喚され木内検事の取調べを受けた[19]」と記載されている。さらに、『時事年鑑 昭和十二年版』（時事新報社編纂、一九三六年）には、「玉川水道疑獄判決——東京市の玉川水道強制買収に絡んだ贈収賄事件は（昭和一一年）一月廿日東京刑事裁判所に於て判決言渡しあり、玉水社長栗原幸蔵（贈賄）は懲役四月（猶予二年）、同顧問川島正次郎（贈賄幇助）罰金三百円、市側水道委員長小久保時之助は懲役六月（猶予六年）、追徴金三千円に処せられた[20]」となっている。

玉川水道の買収は、一九三一（昭和六）年の重要産業統制法の公布から一九三八（昭和一三）

年の国家総動員法の公布までの時期に当たっている。そうした時代との関係を念頭に置くと、株主利益の最大化を図っていた自由主義的な玉川水道の動きに対して、買収価格の吊り上げに絡む贈賄という形で刑事責任を追及したことは、統制の実効性を刑事罰によって担保することの前触れとなった可能性もある。

株主が統合＝買収に反対して実力行使に及んで官憲出動に至ったことに関連する事案の摘発は、規制ないし統制する側としては、むしろ好都合だった。買収の周辺には、玉川水道に対する料金引下運動とともに、海水混入に対する責任追及にヒートアップする多くの地元住民の存在があった。地元の自警団や在郷軍人に代表される多くの人々の〝大政翼賛的〟な賛意のなかで買収が進められたことは、その後の摘発をめぐる人々や当局の意識にも影響した余地もあろう。そうした意味で、玉川水道の買収は大東京という地理的範囲を越えて、その後の国家総動員体制の実効性の確保に貢献した可能性も否定できない。

その一方で、当時、経済評論家として活躍していた高橋亀吉（一八九一〜一九七七年）は、一九三六（昭和一一）年に刊行した著書『我が財政経済の革新』において「必要なる統制と不必要なる統制」を論じた中で、玉川水道の買収を批判している。[21] 高橋は「自由放任主義を主張したり、国家の産業統制を無用なりとする意味では決してありません」と断った上で、「今日、何故東電の電力料金が高いかと言へば、御承知の通り政党や資本家が利権を漁り、東電を喰物にして了つて、其結果、資本コストが不当に高くなつたから」「かうしたことを再び繰り返させぬ為［に］も、当然に統制が加はり、以て料金引下げを促進さす政策が採られることになりませう」と述べる。これは、まさに玉川水道の経営にも共通する問題でもあった。

そして「いま財界では、過般（昭和十年）の玉川水道の例が示すやうに、時価よりも非常に低い所で、買収価格が決定されるのではないかと怖れてゐます」と、資本家への深刻な影響を指摘した。その上で、「玉川水道の如き本質的に公益事業たる特殊の一小事業の買収に際してさへ、財界にあれだけの大きな恐怖を与へたことを顧みても、これ迄、原則として民間に委せられてゐる一般事業の買収は、玉川水道の筆法で今後やれる筈のものでないことは明瞭」と述べる。さらに「右は、独り買収問題のみでなく、配当や利潤に対する制限其他についても同様なことが云ひ得るので、単に配当が高いとか、利潤が多いとか云ふ外形上の理由で、之を単純に抑圧するやうなことをやれば――増税にせよ統制にせよ――、所得の問題だけでなく、資本家の企業動機をも抑圧する事になります」と批判した。

しかし、国会総動員法が一九三八（昭和一三）年に公布され、本格的な統制の時代に入ると、皮肉なことに高橋のこうした懸念は現実のものとなった。とはいえ、玉川水道の実態は、民営の水道事業が利用者である住民（公共）からのガバナンスが利かない状態に置かれた場合に、本末転倒の結果に陥る実例にもなっている。大いに利益を上げる一方で、高額の料金や塩水混入、鉄管ならぬ木管の使用などといった玉川水道の〝ドラマ〟は、改めて民営水道企業に対する公共によるコントロールの重要性を投げかけている。

4　戦時体制下の拡張事業

第二水道拡張事業

その後も水道需要の伸びは続き、一九三一（昭和六）年九月に東京市が発表した「大東京水道計画ニ関スル調書」の一部として、一九三二（昭和七）年七月、東京市会において第二水道拡張事業計画が決定された。『水道局事業概要　昭和四二年度』（東京都水道局）では、[22]「将来の大東京にそなえる長期計画として、小河内ダム、東村山浄水場の築造を根幹とする多摩川水系の第二水道拡張事業計画が昭和七年に、また、利根川を水源とする第三水道拡張事業計画が一九四二（昭和一七）年にそれぞれ策定された」となっている。

第二水道拡張事業では、当時の西多摩郡小河内村《おこうち》（現・奥多摩町）に多摩川に堰堤《えんてい》（小河内ダム）を築き、山梨県北都留郡丹波山村や小菅村などにまたがる大規模な貯水池を設けることと、北多摩郡東村山村に浄水場を新設して、村山・山口貯水池の原水を浄水処理して市内に送ることが中心となっており、工期は一九三二（昭和七）年度から一九五一（昭和二六）年度までの二〇年間となっていた。

しかし、稲毛川崎二ヶ領普通水利組合との間で水利紛争が生じて進行が遅れ、小河内ダムおよび東村山浄水場の建設に関する認可が得られたのは一九三六（昭和一一）年七月であった。そのため、需要増への対応が急務となり、江戸川を水源とする金町浄水場と、多摩川を水源とする砧下浄水場それぞれの応急拡張事業が昭和一一年に認可された。

小河内ダムの工事は、一九三八（昭和一三）年一一月に始まったが、その半年後の一九四〇（昭和一五）年六月には、多摩川水系は大渇水となった。そのため、金町浄水場の給水を受けていた地域などを除いた東京市の全戸で時間給水となっている。水源の不足が深刻化していた。

一九四一（昭和一六）年一二月八日の米英への宣戦布告の後、一九四三（昭和一八）年七月になると、戦時体制の強化等のために東京市と東京府が廃止されて東京都に統合された。そして、一〇月には小河内ダムの建設工事も一時中止となった。なお、砧下浄水場の拡張は一九四一（昭和一六）年五月に完了し、金町浄水場の拡張事業の一部は一九四二（昭和一七）年に通水となったが、残りは一九四五（昭和二〇）年に中断された。

第三水道拡張事業

多摩川水系の大渇水に直面した東京市では、利根川上流からの取水に向けた動きが本格化し、一九四二（昭和一七）年五月、利根川を水源とする第三水道拡張事業の認可を内務省に申請した。そこまでの経緯を紹介すると、一九三九（昭和一四）年三月、群馬県が奥利根でのダム開発を含む河水統制事業計画を進めていたことを好機ととらえた東京市は、事業費の一部の負担と引き換えに、必要な水量の利水を得ることを内務省に要請した。これは、戦後の利根川水系の水源開発のスキームに通じていた。事業費の一部を負担するという東京市側の動きに対して、内務省、群馬県ともに積極的であったこともあって、東京市の認可申請に至った。しかし、戦争により河水統制が中止となったために結局は無認可となった。

ただし、第三水道拡張事業が完成したとしても、数十万㎥の給水不足が予測されていた。そこで応急暫定策として、内務省のあっせんにより、一九四三（昭和一八）年六月に、神奈川県、川崎市および東京市の三者間で相模川系に関する「東京市ヘノ分水協定」が成立した。これに基づき、相模川からの分水の受け入れ施設としての城南配水補給施設事業も一九四四（昭和一九）年一月に認可された。しかし、戦争により川崎市の拡張工事が中止となったため、城南配水補給施設事業は一部の配水管工事を除き実施できなくなった。なお、戦時体制に対応するための料金改定も一九四三（昭和一八）年に実施され、娯楽用水の料金が高く設定されている。また、一九四五（昭和二〇）年四月には、東京都がようやく日本水道株式会社を買収するに至っている。

（1）東京府統計書、一九一〇年、一九一五年、一九二〇年、一九二五年、一九三〇年、一九三六年。
（2）東京都水道局編『東京都第二水道拡張事業誌 前編』東京都水道局、一九六〇年、二一〜三頁（国立国会図書館デジタルコレクション一五／三九八）。
（3）東京都水道局編『東京近代水道１２５年史』東京都水道局、二〇二四年、一四頁。https://www.waterworks.metro.tokyo.lg.jp/files/items/20386/File/125nenshi.pdf（二〇二四年九月二日閲覧）。
（4）時事通信社編『時事年鑑 昭和５年版』時事通信社、一九二九年、五九五〜五九六頁（国立国会図書館デジタルコレクション二〇二一〜二〇二二／四一四）。
（5）東京市編『東京市勢提要 第１回』東京市、一九一一年、一七頁（国立国会図書館デジタルコレクション二〇／七七）、東京市統計課編『東京市勢提要　第10回』東京市統計課、一九二一年、一四八～一四九頁（国立国会図書館デジタルコレクション八三／一九五）、東京市統計課編『東京市勢提要　第11回』東京市統計課、一九二四年、一一〇～一一三頁（国立国会図書館デジタルコレクション六四～六五／一五九）、東京市統計課編『東京市勢提要　第16回』東京市統計課、一九二九年、一七〇～一七一（国立国会図書館デジタルコレクション九九／二九五）、東京市統計課編『東京市勢提要　第19回』東京市統計課、一九三二年、七三頁（国立国会図書館デジタルコレクション四九／一三〇）、東京市統計課編『東京市勢提要　第21回』東京市統計課、一九三四年、八〇頁（国立国会図書館デジタルコレクション五一／一五五）、東京市統計課編『東京市勢提要　第26回』東京市統計課、一九三九年、一〇四頁（国立国会図書館デジタルコレクション六四／一六二）、東京市統計課編『東京市勢提要　第29回』東京市統計課、一九四三年、六七頁（国立国会図書館デジタルコレクション四三／一一二）。

（6）堀越正雄『水道の文化史――江戸の水道・東京の水道』鹿島出版会、一九八一年、一〇九頁。

（7）水道協会編『上水道統計及報告　第19』水道協会、一九三一年、一〇五～一〇六頁（国立国会図書館デジタルコレクション六六／一八〇）、水道協会編『上水道統計及報告　第26号』水道協会、一九三七年、二七二～二七三頁（国立国会図書館デジタルコレクション一五九／三五〇）、水道協会編『上水道統計及報告　第31号』水道協会、一九四三年、一八八～一八九頁（国立国会図書館デジタルコレクション一〇一／二〇八）。

（8）東京都水道局編『東京近代水道百年史　通史』東京都水道局、一九九九年、一〇五頁。

（9）東京市役所編『玉川水道株式会社ニ関スル調書』東京市役所、一九三六年四月（東京都水道歴史館所蔵）。

（10）東京市役所編『玉川水道買収の経過』東京市役所、一九三六年、二～一二頁（東京都水道歴史館所蔵）。

（11）湯本城川『財界の名士とはこんなもの？　第3巻』事業と人物社、一九二五年、二二～二四頁（国立国会図書館デジタルコレクション https://dl.ndl.go.jp/pid/983191（二〇二五年一月七日参照）。

（12）馬場あき子、ＮＨＫ取材班『秘宝三十六歌仙の流転――絵巻切断』日本放送出版協会、一九八四年、九五～一〇三頁。

（13）住石政雄『株はどう動く：利殖総攬』隆盟館、一九三三年、一八六頁（国立国会図書館デジタルコレクション一〇一／一三二）。

（14）入叶商店調査部編『東京株式取引所市場上場株会社内容早判』一九三三年、四七～四八頁（国立国会図書館デジタルコレクション三一～三二／四九）。

（15）名古屋市編『市政関係法規集』名古屋市、一九三四年、四七四～四七七頁（国立国会図書館デジタルコレクション二四五～二四六／三九九）。

水道条例第一七条　市町村ニ非サル企業者ノ布設シタル水道ニシテ許可年限ノ満了シタル後ハ関係市町村ハ水道布設ニ要

シタル費用ヲ支払ヒ、其水道及水道経営ニ必要ナル土地物件ヲ買収スルコトヲ得但シ水道及水道経営ニ必要ナル土地物件ニシテ布設当時ニ比シ価格ヲ減損シタルモノアルトキハ水道布設ニ要シタル費用ヨリ之ヲ控除ス（大正二年法律第十五号本条改正）。前項費用ノ範囲及金額ニ関シ当該市町村ト企業者トノ間ニ争アルトキハ地方長官之ヲ決定ス其決定ニ不服アル者ハ内務大臣ニ訴願スルコトヲ得

水道条例第一八条　市町村ニ非サル企業者ノ布設シタル水道ニシテ関係市町村ニ於テ必要ト認ムルトキハ許可年限ノ満了前ト雖之ヲ買収スルコトヲ得。前項ノ買収価格ハ協議ニ依リ之ヲ定ム協議調ハサルトキハ鑑定人ノ意見ヲ徴シ地方長官之ヲ決定ス其決定ニ不服アル者ハ内務大臣ニ訴願スルコトヲ得（同上追加）

(16) 蒲田町史編纂会編『蒲田町史：市郡合併記念』蒲田町史編纂会、一九三三年、一九八〜二〇二頁（国立国会図書館デジタルコレクション一三八〜一四〇／二六二）。

(17) 原全路（東京市水道局長）「東京市の玉川水道買収に関する経過」全国都市問題会議編『全国都市問題会議総会　第5回第5　公益企業經營に關する若干事例』全国都市問題会議事務局、一九三六年、一六三〜二〇三頁（国立国会図書館デジタルコレクション八九〜一〇九／一三七）。

(18) 菊地政雄編『蒲田区概観』蒲田区概観刊行会、一九三三年、五九一〜五九三頁（国立国会図書館デジタルコレクション三四四〜三四五／三九五）。

(19) 実業之世界社編輯局編『財界三十年譜　下巻』実業之世界社、一九四〇年、七五六頁（国立国会図書館デジタルコレクション三九二／八二四）。

(20) 時事新報社編纂『時事年鑑　昭和12年版』時事新報社、一九三六年、三九六頁（国立国会図書館デジタルコレクション二〇二／四一六）。

(21) 高橋亀吉『我が財政経済の革新』千倉書房、一九三六年、二二一〜二二五頁（国立国会図書館デジタルコレクション一二三〜一二四／一二三二）。

(22) 東京都水道局編『水道局事業概要　昭和42年度』東京都水道局、一九六七年、三〜四頁。

第10章
拡張に次ぐ拡張の時代——戦災復興期から高度経済成長期まで

本章では、戦災復興から高度経済成長期にかけての東京の爆発的な発展と、水源を含む水道施設の拡張に次ぐ拡張の様子を、施設整備を中心にしながら紹介する。

戦災による水道施設への被害は限られていたが、焼夷弾爆撃による焼失面積が大きかったため、水道の復旧は応急漏水防止と鉛管叩き潰しが中心となった。

ＧＨＱによって塩素消毒が重視された結果、水系感染症が大きく減少した。戦争で中断していた拡張事業も再開され、小河内ダムが完成したほか、淀橋浄水場も移転・廃止となった。

多摩川水系に依存していた東京では、慢性的な水不足が常態化したため、国による利根川水系の開発と東京都の水道施設の整備が本格化し、拡張に次ぐ拡張の時代が到来した。高度経済成長が終焉すると水道需要も安定し、施設整備も一段落したが渇水になりやすい構造は続いた。また、東京都の水道事業は料金改定によって支えられてきた側面も大きかった。

1　東京の爆発的な拡大と水道——江戸・東京の水不足体質は四〇〇年も続く

戦後から高度経済成長期の水道——施設整備を中心に

戦後復興期から一九八〇年代後半までの期間、つまり高度経済成長が一段落して、バブル経済に至る時代までに、東京の水道事業の施設規模は飛躍的に拡大した。爆発的ともいえる東京への人口や産業の集中の中で、インフラとしての役割を果たすために、拡張に次ぐ拡張を重ねる形で水道の施設整備が行われた。

この章では、東京都水道局の公式な公開資料を基本に話を進め、具体的には、『東京近代水道百年史　通史』（東京都水道局、一九九九年）と『東京水道125年史』（東京都水道局、二〇二三年）などに基づく。ただし、紙幅の都合もあるので、それらの詳細な資料については要点などの紹介にとどめるなど、〝駆け足〟による紹介にならざるを得ないため、読者の方々には、是非とも、原本をご覧頂きたい。『東京水道125年史』は、東京都水道局のHP上でも公開されているので、手軽にアクセスすることができる。

多くの読者の方々にとってイメージしやすいのは、やはり「箱もの」であろう。水道事業は電気事業などと同じく装置型産業なので、施設整備を追っていくことによって事業そのものの歴史を押さえることもできる。この章では、戦後から一九八〇年代末期までの水道施設の整備の流れを描いていくことにしたい。

2　戦後復興とインフレ

水道の戦災復旧——水道施設の復旧（応急漏水防止／鉛管叩き潰し）

一九四四（昭和一九）年一一月二四日以降、東京への米軍による空襲が本格化した。なかでも一九四五（昭和二〇）年三月九日から一〇日にかけての東京大空襲が有名だが、四月一三日（豊島、滝野川、荒川区などの城北地域）、四月一五日（蒲田区や川崎市など京浜工業地帯の中心部）、五月二四日（荏原、品川、大森、目黒、渋谷区などの城南地域や皇居、霞ヶ関などの都心の一部）など、大規模な焼夷弾攻撃をたびたび受けており、東京の多くが〝焼け野原〟になった。

水道施設で最も大きな被害を受けたのは、膨大な数に上る一般家庭の給水管（当時は鉛管）や給水装置（蛇口など）であった。市域周辺部の淀橋浄水場、郡部にあった貯水池や境浄水場のほか、地下に埋設されていた配水管網などの被害はさほど大きくはなかった。

『東京都戦災史』（東京都）によれば、「水道は、昭和一九年一一月二四日の昼間爆撃以来、数次の空襲に遭い、その都度相当の被害を受けた。その主なものは　1．導水路破壊八件　2．浄水場設備破損五件」といった程度である。その一方で、戦前の給水装置の総栓数九四万一五栓のうち、六四万九二〇三栓（六九％）が失われている。内訳は、焼失の五五万五八〇〇栓と、建物疎開による撤去の九万三四〇三栓となっている。[1] 空襲による焼失だけでなく、空襲に備えて建物を取り壊した疎開地域では、給水管や蛇口などが完全に撤去されないままとなっていた箇所も多かった。さらに、戦争激化に伴って経常的に行う必要のある漏水防止作業が先送りされていた地域も多かった。

敗戦とともに、米軍の空襲によって被災した水道施設の復旧が始まり、一九五一（昭和二六）年頃まで続いた。最初の段階は「応急措置」で、漏水している鉛管（給水管）を金槌で叩き潰すといった漏水防止作業が中心となっていた。膨大な数の鉛管や蛇口が家屋ごと焼失し、そこから水道水が大量に漏水していたからである（漏水率は推定五六％）。一九四六（昭和二一）年三月時点では、日量で約一二〇万㎥と、戦前と変わらない水量が浄水場から配水されていたことがそれを物語っている。漏水による水圧低下のため給水不良が生じる場所もあり、とりわけ、高台や配水管路の末端地区では水の出が悪い地域も多かった。

一九四五年一一月からは、焼失区域全域に対する系統的な止水栓の閉止などが行われた。一九四六（昭和二一）年九月からは、焼け残り区域を対象に、全給水区域を五区画に分けて地上漏水の修理を行い、漏水率を推定三〇％まで低下させることができた。

こうした〝原始的〟ともいえる手段によって水道の戦災復興はスタートしたのだが、漏水個所を起点としてバラックの住宅や店舗が建ち始めたという実態もあった。十分な食料配給が〝絵に描いた餅〟であった中での〝闇市〟と同様に、一定の漏水は単なるムダではなく、戦災復興が始まった当時の人々の営みを支えていた側面も無視できない。

一方、給水不良地区の解消に向けては、配水管の管路に設置されている制水弁を操作することによる配水調整が行われ、一九四六（昭和二一）年から一九五一（昭和二六）年にかけては、増圧ポンプ場や鑿井ポンプ場も設置された。区画整理事業に伴う配水管の移設・撤去は老朽配水管の取り替えを促進している。

戦災復興の時期は、関東地方が相次いで台風災害に見舞われた時期でもあった(2)。一九四七（昭和二二）年九月一四日と一五日のキャスリーン台風、一九四八（昭和二三）年九月一六日のアイオン台風、一九四九（昭和二四）年九月のキティ台風と続いている。

とりわけキャスリーン台風では、利根川の堤防決壊により、濁流が侵入した金町浄水場（当時の配水量は二八〜二九万㎥／日）は全機能停止に追い込まれ、荒川放水路と中川に架かる葛西橋《かっさいばし》などの橋梁が流失・破損したために橋に添架された鉄管も流失したり、損傷を受けた。そのため、金町浄水場系の給水区域（足立区、葛飾区、江戸川区の全部、荒川区、江東区、台東区、墨田区の一部ないしは大部分）では断水が生じた。このうち、洪水による浸水を免れた地域（荒川、江東、台東、墨田区の一部）は、淀橋・境浄水場からの配水に切り替えられている。浸水地域では応急給水（応急給水車および船舶）が行われ、警視庁、占領軍なども出動した。

多摩川では河川水の混濁が激しく、停電も重なったため、下流部の玉川浄水場、砧上浄水場では浄水処理の能力が低下し、大田、品川、世田谷、杉並、豊島区などの一部が減水・断水となった。また、上流部の水源でも林道や橋梁の流失などの被害が生じている。

GHQと東京水道

連合国軍最高司令官総司令部（GHQ）は、占領直後の一九四五（昭和二〇）年九月二二日、「公衆衛生対策に関する覚書」を厚生省に指令し、病院の再開と水道の復旧を命じている。GHQは間接統治によって日本の占領政策を進めたが、『東京近代水道百年史　通史』（東京都水道局）[3]によれば「連合国人の健康に有害な、あるいは好ましくない、又はその可能性がある場合は管理を緩めず、水道事業についての監督は、昭和二七（一九五二）年の講和条約締結まで続いた」のであった。

GHQの公衆衛生福祉局予防課が水道を所管し、各都市の水道は、各地に置かれた進駐軍の水道担当組織の監督下に置かれていた。連合国人、特にアメリカ人からみた当時の日本の水道は、施設の管理、水質、衛生状態、経営効率などの面で、多くの課題を抱えたものであった。そのため、広範な分野にわたる指令が立て続けになされたが、なかでも一九四六（昭和二一）年七月一五日に日本政府に出された「水道の塩素滅菌についての覚書」は象徴的なものであった。東京の水道では一九二二（大正一一）年から、原水水質が良好でない場合や、濾過《ろか》池などの清掃時に塩素注入を始めており、一九三五年頃（昭和一〇年代）からは常に注入する状態となっていた。『東京近代水道百年史　通史』によれば、第八軍司令部技術部から東京都に対して一九四六年八月九日に指令があり、「東京都水道局は直ちに米国陸軍基準による塩素滅菌を開始すること。各浄水場において二ppm注入すること。本管の管末で〇・四ppm以上を保持すること」となった。そして、講和条約発効後も「塩素消毒は、給水栓水（蛇口の水）において〇・一〜〇・四ppmの遊離残留塩素を保持するという厚生省の指導がそのまま残った」と述べた上で、「GHQによる塩素注入強化の指令は、衛生的に満足とはいえない戦争直後の悪疫流行を防止し、戦後の日本の水道に塩素消毒の習慣を定着させ、水道水の衛生を確保して、伝染病予防の効果をより確実なものにした」と最大級の評価を与えている。

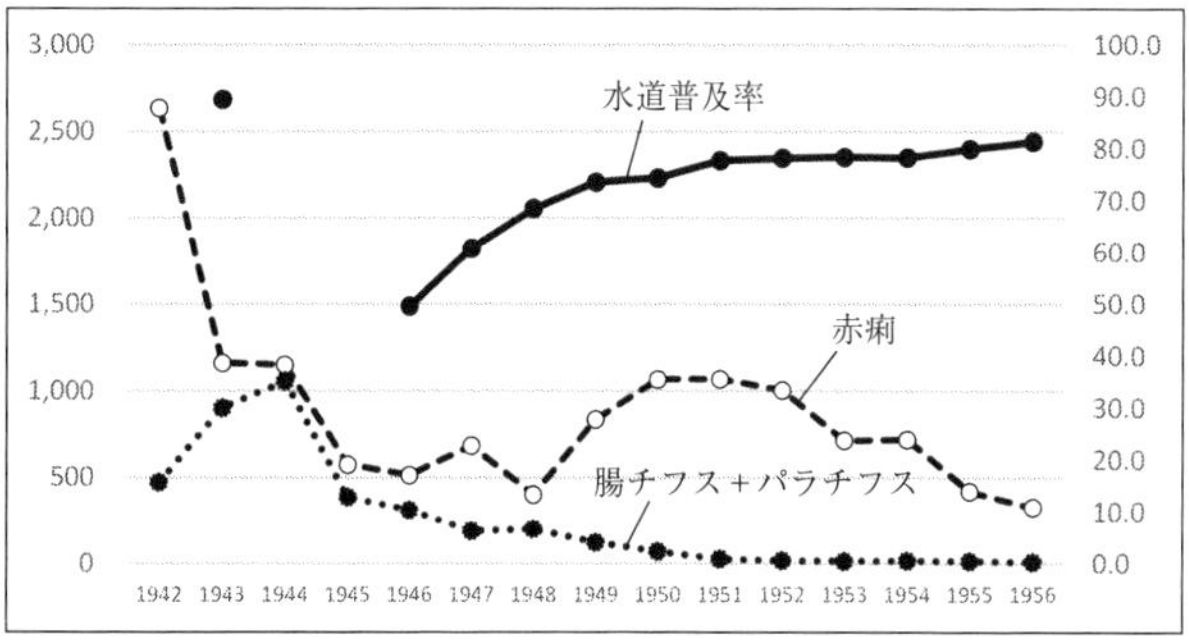

図表10－1　東京都における水道普及率と水系感染症（死亡者）の推移（単位：人、%。出典：『東京都衛生年報　昭和26年　第2編』1951年、『東京都衛生年報　第9号』1956年など）

東京都における水道普及率と水系感染症（赤痢、腸チフス・パラチフス）による死亡者数の推移をみると（図表10—1）、戦時中（一九四三年）に比べて、敗戦後の水系感染症による死亡者が大きく減少しているのは、塩素消毒の強化が反映されているものとみられ、その後の水道普及率が高まるにつれて、赤痢も含む水系感染症の死亡者数も減少している。

水道に限らず、GHQの衛生観念は当時の日本人からすれば厳格であった。というよりは、むしろ日本人がそれに比べてはるかに緩やかだったともいえる。この感覚の違いを象徴するものの一つが米軍用の水耕農場であった。

江戸の近郊農業は、屎尿《しにょう》を発酵させた下肥《しもごえ》を肥料として施すことによって成り立っていた。亀戸大根、金町小カブ、小松菜（小松川）、寺島ナス、内藤トウガラシ、内藤カボチャ（内藤新宿）、谷中生姜、練馬大根、馬込キュウリといった近郊の地名がついた野菜は、現在も代表的な「江戸東京野菜」として知られている。

いずれも江戸市街を取り囲む徒歩圏内が産地だった。江戸・東京市内から近郊農村に屎尿を輸送して下肥にして作物を育てたものが、逆のルートで市内に循環していたわけである。食糧難の戦後はもちろん一九六〇年代くらいまでは東京近郊では下肥が使われていた。この時代、少なくとも筆者が小学生時代を過ごした東京都小金井市には、下肥を貯溜する「肥溜《こえだ》め」が存在していたことを鮮明に記憶している。公立小学校では蟯虫《ぎょうちゅう》検査と回虫検査が行われ、その結果「虫下し」を与えられる児童が一定数存在する時代であった。

そうした日本人を目の当たりにして、レタスやセロリといった生野菜を入手しようとしたGHQが〝肝を潰した〟こともあって、一九四五年九月に接収された調布飛行場には、飛行場とともに米軍の水耕農場が造られた。一九五二年にサンフランシスコ講和条約と日米安保条約が発効した後も、水耕農場は日米行政協定により「調布水耕農園」として存続した。

札幌市の場合

「水道の塩素滅菌についての覚書」は一九四六年七月に出されているが、札幌市では一九四五年の段階で腸チフスとパラチフスの水系感染症が大流行していた。『新札幌市史　第五巻　通史五（上）』（札幌市教育委員会編）によれば、[4]「高熱・下痢を発する腸チフスの患者二〇五二人（死亡四一人）は、北海道の患者四四九四人の約半数を占め、パラチフス一一六七人（死亡七人）は全道の七割を占めた。罹患率では腸チフスが全国の一二倍、パラチフスが同じく四・五倍の異常な高さ」となっていた。

このパラチフスの爆発的発生原因について同書では、「北海道軍政部（民事部）公衆衛生テクニカルアドバイザー・高桑栄松（北海道大学医学部助教授）が、汚染源は地下水ではなく、消毒の不十分な上水道であることを突き止めた。原因は進駐直後、米軍が浄水場の消毒用塩素ガスを毒ガスとみなし接収したため発生した事故だった」としている。

これは、占領の開始から「水道の塩素滅菌についての覚書」が発せられるまでの間隙を突く形で起こっている。占領軍の〝出先部隊〟が震源地となって混乱が生じた例ではあったが、浄水場における塩素消毒の効果が逆説的に裏付けられたケースでもあった。

日本国憲法の下での水道事業

一方、一九四六（昭和二一）年一一月三日に日本国憲法が公布され、一九四七年五月三日に施行された。新憲法の下での地方自治制度として、一九四七年に地方自治法、一九四八年に地方財政法、一九五〇年に地方公務員法、一九五二年八月には地方公営企業法が制定された。

一八八九（明治二二）年以降、地方団体の経営する水道事業は特別会計で事業収支を経理し、独立採算制による運営がなされてきたところであったが、東京都の水道も地方公営企業法に基づく東京都の地方公営企業として経営されるものとなった。

それにより、独立採算制の堅持、能率的な運営を確保するため、発生主義に基づく企業会計、複式簿記等が採用された。固定資産についても減価償却が行われることになった。

さらに、一九五七（昭和三二）年になると、上水道事業に関する基本法である水道法が公布された。これは、一八九〇（明治二三）年公布の水道条例に代わるものである。水道法は、水道により「清浄にして豊富低廉な水の供給を図る」ことを直接の目的とし、「公衆衛生の向上と生活環境の改善とに寄与する」ことを究極の目的としている。日本国憲法の下における水道事業に関する法体系は、その後の改正もあるが、これらによって基本的に定まり、現在に至っている。

3　戦争で中断していた拡張事業の再開

水道応急拡張事業

東京の水不足体質は、戦前から続いていたが、戦災復興などを含め、戦後になるとさらに需要が増大していたのであった。戦災復興の進展や、一九五〇（昭和二五）年から翌年にかけての朝鮮戦争による特需もあって、東京への集中、経済成長が再び始まると、水道需要は戦前にも増して増大した。

一九四八（昭和二三）年四月になると、東京都議会は水道復興計画を議決した。それにより、戦時中に中断されていた水道応急拡張事業、第二水道拡張事業、相模川系水道拡張事業（戦前の城南配水補給施設事業）の工事が再開されることになった。

八月になると、水道応急拡張事業の主な工事として金町浄水場沈澱池《ちんでんち》の築造が始まり、一九五三（昭和二八）年三月、増加給水量一三万六二八九㎥／日が完成し、すでに戦前に完成していた分と合わせて二五万九二〇〇㎥／日を達成した。これにより、金町浄水場は給水量四〇万㎥／日を超える基幹的な浄水場となり、東京下町低地に位置する各区（葛飾、江戸川、足立、荒川、墨田、江東区）の給水状況を好転させた。また、山の手地区の給水状況の改善のため、玉川浄水場などの施設も増強された。

金町浄水場の増強に加えて、金町浄水場から出る配水本管を荒川や綾瀬川の川底を横断させるとともに（内径φ一五〇〇㎜の鉄管を川底に埋設）、寺島（墨田区寺島）と本郷（文京区本郷）に増圧ポンプ所を築造した。それにより、江戸川の水を原水として金町浄水場で作られた水道水は、葛飾区や江戸川区などのほか、隅田川を越えて台東区や中央区にも送られるようになった。これは、自然流下による浄水場からの配水というそれまでの発想から、動力（電力）によって必要な場所に必要な水を送ることが大規模に始まったことを象徴している。

第二水道拡張事業

第二水道拡張事業（小河内ダムと東村山浄水場の築造）は、都議会の議決により、一九四八（昭和二三）年度から一九五四（昭和二九）年度までの七カ年の計画として再開されることになった。九月には小河内貯水池の築造に向けて、西多摩郡氷川村（現・奥多摩町）に小河内貯水池建設事務所を再開し、一〇月には準備工事が始まった。

ダムの築造によって水没する地域の移転補償など、戦前にも難航していた課題も再燃した。GHQが指令した農地解放は、不在地主の所有する土地を小作人等に分配することを内容としていた。しかし、その実現のために制定された自作農創設特別措置法と農地調整法によれば、東京都そのものが不在地主と認定される恐れが生じた。その場合、すでに東京都が買収済みのダム用地などの水道用地が、農地として関係者に売り渡されることとなった。

ダム建設に対する地元の反対は戦前から強かった上に、農地解放による強制的な売渡しの途が開かれたこともあって、一九四八年七月、地元や山梨県の農地委員会は水道用地の売渡しを決定するに至った。これに対して東京都は、農林省や進駐軍などと折衝を重ね、一〇月、自作農創設特別措置法施行規則の一部改正に漕ぎつけた。それに基づいて、農林次官から山梨県知事に対して、小河内貯水池用地については農地改革の対象から除外して五カ年間の保留をするように通達した。山梨県都市計画関係農地審議会は、一九四八年一二月、「売渡し五カ年保留」の答申を行った。

その後、補償交渉や生活再建対策などの協議を重ねた結果、一九五一（昭和二六）年三月には小河内村、翌一九五二（昭和二七）年七月には山梨県の丹波山村および小菅村との間で、戦前からの懸案となっていた補償料や移転料、生活再建などに関する合意を得るに至った。また、当初計画にはなかった国鉄氷川駅（現・奥多摩駅）からダム建設用の専用鉄道を敷設することも盛り込まれた。

小河内ダムは、堤頂の道路部の標高五三〇m、高さ一四九m、長さ三五三m、コンクリートの体積一六七万六〇〇〇m³の「非越流型直線重力式コンクリートダム」となった。流域面積二六二・九km²、有効水深一〇一・五m、満水面積四・二五km²、満水周長四五・三七km、有効貯水量‥一億八五四〇万m³となっており、一九五七（昭和三二）年一一月に竣工した（写真10—1）。

写真10－1　小河内ダム（2018年、筆者撮影）

この設計施工では、アメリカのフーバーダム（重力式アーチダム、高さ二二一m、長さ三七九m、竣工時の名称はボルダーダム）を参考にしている。フーバーダムは、アリゾナ州とネバダ州の州境を流れるコロラド川の渓谷に一九三一（昭和六）年から一九三六（昭和

写真10－2　フーバーダム（1980年、筆者撮影）

一一）年にかけて築造されている（写真10―2）。

東村山浄水場については、濾過方式を緩速から敷地面積の少ない急速に変更したほか、一日最大給水量四二万五〇〇〇㎥／日で計画されていた施設能力は六六万五〇〇〇㎥／日と増強された。

そのうち一期工事分（三三万二〇〇〇㎥／日）は一九六〇（昭和三五）年一一月に完成し、第二期工事分が完成すると、一九六三（昭和三八）年三月から六六万五〇〇〇㎥／日のフル稼働が可能となった。このうちの二四万㎥の増強は、後述のように、淀橋浄水場を廃止・移転させた分に相当していた。こうして、一九三二（昭和七）年に計画された小河内ダムと東村山浄水場の新設を含む第二水道拡張事業は三〇年近くをかけて完成した。

淀橋浄水場の移転・廃止と副都心計画

戦災復興が進み、朝鮮戦争が始まると、東京への集中のスピードが高まった。『東京百年史第六巻』（東京都）によれば、「朝鮮戦争の開始を契機に、日本の管理的機能の東京への集中に拍車がかけられた」。そして、「占領軍接収ビル地帯の丸の内をとりまく形で、続々と大ビルが建設されはじめ」、「東京駅東側と丸の内の北側の大手町一帯にビル建設が集中した」となっている。そうしたビルにおける水の使用についても、「ビル維持用の各種の用水は低コストの地下水、つまり自家揚水により確保するのが通例であった」が、「丸の内地区のように戦前から地下水の大量汲上げによる公害――地盤沈下が早くからみられていた地域では、続々と建設されるビルの水需要を十分に充たす地下水にもはや不足しはじめていた。このため新築ビルのほとんどは自家揚水のための井戸掘り競争（深層地下水の汲上げ、ポンプのパワーアップなど）にしのぎをけずる結果となった」と述べている。[5] これは、戦災からの復興、高度経済成長の前夜における都心部のビル建設ラッシュの中での水使用の実態の一面であった。

一方、復興と経済発展に伴う形で、過密化した都心部の都市機能を再編することに関心が高まっていった。一九七二（昭和四七）年に刊行された『東京百年史　第六巻』では、日本の管理機能が千代田区から中央区、港区まで拡大し、そこに通勤する人々の急増と自動車の激増によって、交通問題としての通勤ラッシュや道路渋滞がもたらされたことが背景となって「東京の都市機能の再編成が関係者の日程にのぼるようになってきた」としている。そして、「現在「副都心」と呼ばれている新宿・渋谷・池袋は（中略）敗戦直後から、区部と郊外をむすぶ地点として発展し、当然の結果としてそれぞれが一大商業地帯に発展した場所である。「都市計画」のねらいは、この都民の日常生活における移動の拠点に〝首都的管理機能〟を分散させて副都心とし、都心の管理機能の過密を救おうということにあった」と述べている。[6]

一方、淀橋浄水場が立地していた新宿区などは、浄水場の移転を強く望むようになり、都議会では移転を求める請願が議決された。なお、同じく『東京百年史　第六巻』によれば、「副都心」の発想は、一九五四（昭和二九）年に新宿区（他には新宿区総合発展計画促進会）などが、淀橋浄水場の跡地を核とした新宿発展計画を一般から公募したのがきっかけとなったとしている。

そして、首都圏整備法が一九五六（昭和三一）年四月に制定されたのを契機に、新宿、渋谷、池袋が副都心として整備されることになった。淀橋浄水場の跡地を中心としていた新宿の場合は、都心の管理機能を移転・分散する受け皿となることができた。一九六〇（昭和三五）年五月、東京都によって新宿副都心建設協議会が設置されると、淀橋浄水場の移転と跡地の整備の動きは加速し、淀橋浄水場は一九六五（昭和四〇）年三月三一日に閉鎖された。結果として、淀橋浄水場の廃止から二六年後の一九九一（平成三）年に都庁がこの場所に移転したのは、副都心の象徴ともいえるだろう。

しかし、都心から管理機能を移転させるためのまとまった用地を確保できなかった渋谷と池袋は、区画整理などによって商業地として再編された。

相模川系水道拡張事業

一方、相模川系水道拡張事業については、一九四三（昭和一八）年六月に内務省と厚生省の立会の下で成立していた東京市、神奈川県、川崎市の三者協定「東京市へノ分水協定」の改訂作業が、一九四八（昭和二三）年以降、建設省（旧・内務省）の仲介によって始まった。

第9章でも述べた通り、城南地区はもともと給水事情の厳しい地域であった。しかも、地理的にも離れた金町浄水場の拡張を中心とする水道応急拡張事業や、多摩川上流の開発による第二水道拡張事業では、給水状況の改善効果は期待できなかった。

戦前からの懸案であった相模川からの分水については、一九五五（昭和三〇）年二月に相模川分水協定が改定され、相模貯水池と津久井調節池を経て相模川の水を延長約二二kmの隧道で川崎市水道局の長沢浄水場（神奈川県川崎市多摩区）に導水し、そこから隣接地に東京都が築造する浄水場（これは東京都水道局長沢浄水場）に分譲（最大二三万m³／日）することとなった。

そして、相模川系の拡張事業計画が認可された後、一九五七（昭和三二）年四月には相模川の原水を処理する東京都水道局長沢浄水場の新設工事が始まり（通水は一九五九［昭和三四］年三月）、その水を都内に送るための多摩水道橋《ばし》（東京都狛江市〜川崎市多摩区）、配水管、ポンプ場などの関係の工事も一九六一（昭和三六）年まで行われた。それにより、京浜工業地帯の中心地として発展していた城南地区の給水事情が格段に向上した。

4　新たな拡張の時代へ——利根川水系の開発の本格化

このように、水道応急拡張事業、第二水道拡張事業、相模川系水道拡張事業による工事はそれぞれ完成したが、朝鮮戦争による特需以降、人口や産業の東京への集中が急速に進み、東京の水道需要は増え続けた。そのため、三つの拡張事業が完成しても、東京の水不足体質は解消されなかった。

とはいえ、朝鮮特需による復興への追い風の中で、水道を始めとするさまざまなインフラの整備が進んだ。また、民間の設備投資、産業や人口の集積、経済成長などがスパイラルに回り始めたのもこの時代の特色であった。講和条約発効後になると、一九五五（昭和三〇）年頃の日本経済は戦前の水準を上回るようになり、『経済白書』が「もはや戦後ではない」と宣言するに至ったのは一九五六（昭和三一）年のことであった。

さらに、一九五五（昭和三〇）年頃から一九七三（昭和四八）年頃までの日本の実質経済成長率は、年平均で一〇％前後を維持することになり、高度経済成長期と呼ばれる時代が到来した。「神武景気」、「岩戸景気」、「オリンピック景気」、「いざなぎ景気」、「列島改造ブーム」と呼ばれる好景気が次々に訪れている。

東京の水道も、戦前期の拡張計画に比べると、大規模な設備投資を集中的に行う時代を迎えた。東京への人口や産業の集積とともに、公衆浴場から家庭風呂、汲取り式から水洗トイレへのシフトといった生活スタイルの変化、オフィスビルの冷暖房の普及などが進んだため、一人当たりの水の消費量も大きく増えていった。

それゆえ、水道施設の整備は爆発的に拡大していった。①ダムや貯水池などの水源施設、②河川から取水した原水を浄水場などに導水する導水施設（たとえば武蔵水路、朝霞水路など）、③浄水施設（浄水場）、④給水所や配水池、⑤送配水のための管路などの整備が、大規模かつ急ピッチで進められた。

高度経済成長の初期、一九五八（昭和三三）年七月から一九六一（昭和三六）年一二月まで四二カ月間続いた岩戸景気の時期には、人口や産業の東京集中が急速に進んだ。都心機能が高度化しただけでなく、都心区域そのものも拡大した。さらに東京西郊の住宅地化が急進し、国鉄や私鉄の通勤ラッシュが深刻化していった。一九五六（昭和三一）年四月には首都圏整備法が制定され、一九六〇（昭和三五）年一二月には「国民所得倍増計画」が閣議決定されたほか、一九六四（昭和三九）年のオリンピック東京大会に向けて、新幹線や高速道路などのインフラ整備などが大きく進んでいった。

さらに、一九六五（昭和四〇）年一一月から一九七〇（昭和四五）年七月までの五七カ月にわたる、いざなぎ景気が訪れた。これは、戦後最長の好景気で、大阪万国博覧会も昭和四五年に実施されている。地方からの人口移動、工場、大規模事業所の増加はさらに進み、水道需要は急拡大した。

高度経済成長が本格化すると、首都圏、阪神圏、中京圏などに人口と産業の集中が進んだ。東京都の人口も急増し（図表10―2）、一九四五（昭和二〇）年の三四九万人が、一九五〇（昭和二五）年の六二八万人（増加率一八％）、一九五五（昭和三〇）年に八〇四万人（増加率二八％）となり、一九六〇（昭和三五）年には九六八万人、一九六五（昭和四〇）年にはついに一〇八七万人と一〇〇〇万人を超え、一九七〇（昭和四五）年には一一四〇万人となった。(7)

一方、二三特別区では、一九四五年の約二七八万人が、一九五〇年に五三九万人（増加率一九

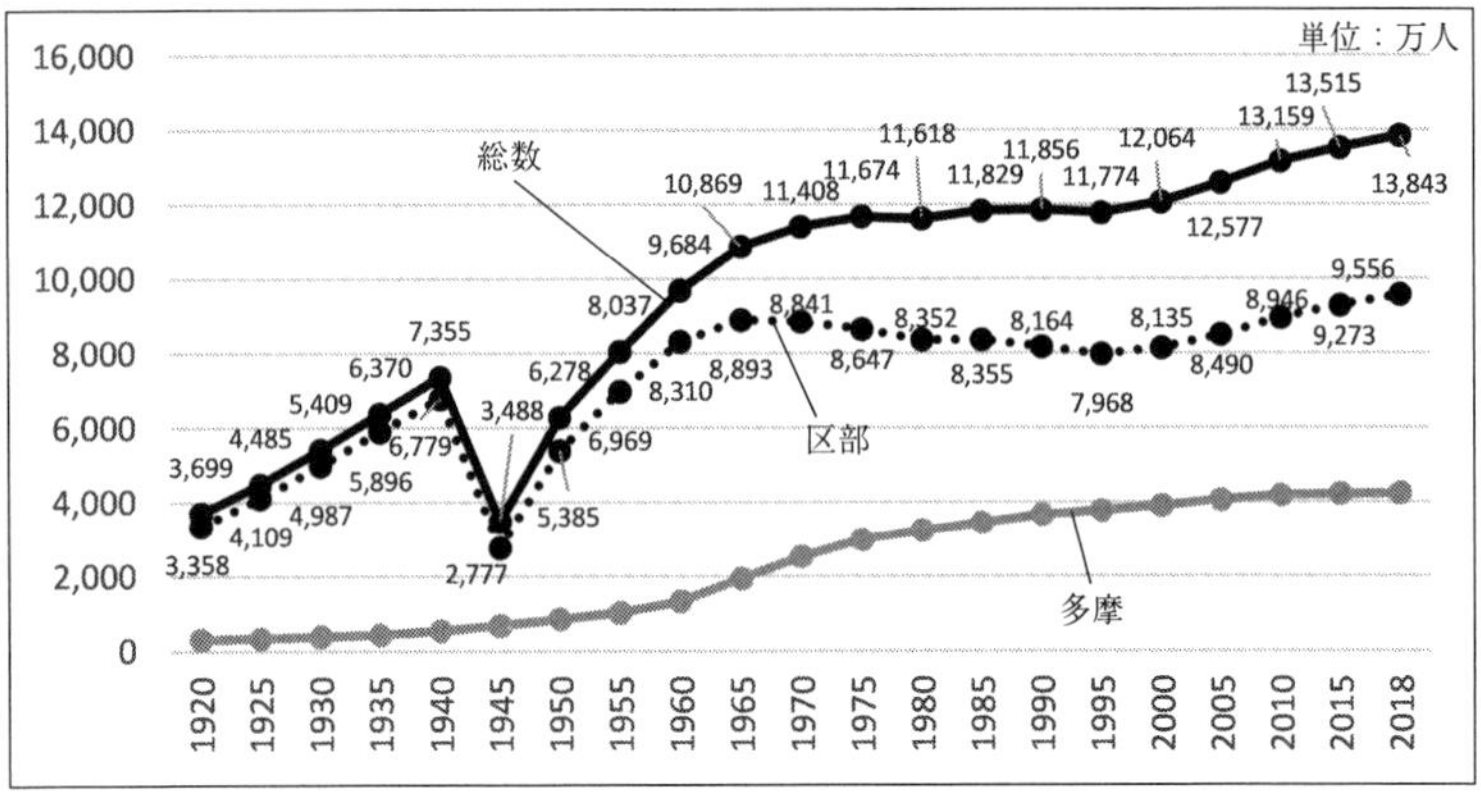

図表10－2　東京都の人口推移（出典：東京都『東京都統計年鑑』より作成）

四%)、一九五五年には六九七万人(増加率二三%)、一九六〇年には八三一万人(増加率一九%)と急増したが、一九六五年に八八九万人と頭打ちとなり、一九七〇年になると八八四万人と微減となっている。

人口増加は生活用水の需要の急増をもたらした一方で、産業の集積による事業用の水需要も急増した。前にも述べたように、今では当たり前になった水洗トイレや冷暖房などの普及も進んだ。人口流入とともに進展した核家族化もあって、従来の公衆浴場の利用は自家風呂にシフトしていった。人々の生活様式、都市や産業の構造のいずれもが、水道水をより多く使うものに変質していった。一九五五年と一九七〇年の一日最大配水量を比べると、一五年で一九一万八〇〇〇m³/日から五一二万m³/日へと約三〇〇万m³/日の増加(約二・七倍)となっている。(8)しかし、東京下町低地などに進出した工場や事業所による地下水の汲み上げが盛んになった結果、地盤沈下が進むといった問題も発生した。

こうした需要の激増に対して、水道応急拡張事業、第二水道拡張事業、相模川系水道拡張事業等の完成によっても、慢性的な供給不足の状態となっていた。それに加えて、一九五五年頃から（昭和三〇年代）は渇水が連続した。一九五八（昭和三三）年には多摩川の流量が激減し、五月には下流部の玉川浄水場から水を送る城南地区の一五万世帯が時間給水となった。一九五七（昭和三二）年から貯水を始めた小河内貯水池も、六月末には空《から》の状態に陥っている。

『東京近代水道百年史　通史』（東京都水道局）[9]では、その理由を「供給能力を大きく超えた需要の増加が主因である」「水源量が絶対的に不足していた当時、貯水池からの放流を設計上の計画量にとどめて貯水量の温存を図ることはできず、需要に応じて過大な放流を強いられた結果」と述べている。

しかし、小河内ダムについては「とは言うものの、小河内ダムが当時の渇水に対して果たした役割は極めて大きく、更に利根川取水が可能になってからも、渇水対策や水の総合的運用に計り知れない貢献を果たしており、東京の安定給水に不可欠の存在となっている」と、最大限に評価している。

このように、多摩川水系への依存は限界に達していた。先ほど紹介した一九五七（昭和三二）年の渇水にとどまらず、多摩川の異常渇水により、一九六一（昭和三六）年一〇月二〇日から一九六五（昭和四〇）年三月三一日までの四年近くにわたって多摩川系の給水区域において制限給水が行われた。それは、当時の構造的かつ慢性的な〝水不足〟を象徴していた。

そこで一九六二（昭和三七）年には金町浄水場の拡張等を内容とする中川・江戸川系緊急拡張

事業計画が認可され、一九六三（昭和三八）年には朝霞浄水場、東村山浄水場の拡張等からなる第一次利根川系拡張事業計画が認可された。しかし、東京オリンピック直前の一九六四（昭和三九）年八月になると、再び生じた渇水により、多摩川水系では最大五〇％の制限給水となり、当時の河野一郎建設大臣が「都に都政なし」と述べるなど、「東京砂漠」と呼ばれる事態になった。

5　水源は多摩川から利根川に

厳しい水源状況は続く——第一次フルプランと第一次利根川系水道拡張事業

そうした水不足の解消に大きく貢献したのが利根川の水源開発であった。戦前に群馬県営として認可されたが未着手となっていた河水統制事業を一九五二年、国が実施することになった。それを受けた東京都は、建設大臣に対して、その事業に東京都の水道水源を含ませるよう要請を行った。これは、戦争のために認可に至らなかった第三水道拡張事業をベースにする形で、利根川水系に水源を求める動きが本格化したことを意味していた。そして、一九五七年には「利根特定地域総合開発計画」が閣議決定され、利根川を東京都の水道水源として利用することが決まった。一九五九（昭和三四）年四月になると、矢木沢ダムが多目的ダムとして着工されるとともに、下久保ダムの建設に関する調査も始まるなど、利根川水系の水源開発（利根川系水道拡張事業）が本格化した。それらは、一九五八（昭和三三）年に建設省の直轄施工によることとされた。

しかし、大都市への人口や産業の集中が続き、上水道や工業用水の水需要が急拡大したこともあり、水系ごとに一貫した水資源開発を推進することが求められるようになった。それにより、一九六一（昭和三六）年一一月、水資源開発促進法と水資源開発公団法が制定され、「利根川水系における水資源開発基本計画」（通称「第一次フルプラン」、矢木沢ダム、下久保ダム、利根川導水路、草木ダム、利根川河口堰を含む）が一九六二（昭和三七）年に決定された。それに伴って、矢木沢ダムと下久保ダムの築造事業は、建設省から水資源開発公団に引き継がれている。

なお、一九七〇（昭和四五）年には第二次フルプラン（霞ヶ浦開発、奈良俣《ならまた》ダム）、一九七六（昭和五一）年には荒川水系が追加された第三次フルプラン「利根川水系及び荒川水系における水資源開発基本計画」（渡良瀬遊水地、浦山ダム、北千葉導水路、滝沢ダム、八ッ場ダム、埼玉合口《ごうぐち》二期、荒川調節池）、一九八八年（昭和六三）年には第四次フルプラン（霞ヶ浦導水、利根中央）と順次更新され、第五次（二〇〇八［平成二〇］年）、第六次（二〇二一［令和三］年）に至っており、東京の水道水の水源の安定化が図られている。

第一次フルプランを踏まえ、東京都側では、水源施設の開発によって生み出される原水を受水し、浄水処理し、配水する施設の整備のため（一二〇万㎥／日の給水増加）、第一次利根川系水道拡張事業を策定し、一九六三（昭和三八）年に着手した。主な内容は、水資源開発公団が施工する水源施設である矢木沢ダムと下久保ダム、導水施設の利根大堰《おおぜき》、武蔵水路（利根川と荒川を連絡するための水路）、秋ヶ瀬取水堰、朝霞水路の整備に係る水源分担金のほか、浄水施設については朝霞浄水場築造の第一期工事（六〇万㎥／日）と第二期工事（三〇万㎥／日）となっていた。

また、オリンピック直前の危機的な渇水のなかで、水資源開発公団は秋ヶ瀬取水堰と朝霞水路を前倒しで施工するとともに、東京都は突貫工事により、利根川から朝霞浄水場を経由して東村山浄水場に原水を送るための原水連絡管（朝霞・東村山浄水場間、内径φ二二〇〇㎜、延長一六・八㎞）を布設し、一九六四（昭和三九）年八月には、埼玉県の了解を得た上で、荒川からの緊急の取水が実現し、一〇月のオリンピック開会を迎えることができた。[10] また、一九六五（昭和四〇）年三月には、工事中であった利根川から荒川に水を送る武蔵水路を通じて利根川の余剰水の取水が可能となり、七月になると東村山浄水場の給水能力の拡張工事（三〇万㎥／日）も完成した。これによって、東村山浄水場でも利根川の原水を浄水処理できるようになった。

さらに、朝霞浄水場から都内に浄水を送るための送水管（内径φ二七〇〇㎜、延長一二㎞）や給水所などの整備、延長一二八・六㎞にわたる配水管（内径φ二二〇〇〜四〇〇〇㎜）の布設も含まれていた。こうした取組による荒川からの暫定取水や武蔵水路などを通じて、多摩川水系から利根川水系への水源のシフトが始まった。

現在の東京都の水源は、ほとんどが河川水によって占められているが、そのうちの八〇％が利根川および荒川水系、一七％が多摩川水系となっている。[11] また、利根川・荒川系の原水を荒川経由で取水して、ポンプで東村山浄水場に送って水道水にするルートと、多摩川系の原水を東村山浄水場から自然流下によって朝霞浄水場に補給するルートが、前述のような経過で整備され、利根川・荒川系と多摩川系の原水の相互融通が可能となった。

これらの事業により、現在の東京都の水道事業における原水運用に関する基本形が成立したといってよいだろう。東京都水道局のＨＰによれば、「通常は主に利根川及び荒川の水を利用して、小河内貯水池など多摩川系の水は貯水に努めつつ必要な分を利用し」「水需要が最も多い夏季や利根川・荒川水系の水質事故時、渇水時などにおいては、多摩川の水を利用する」といった「原水の効率的な運用」が図られるに至っている。[12] ただし、標高の低い利根川水系から朝霞浄水場に原水を導水するために大きな動力費の負担も生じている。

第二次利根川系水道拡張事業

第一次利根川系水道拡張事業の途中であった一九六四（昭和三九）年、第一次フルプランが一部変更され、東京都に新たに開発した水源（一七・二㎥／秒）が配分された。当時は、区部の需要増に多摩地区における人口急増が重なっており、この水源量を踏まえ、日量一四〇万㎥の施設能力の拡張のため、一九六五（昭和四〇）年に第二次利根川系水道拡張事業が開始された。[13] 主な内容は、朝霞浄水場（八〇万㎥／日）と金町浄水場（四六万㎥／日）の施設能力の拡張、多摩地区の小作《おざく》浄水場の新設（一四万㎥／日）のほか、送配水施設（送水管八二・三㎞、配水管九六・二㎞）の布設も含まれていた。この送配水施設には、異なる水源系統である金町浄水場系と東村山浄水場系を結び付ける「東西幹線」も含まれていた。これにより、事故時や断水時における相互のバックアップ機能が向上し、給水安定性が高められた。

第一次と第二次の利根川系水道拡張事業計画により、水道の施設能力の拡大が本格化していく

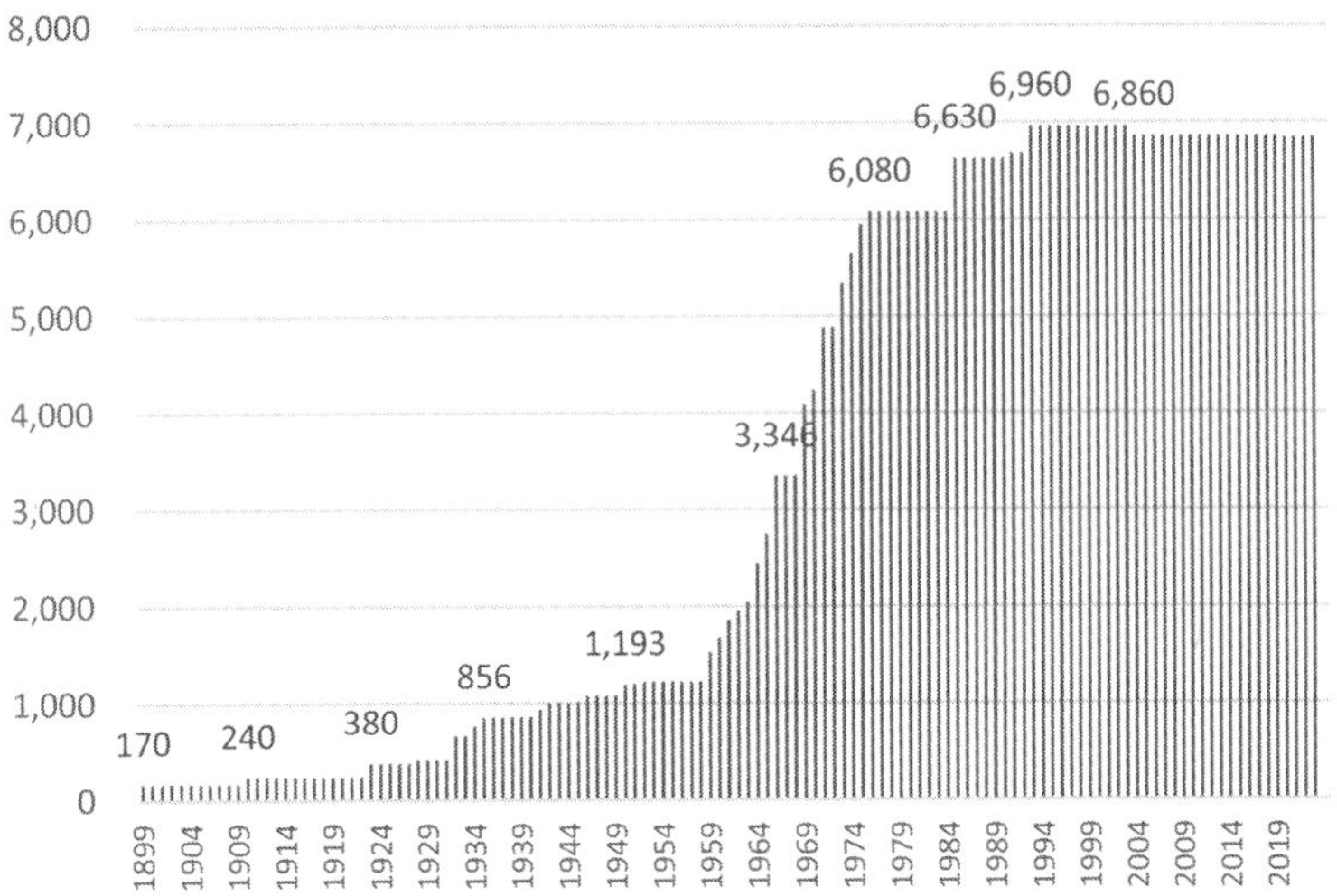

図表10－3　東京水道局の施設能力の推移（千㎥／日）（出典：東京都水道局編『東京近代水道百年史　資料編』1999年、東京都水道局編『東京水道125年史』2023年）

とともに、水源施設についても、一九六七（昭和四二）年には矢木沢ダム、翌年には下久保ダムが相次いで完成している。

それらを反映して、東京都水道局の施設能力（図表10―3）をみると、昭和三〇年代後半から昭和四〇年代（一九五五～一九七〇年頃）を中心にして、急激に増加している。この傾向は、水源量の推移でも、ほぼ同様の傾向を示している。およそ五〇年前の高度経済成長期において、ダムなどの水源施設、浄水場などの浄水施設などが急速な勢いで拡充・整備されたのであった。配水管などの配水施設の整備も進められた。

最盛期を迎えた施設整備と高度成長の終焉

東京都の水需要が増え続けていた一九六九（昭和四四）年に行った水道需要予測では、『東京水道125年史』（東京都水道局）

によれば「昭和五〇（一九七五）年度の計画一日最大給水量は六九七万七〇〇〇㎥となり、既認可の施設では一日約一八〇万㎥の不足が生じることが判明」というものであった[14]。

　それを受けて、一九七〇（昭和四五）年七月に閣議決定されることになる「利根川水系における水資源開発基本計画」（通称「第二次フルプラン」）において開発が予定されていた水量を基礎にして、この年の三月の段階で、東京都は一日一二〇万㎥分の施設拡張を内容とする第三次利根川系水道拡張事業の事業認可を受けた。第二次フルプランには利根川河口堰（一九七一［昭和四六］年完成、この完成により東京都の水利権量は約四七〇万㎥となった）、草木《くさき》ダム等の整備を含むものであったが、首都圏における逼迫する水需要を前に、国も東京都も危機感を共有し、〝時間との勝負〟さながらに、水源の開発・確保に邁進していた。

　第三次利根川系水道拡張事業により、拡張される東京都の浄水施設は金町浄水場拡張（施設能力一日四六万㎥）、東村山浄水場改造（同三〇万㎥）、小作浄水場拡張（同一四万㎥）と、三園浄水場（同三〇万㎥、工業用水は昭和四六年に通水）の新設等が始まった。これにより小作浄水場の拡張工事が完了した一九七六（昭和五一）年の時点では、東京の水道施設の規模は日量六〇〇万㎥を上回ることとなった。これは戦前の施設規模の約六倍にあたる。送配水施設としては約八〇㎞の送配水管（内径φ四〇〇〜二六〇〇㎜）も整備された。

　とはいえ、東京の水道需要がさらに増え続けていたなかで、水源開発の遅れのために水源不足となっており、水源を確保できる見通しも立っていない状況にあった。一九七二（昭和四七）年の時点では、一九八〇（昭和五五）年度の水道需要は日量八三四万㎥となることが予測されており、第三次利根川系水道拡張事業が完成しても日量約二二〇万㎥が不足する計算であった。一九七二年には、利根川水系の異常渇水が発生し、最大一五％の制限給水（六月二四日～七月一五日）となっただけでなく、翌一九七三（昭和四八）年一月、東京都は「水道需要を抑制する施策」を発表した。しかし、この年も前年に引き続いて最大一〇％の制限給水（八月二〇日～九月六日）となっている。なお、一九七〇年には多摩川下流の調布取水堰から取水していた玉川浄水場を、カシン・ベック病との関連が疑われて、運転停止としているが、後年、水道水とカシン・ベック病との因果関係は否定されている。

高度経済成長期の末期、こうした供給力不足が深刻化するなかで、一九七二年度から一九八〇年度（その後、一九八五［昭和六〇］年度まで繰り延べ）までを期間とする第四次利根川系水道拡張事業が開始された。内容は、三郷《みさと》浄水場（日量二二〇万㎥）の新設、給水所（水元、練馬、江東）と増圧ポンプ所（新鹿浜）の建設、送配水管網（北部幹線、三郷線、東南幹線）の整備などであった。

そうした中で、東京都は一九七三年一月「水道需要を抑制する施策」（提言）を発表した。水源開発を進めるには国の取り組みや水源地の理解が重要であり、また、水道利用者である都民による水の合理的な使用、すなわち需要の抑制は、水源開発や施設整備への圧力を低下させることが期待できたからである。

ところが、同年一〇月六日に勃発した第四次中東戦争が引き金となって、オイルショックが発生した。政府は「石油緊急対策要綱」を閣議決定し、「総需要抑制策」を進めた。当時はドル・

ショック（米ドル紙幣と金との兌換一時停止：一九七一年八月一五日発表）による円高不況が進んでいた中にあり、高度経済成長を続けてきた日本経済はさらに低迷することとなった。インフレも進み一九七四（昭和四九）年の消費者物価指数は二三％の上昇となり、「狂乱物価」と呼ばれる状況となった。インフレ抑制のため金融引き締めが行われ、設備投資も抑制されたため、戦後初めて、経済はマイナス成長となった。

それに伴い、急激な増加を重ねていた東京の水道需要の伸びは鈍化し、頭打ちの状態となった。そのため、一九七五（昭和五〇）年、一九七六（昭和五一）年、一九七八（昭和五三）年、一九八〇（昭和五五）年と相次いで水道需給計画を改定して、施設の増強を繰り延べている。なお、一九七六年には一九七三年の「水道需要を抑制する施策」を始めとする節水対策のほか、オイルショックの影響もあって、東京都の水道事業としては、史上初めて前年の配水量を下回っている。

安定してきた水道需要と構造的な渇水

その一方で、一九七八年、一九七九年と利根川水系の異常渇水による制限給水が続き、一九八七（昭和六二）年にも制限給水が実施されている。水道需要の伸びが沈静化したとはいえ、天候に左右される宿命もあって、水道の需給の厳しさは続いていた。

一方、一九七六（昭和五一）年四月になると、八ッ場ダム、滝沢ダム等の建設を内容とする「利根川水系及び荒川水系における水資源開発基本計画」（通称「第三次フルプラン」）が決定されるとともに、一一月には草木ダムが完成した。第三次フルプランは、一九七九（昭和五四）年と一九八二（昭和五七）年に一部が変更され、埼玉合口二期および荒川調節池と利根川河口堰開発水の有効利用が追加となっている。さらに、一九八一（昭和五六）年には改築された朝霞水路の通水が開始となり、一九八五（昭和六〇）年には三郷浄水場（日量五五万㎥）が通水するなど、首都圏の水源開発と東京の水道施設整備は着実に進展していった。

なお、日量二二〇万㎥の施設能力で計画された三郷浄水場は、需要の頭打ちの状況が定着した一九八一年の水道需給計画の改定により、前期事業と後期事業それぞれ日量一一〇万㎥に分割された。一九八五年に通水したのは前期事業のうちの第一期分・日量五五万㎥で、第二期施設は一九九三（平成五）年五月に完成した。残りの後期事業については、需要の動向から必要のないものと判断された。

とはいえ、一九七八（昭和五三）年には利根川系の異常渇水による最大一〇％の制限給水（八月一一日～一〇月六日）、翌年にも一〇％の制限給水（七月九日～八月一八日）、一九八七（昭和六二）年にも最大一五％の制限給水（六月二二日～八月二五日）が続いている。激しく水道需要が伸びる時代ではなくなったとはいえ、利根川上流の降雨量に東京の水道供給が左右されるという構造は続いた。

そうした中、一九八八（昭和六三）年には二〇〇〇（平成一二）年度を目標年度とする「利根川水系及び荒川水系における水資源開発基本計画」（通称「第四次フルプラン」）が決定された。一九八九（平成元）年一月になると、埼玉合口二期等からなる第四次フルプランの一部変更が行われたほか、一九九〇（平成二）年には渡良瀬貯水池、翌一九九一（平成三）年には奈良俣ダム、一九九三（平成五）年になると三郷浄水場の第二期施設が完成するなど、水資源の開発と水道施設の拡充が進められた。

東京都では一九八七年の渇水を契機に「節水型都市づくりを考える懇談会」が設置され、限りある水資源を有効に用いるための提言として「節水型都市づくりのために」が報告された。

平成に入っても水源の厳しい状況は続き、一九九〇（平成二）年には利根川水系の異常渇水による最大一〇％の制限給水（八月三日〜一四日）となった。一九九四（平成六）年七月、利根川系の異常渇水により最大一五％の制限給水（七月二九日から九月一九日まで）、さらに一九九六（平成八）年になると、一月に渇水対策本部が設置（四月二四日解散）されたのに続いて、八月にも渇水対策本部が置かれて最大一五％の制限給水（八月二一日〜九月二五日）が実施されるなど、冬季と夏季に渇水が生じている。こうした中で、一九九九（平成一一）年、東京都は「東京都水循環マスタープラン」を策定し、水資源の有効利用を図るため、節水意識の高揚、水道施設の漏水防止対策の推進、水の循環利用や雨水利用の促進などを目指した施策を進めることとなった。

しかしその後も、二〇〇一（平成一三）年八月、二〇一二（平成二四）年九月、二〇一三（平成二五）年七月、二〇一六（平成二八）年六月にも渇水対策本部が設置された。

このように、戦後の水源を含む水道関連施設の整備が、水道需要の伸びに追いついてきたことにより、平常時の供給体制の厳しさは軽減されてきたが、ひとたび渇水に見舞われると、立ちどころに水の供給に影響が生じる構造は同じであった。

東京で渇水が生じやすい背景の一つが、東京都の水源の約八割を占める利根川水系の利水との関係である。現在の利根川水系ダム貯水量は、非洪水期（一〇月～翌年六月）の利水容量が五億五一六三万㎥であるのに対し、洪水期（七月～九月）の利水容量は三億六八四九万～四億八六六三万㎥と低くなる。これは、洪水調節や水田耕作（水利権）のために、洪水期にはダム放流が行われるからである。そのため、冬から春にかけて上越国境の降雪が少ない場合や、春から夏にかけて少雨が続くと、利根川水系のダムの貯水量が十分とならないことが起こりやすい。しかも、近年、増加傾向にある集中豪雨型の降雨の場合、洪水防止のためにダムからの放流を伴うことが多く、一定期間に適度な降雨がある場合に比べて、ダム湖への貯水という面では不利となっている。これは、地球温暖化の水道への影響ともいわれている。

水道事業を支えた料金改定

独立採算によって事業を経営する水道事業では、料金収入によって供給コストを賄うことができなければ、事業の持続的な経営は成り立たない。その意味で、水道の歴史は水道財政の歴史としての側面も強いのが特徴である。そこで、若干ではあるが、戦後における水道料金の改定を追ってみることにする。

戦後の復興期になると、水道料金の改定も相次いだ。復旧経費が増える一方で、戦災や疎開によって給水栓が戦前に比べて約七割も減ったので、料金収入が激減し、水道財政は危機に直面したからである。[15] しかも急速なインフレにより水道の供給コストは急騰していた。そのため、一九四五（昭和二〇）年一一月には戦後初となる改定（一〇〇％）が行われたのを皮切りに、一九四六（昭和二一）年三月（一五〇％）、一九四七（昭和二二）年一月（五〇％）と六月（一〇〇％）、一九四八（昭和二三）年一月（八七％）と六月（九〇％）、八月（二六％）、一九四九（昭和二四）年六月（三一％）と、年中行事どころか、年に三回も改正をしなくてはならない状況が続いていた。なお、水道料金は一九四六年三月施行の物価統制令の対象となり、当時の水道条例に基づく認可を受けた料金が統制額とされた（その後、指定統制）。一九五二年の物価庁廃止により、統制額の指定は廃止され、水道料金は厚生大臣への届出制となった。

一九五〇（昭和二五）年六月に朝鮮戦争が始まると、特需もあって神武景気が到来して日本の復興は本格化した。そうした中でも、一九五一（昭和二六）年九月のサンフランシスコ講和条約の締結をはさんだ一九五二（昭和二七）年一月の料金改正（三三％）と続き、赤字債の発行や国庫補助などもあって、高度経済成長期に入る手前の一九五六（昭和三一）年一月の改定（三六％）で一段落している。

ところが、高度経済成長が始まると水道財政の逼迫はさらに深刻化した。『東京水道１２５年史』（東京都水道局）によれば、戦後、中断していた拡張事業の再開が相次ぎ、新たに開始した利根川系水道拡張事業などの財源として発行した企業債の元利償還金の負担が増したほか、業務増に伴う人件費などのコストが大きく増加したためとしている。

新たな施設整備に必要な膨大な額の財源は、主に企業債（借金）を発行して調達するものであったので、企業債の元利償還が経営に常に重くのしかかっていた。しかも、高度経済成長期の物価上昇は激しく、料金改定を重ねなければ経営が破綻しかねない状態も続いていた。

先ほど触れたように、一九五六年には料金改定（平均改定率約三六％）を行ったが、さらに利根川系の水道拡張事業などの財政需要を賄うため、一九六一（昭和三六）年六月、料金改定案（改定率二八・〇五％）を東京都議会に提案した。都議会は、改定率を二〇・六四％に修正した上で、業態別料金の不均衡を是正するよう付帯議決を付して議決した。

一九六一年秋以降の異常渇水により、一九六二（昭和三七）年度には経営上初めて欠損金（約二億八〇〇〇万円）が生じたのを皮切りに、一九六三（昭和三八）年度、一九六四（昭和三九）年度と多額の欠損金を計上し、一九六四（昭和三九）年度末には約六八億円の累積赤字が生じるに至っていた。

一九六五（昭和四〇）年二月、料金改定案（改定率六四・三％）を都議会に提出したが、継続審議となった上に、「東京都議会黒い霧事件」に伴う議会の自主解散により廃案となり、三回の提案を経て、一九六六（昭和四一）年二月、三五・四％の改定率での実施となった。この時の改定で受益者負担の原則を通して用途別料金体系を口径別料金体系に移行したが、改定率が約半分に抑えられ、かつ、料金改定の時期が遅れたため、財政はさらに悪化し、一九六五年度末には累積赤字が約一四〇億円にも達した。

その後も累積資金不足が続き、一九六八（昭和四三）年度以降も、大規模な建設事業の実施による元利償還費の一層の増加が見込まれたため、一九六八年九月、平均改定率四二・五％の料金改定を含む財政再建計画を作成し、都議会に提案した。都民負担を理由に同案は一旦否決されたものの、改定率を三六・六％に修正して再提案して議決された。

高度経済成長に伴う物価上昇が続く中で、増大する水道需要に応えるために積極的な施設拡張に迫られていた当時の東京都の水道事業では、こうした慢性的な累積資金不足は構造的なものであった。たとえば、地方公営企業法の適用により減価償却費が計上されてはいたが、物価上昇が続く局面においては、取得原価を基礎とする減価償却だけでは、将来において同等の資産を取得することは困難となっていた。料金改定がインフレの進行に追い付かない状態も常態化していた。

施設拡張や事業経費はその後も増大したが、一九七三（昭和四八）年一〇月に発生したオイルショックによる「狂乱物価」の中で、一二月、当時の東京都知事・美濃部亮吉が水道料金の改定を見送ったため、赤字規模は増大し、一九七五（昭和五〇）年度末には累積赤字が一〇〇〇億円にも達する見込みとなった。美濃部はシビルミニマム（企業などの大口需要家の負担によって小口需要家・一般家庭などの負担分を賄う発想）や一般会計からの補助金を重視していた。

累積赤字を前に、一九七五（昭和五〇）年六月、大幅な料金改定案（改定率一六八・一三％）が提案された。この改定率は、淀橋浄水場跡地を一般会計に所管替えする措置により、その土地代金約六九三億円を一般会計から繰り入れること等によって圧縮したものであったが、議会での審議の結果、改定率はさらに一五九・五七％に引き下げられた。『東京水道125年史』では、「この料金改定により、ようやく水道事業財政は危機を脱する見通しが立った」としている。

しかし、物価高騰に高度経済成長期における施設拡張のために発行した企業債の償還などが重なり、一九八〇（昭和五五）年の時点で一一二〇億円の累積赤字が見込まれた。そのため、一九七八（昭和五三）年一二月から平均三七・一四％の料金改定が行われた。

一九七九（昭和五四）年に美濃部に代わって鈴木俊一《すずきしゆんいち》が都知事に就任すると、水道財政の独立採算や将来にわたる安定性などが重視されるようになり、一九八一（昭和五六）年にも改定率四六・八三％の料金改定が実施された。

さらに、一九八四（昭和五九）年の平均改定率一〇・五％の料金改定では、基本料金の軽減率引き下げと従量料金の逓増度緩和が行われた。これは低成長時代に入り、工場などの都外移転や大規模事業所における省エネ等が進み、大口需要者が減少する一方で、一般家庭などの小口需要者の割合が増大するという水の需要構造の変化に対応したものだった。

この料金改定により、戦後復興期から危機が続いていた水道財政には落ち着きを取り戻したが、消費税法が一九八九（平成元）年四月から適用されることになり、水道事業も納税の義務を負うこととなった。東京都では、消費税の影響を最小限にとどめるべく、当時の料金を四％引き下げ、これに三％の消費税相当分を転嫁する料金改定を行った。

しかし、一九九三（平成五）年度末には約一四八億円の累積収支不足額が見込まれた上、水源開発の経費増とともに、人々の生活用水の使用水量が増加することによる販売単価の逓減などにより財政状況が厳しくなった。そのため、職員定数の削減、資産の有効活用等の企業努力とともに、平均改定率一六・一％の料金改定を一九九四（平成六）年六月から実施した。それ以降は、消費税増税に伴う料金改定のみが、一九九七（平成九）年六月（三％から五％へ）、二〇一四（平成二六）年四月（五％から八％へ）、二〇一九（平成三一）年一〇月（八％から一〇％）に行われている。

（1）東京都編『東京都戦災史』東京都、一九五三年、五六二～五六五頁。
（2）東京都水道局編『東京近代水道百年史　通史』東京都水道局、一九九九年、一七五～一七七頁。
（3）東京都水道局編『東京近代水道百年史　通史』東京都水道局、一九九九年、一七八～一八一頁。
（4）札幌市教育委員会編『新札幌市史　第５巻　通史５（上）』札幌市、二〇〇二年、六一四～六一六頁。https://adeac.jp/sapporo-lib/text-list/d100050/ht014120（二〇二四年一〇月一九日閲覧）。
（5）東京百年史編集委員会編『東京百年史　第６巻』東京都、一九七二年、二〇七～二一三頁。
（6）東京百年史編集委員会編『東京百年史　第６巻』東京都、一九七二年、二一三～二一四頁。
（7）東京都『東京都統計年鑑　令和４年』https://view.officeapps.live.com/op/view.aspx?src=https%3A%2F%2Fwww.toukei.metro.tokyo.lg.jp%2Fnenkan%2F2022%2Ftn22qa020300.xls&wdOrigin=BROWSELINK（二〇二四年一〇月一九日閲覧）。
（8）東京都水道局編『東京近代水道百年史　通史』東京水道局、一九九九年、二〇五頁。
（9）東京都水道局編『東京近代水道百年史　通史』東京水道局、一九九九年、二〇六～二〇七頁。
（10）東京都水道局編『東京水道１２５年史』東京都水道局、二〇二三年、二〇～二一頁、東京都水道局編『東京近代水道百年史　通史』東京都水道局、一九九九年、二一一～二一三頁。
（11）東京都水道局ＨＰ　https://www.waterworks.metro.tokyo.lg.jp/suigen/antei/02.html（二〇二四年一一月二〇日閲覧）。
（12）東京都水道局ＨＰ　https://www.waterworks.metro.tokyo.lg.jp/suigen/antei/02.html（二〇二四年一一月二〇日閲覧）。
（13）東京都水道局編『東京水道１２５年史』東京都水道局、二〇二三年、二〇～二一頁。
（14）東京都水道局編『東京水道１２５年史』東京都水道局、二〇二三年、二一頁。
（15）東京都水道局編『東京水道１２５年史』東京都水道局、二〇二三年、二五～二七頁。

第11章
量から質へ——低成長時代から現在まで

バブル経済の崩壊、低成長時代を迎えると、人口増加も頭打ちとなり、産業の都外移転が進んでいった。水源施設や浄水場などの水道の施設拡張も安定した時代を迎えた。その一方で、水道サービスの質的な向上が進んだ。給水安定性や水道の強靭さを高めるための送配水管の充実、給水所の整備といった投資が積極的に行われた。

配水管のダクタイル鋳鉄管《ちゅうてつかん》への転換、鉛製の給水管をステンレス管に取り替える取り組みなどは耐震性を高めると同時に、漏水率も大きく低下させた。安全とおいしさが求められ、利根川系のすべての浄水場に高度浄水処理が導入された。

本章では、送配水管の延長や漏水率の推移、高度浄水処理の普及の様子とともに、低成長時代を象徴する東京都の工業用水道の消長のほか、多摩地区の市町営水道の都営一元化などを紹介する。さらに、水道をとりまく環境の変化として、臨海副都心開発と八ッ場ダムの完成、高度浄水処理の普及、迫り来る人口減少時代における水道の課題等にも触れる。

1　水道サービスの質的な向上

送配水管網の充実・給水所の整備

前章では、戦後から高度成長期に水道施設の拡張が急速に進み、昭和末期頃になると一段落した様子を描いてきた。その一方で、配水管（本管と小管）の延長（図表11―1）を時系列でみてみると、それとは異なる傾向が読み取れる[1]。

年度別の実績数値といった細かなデータは措くとして、この図表11―1をみると、一九七三（昭和四八）年を境に、配水管の延長が大きく伸びている。これは、多摩地区の市町が経営していた水道事業を、都営水道に一元化し始めた時期にあたり、移管に伴って、多摩地区の配水管延長が急増したのであった。

しかし、それだけでなく、区部の配水管延長をみると、戦後から高度経済成長にかけての急増に加えて、一元化が始まった時期以降も、現在に至るまで緩やかに伸びている。多摩地区の配水管延長に目を転じると、区部と同様に、一九七三年以降も緩やかに伸びている。

こうした傾向は、前章で述べたように、施設能力の伸びが（図表10―3）、昭和末期から平成初期の時期に頭打ちとなったのと対照的である。つまり、配水管の布設は、低成長時代になっても

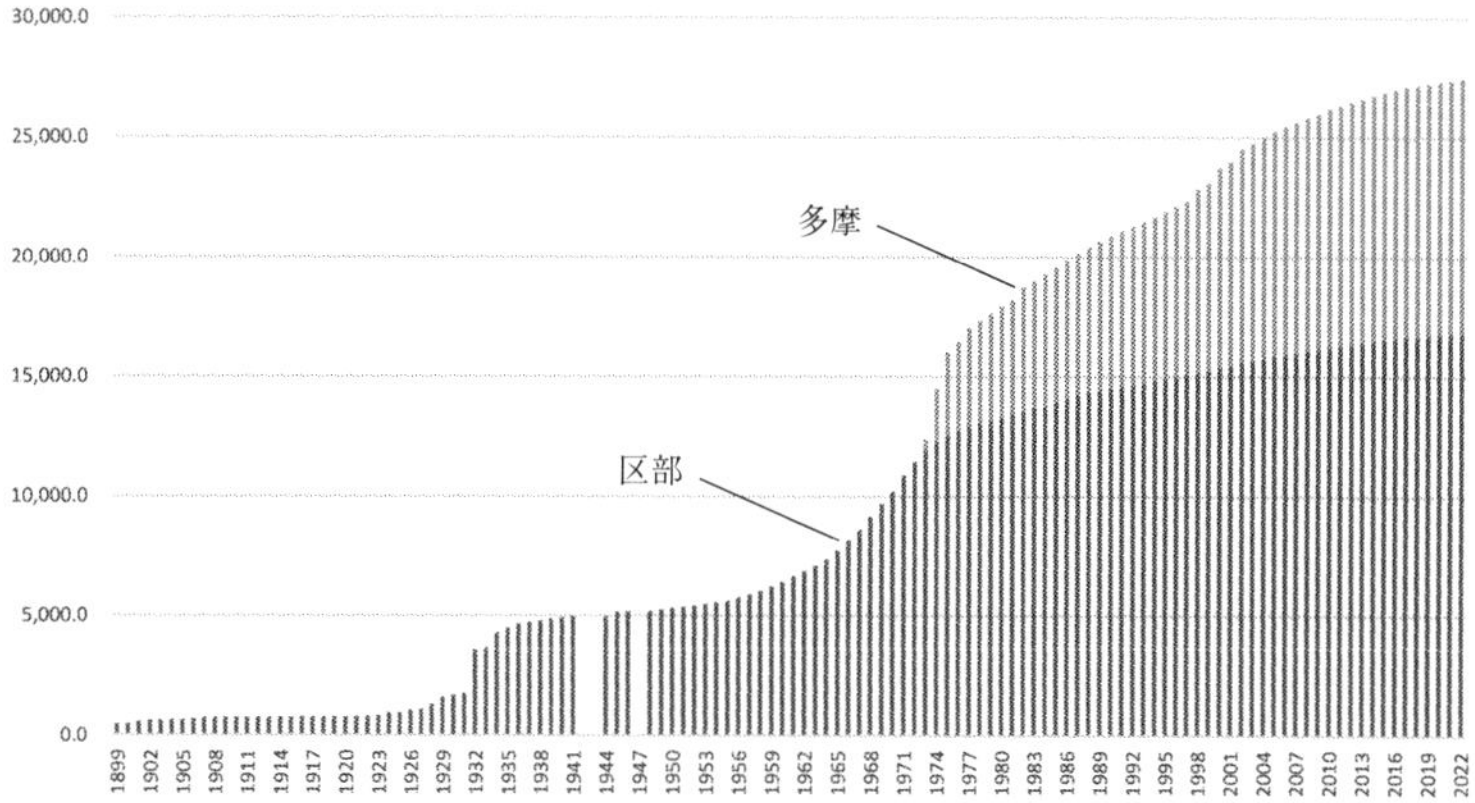

図表11－1　配水管延長（区部・多摩）の推移（単位：1000m、出典：東京都水道局『東京近代水道百年史　資料編』1999年、東京都水道局『東京水道125年史』2023年）

積極的に行われていたことが示されている。

区部のほか、多摩地区でも市街地化が進んでいたような場所では、配水管はすでに布設されているのが一般的である。そうした場所では、純粋に配水管を新設することはむしろレアケースで、経年に伴って、スクラップ・ビルド型の配水管の更新が必要となってくる。なお、そうした更新では、配水管の延長には変化は生じない。

ということは、行わなくてはならない配水管の更新だけでなく、配水系統の二重化や、他の給水区域からのバックアップ体制の整備といった実績が、図表11—1に反映されているとみることができる。もちろん、既存の配水管網を補完・強化するための新規路線も含まれているのはいうまでもない。こうした取組は、配水管網の強靭性や給水安定性という水道サービスの質的な向上をもたらす効果を持っている。

さらに、昭和末期以降になると給水所の整備も積極的に行われている。(2) 給水所は、浄水場で作られた浄水を貯蔵する池と、その水を担当する配水区域に送り出すためのポンプ設備を備えており、自然流下を用いる場合も多い。給水所の整備は、都内各地域の配水区域ごとに水道水をストックできる体制を整える意味を持ち、浄水場からの送水が停電などによって停止した場合にも、一定の時間内は、地域への給水を確保できる。

昭和末期以降に更新を含めて区部で通水した給水所は、一九八〇（昭和五五）年の練馬給水所水、一九八一（昭和五六）年の水元給水所に始まり、一九九二（平成四）年の玉川給水所、一九九五（平成七）年の江東給水所、一九九八（平成一〇）年の葛西給水所、晴海給水所（運用開始）、一九九九（平成一一）年の八雲給水所、二〇〇一（平成一三）年の南千住給水所、二〇〇二（平成一四）年の芝給水所、二〇〇九（平成二一）年の東海給水所、小右衛門《こえもん》給水所、二〇一〇（平成二二）年の西瑞江給水所（更新工事）、二〇一一（平成二三）年の大谷口給水所、二〇一九（平成三一）年の江北給水所、二〇二四（令和六）年の上北沢給水所となっている。

多摩地区では、一九八二（昭和五七）年の楢原《ならはら》給水所、一九八五（昭和六〇）年の八坂給水所、一九八六（昭和六一）年の東大和給水所、聖ケ丘給水所、一九八九（平成元）年の絹ケ丘給水所、一九九〇（平成二）年の上池台給水所、秋留台《あきるだい》給水所、一九九一（平成三）年の石畑《いしわた》給水所、二〇〇〇（平成一二）年の戸倉給水所、二〇〇三（平成一五）年の狭間給水所一期工事、二〇〇四（平成一六）年の調布西町給水所、二〇二二（令和四）年の清瀬梅園給水所、などとなっている。

配水管の強靭化と漏水率の劇的な低下

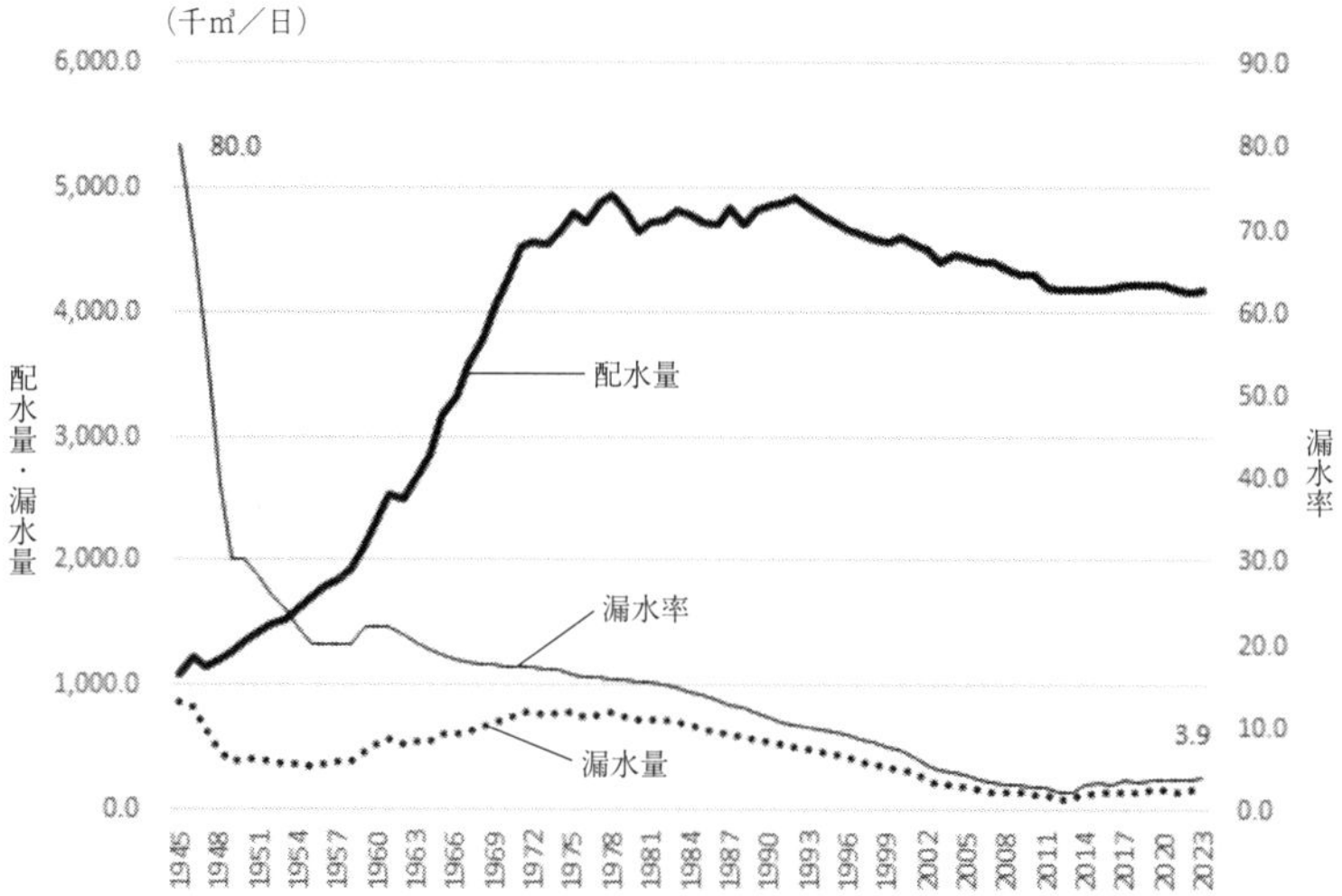

図表11－2　配水量・漏水量・漏水率の推移（出典：東京都水道局『事業概要　令和６年版』）

配水管の「ダクタイル鋳鉄管」への転換、鉛製の給水管をステンレス管に取り替える取り組みなどは耐震性を高めると同時に、漏水率も劇的に低下した。

配水管の延長は、現在、約二万七〇〇〇kmに及んでいるが（図表11―1）、昭和四〇年代からは、外部からの衝撃に弱い「高級鋳鉄管」などを、粘性が高く強度の高い「ダクタイル鋳鉄管」への更新を続けており、九九・九％が更新されている。とはいえ、電気・ガス・通信ケーブルなどの地下埋設物の輻輳《ふくそう》する箇所や、繁華街など施工が困難な場所も点在しているほか、漏水リスクが高い管路も一部に残存している。

さらに、首都直下地震などに備えて、重要施設への供給ルートについては、配水管の接合部分を、衝撃を受けても抜けにくい「耐震継手」とする取り組みも行われており、東京都水道局HPによれば「令和四年度末（二〇二二年度末）に概成」となっている。[3]

また、漏水防止対策[4]として、日夜、漏水の早期発見・早期修理に取り組んできたほか、一九八〇（昭和五五）年度から道路下に新設する給水管については鉛製給水管の採用を廃止し、強度や耐食性に優れたステンレス鋼管を採用した。鉛製給水管の加工はしやすいが、強度が低く、腐食しやすいために漏水の大きな原因となっていた。一九九五（平成七）年度からは鉛製給水管の使用を全面的に禁止し、一九九八（平成一〇）年からは施工性と耐震性に優れた波状ステンレス鋼管を採用したほか、それまで配水小管の分岐部から宅地内第一止水栓までであった材質改善範囲を宅地内メータまで拡大した。二〇〇六（平成一八）年度末までに私道又は宅地内メータまでの鉛製給水管の取替をおおむね完了した。

こうした取り組みの結果、『事業概要　令和6年』（東京都水道局、図表11―2）によれば、[5]「昭和三〇年度には二〇％、平成四年度でも一〇・二％であった漏水率は、漏水防止対策を積極的に進めた結果、令和五年度には三・九％となり、世界最高水準の低い漏水率となっている」と述べている。さらに、「漏水防止対策は、貴重な水資源の有効利用だけではなく、浄水や送配水過程でのエネルギー消費を低減させるので、地球温暖化防止にも有効」とされている。

安全とおいしさの追求――高度浄水処理の普及

一方、施設拡張を続けていた一九七〇年代（昭和四五～五五年）頃から、生活排水による河川水質の悪化が進み、水道水の「カビ臭問題」が発生した。

たとえば、金町浄水場の取水塔の上流約二〜三kmの地点の江戸川には千葉県側から坂川《さかがわ》が流入するが、高度経済成長期以降、急速な市街化などに下水道整備が追い付かず、生活雑排水などが流れ込む状態が常態化していた。それが、通常の浄水処理では除去の難しいカビ臭の原因物質を生じさせる要因となっていた。金町浄水場などの「カビ臭」が生じる浄水場で処理された水が配水される地域では、蛇口から汲んだ水に異臭を感じるという苦情が、夏場を中心に、多く寄せられるようになっていた。

粉末活性炭を大量に投入することによって対処しようとしても、その粒子が浄水場の「砂濾過池」まで流入して、正常な浄水処理を阻害するようになっていた。

これに対して、一九八九（平成元）年に金町浄水場において初の高度浄水施設[6]の整備工事が始まり、第一期工事が一九九二（平成四）年に完成した。高度浄水処理とは、それまでの「沈澱《ちんでん》」、「濾過」および「消毒」という浄水処理に、「オゾン処理」と「生物活性炭吸着処理」を組み込んだものである。動力費（電力）は大きくなるが、通常の浄水処理では十分に除去できないかび臭原因物質およびカルキ臭の元となる物質等が除去・低減され、安全でおいしい水を供給できる。

それは、水道需要に見合うだけの量の水道水を供給することはもちろん、人々の生活水準の向上に伴って、品質的にも人々の感覚や欲求を満たすだけの高品質な水道水への需要が高まってきたからであった。そうした安全でおいしい水を追求するため、一九九二年以降、四半世紀にわたって、アオコなどの藻類といった原因物質の生じやすい利根川水系から取水する三郷、朝霞、三園、東村山の各浄水場でも高度浄水施設の整備が進められた。その取り組みにより、二〇一三

（平成二五）年度から利根川水系から取水した水の全量が、高度浄水処理されるようになった。

こうした高度浄水処理施設の充実とともに、下水道の普及や、国をはじめとする関係機関が河川浄化に努めたこともあって、現在の東京では「安全でおいしい高品質な水」が安定して供給されている。これは我が国の「蛇口から出る水を、そのまま飲める文化」を着実に未来につないでいくであろう。

2　東京の産業構造の変化と工業用水道の消長

産業構造の転換

高度経済成長が終わり、それに続く時代になると、それまで日本の経済成長の原動力となっていた工業などの第二次産業から、サービス業などの第三次産業への産業構造の転換が本格化していった。工場や事業所の東京都外への移転が、最初は地方、その後は海外というように進んだ結果、都内の工業地域は空洞化し、工業用水の需要も減少した。

さらに、バブル経済の崩壊や、その後続いた低金利・低成長の時代を通じて、かつて工場が集積していた地域も再開発の波にさらされた。大きな工場跡地にはマンションなどの集合住宅やショッピングセンター、小規模な跡地には戸建て住宅が並ぶようになった。こうした第二次産業の空洞化は、工業用水の需要を減少させた。その意味で、東京都の工業用水道の消長には、高度経済成長期以降の東京における産業構造の変化が反映しているともいえるだろう。

社会の構造変化に伴った需要と料金収入の減少にとどまらず、それによる廃止を経験した工業用水の歩みは、東京都の人口が二〇二五（令和七）年をピークに減少に転じると予想される現在、水道の将来を考える上で、多くの示唆を与えてくれるだろう。

東京の工業の発展

日清・日露戦争、第一世界大戦の期間を通じて本格化した日本の工業化の中で、東京下町低地には大工場とともに、多数の中小零細工場が進出した。最初は、隅田川沿いの現在の荒川、北、板橋区などから工場の立地が始まり、それが江東、墨田、足立、江戸川区などに拡がっていった。それらの工場の多くは、大工場の下請工場が中心であり、一九四五（昭和二〇）年三月の東京大空襲のターゲットになった地域であった。

この空襲により、日本の航空機生産における部品供給の場所（サプライチェーンの上流）が壊滅したため、下流側のアッセンブリー（組立）工場は無事であっても、航空機生産が続けられない状況に追い込まれた。

これらの工場の多くは、コストのかからない地下水をポンプで揚水して使用していた。戦後になると、復興期、高度経済成長を迎えて、さらに工業用水の揚水は増加した。そのため、地下水位の低下や、それが原因となった地盤沈下が深刻化した。これは区部だけの問題ではなく、多摩地域でも同様の現象が見られた。

東京の工業用水道の展開

地下水の揚水規制とセットの形で、工業用水道の整備が始まった。一九五六（昭和三一）年六月に工業用水法、一九五八（昭和三三）年には工業用水事業法が制定され、東京都では一九六〇（昭和三五）年から江東地区（墨田区、江東区および荒川区の全域と江戸川区および足立区の一部）の工業用水道事業の施設建設に着手し、一九六四（昭和三九）年八月から給水を開始した。一九七一（昭和四六）年四月には、城北地区（北区、板橋区、葛飾区の全域と足立区の大部分）でも給水が始まった。その目的は地盤沈下の防止であった。工業用水道は、地盤沈下の原因となっていた地下水の揚水（汲上げ）を規制するにあたり、その代替水を供給する行政施策（事業）であった。

一九六一（昭和三六）年に南千住浄水場（荒川区南千住六丁目）、翌年には南砂町《みなみすなまち》浄水場（江東区新砂《しんすな》三丁目）の建設に着手するとともに、一九六三（昭和三八）年からは城北地区工業用水道事業の建設を開始した。なお、この年、東京都における工業用水道事業の根拠条例として、東京都工業用水道条例などが制定されている。

そして、一九六四年には東京都下水道局三河島水再生センターの下水処理水を原水とする南千住浄水場の給水が開始され（給水能力日量一三万八〇〇〇㎥）、一九六五（昭和四〇）年には下水道局砂町水再生センターの下水処理水を利用する南砂町浄水場の給水が始まり（給水能力日量一八万八〇〇〇㎥）、江東地区の給水能力は、あわせて日量三二万六〇〇〇㎥となった。

一九六七（昭和四二）年になると城北地区の三園浄水場（板橋区三園二丁目）の建設が着手され、一九七一（昭和四六）年には給水が開始された（給水能力日量三五万㎥）。原水は利根川水系の表流水を、第一次利根川系水道拡張事業の項で述べた武蔵水路等を経て引き入れている。

当時は、高度経済成長期の後半にあたり、工業用水道の需要増に合わせた施設整備はさらに続いた。翌一九七二（昭和四七）年には江東地区の拡張事業と城北地区の拡張事業（いずれも七カ年計画）が始まった。城北地区の計画給水能力日量三五万㎥を日量四〇万㎥に引き上げたほか、一九七五（昭和五〇）年から建設が始まった城北地区の江北浄水場が送水を開始した（施設能力日量五万㎥）。一方、施設とともに水資源の有効利用を図るため、一九七三（昭和四八）年には工業用水の一部を雑用水として、一九七六（昭和五一）年度からは集合住宅のトイレ洗浄用水としての供給を始めた。

地下水の揚水規制の強化、対象区域の拡大等が図られたことにより、昭和五〇年代（一九七五年）以降になると、地盤沈下はほぼ沈静化し、東京の工業用水道事業の目的は達成されたのであった。しかも、その後、国の産業立地政策や公害規制の強化によって、工場の都外への転出が盛んになった。残った工場等でも水使用の効率化が進んだ。

そのため、一九七四（昭和四九）年度の日量三六万九九三三㎥をピークに、その後は減少傾向が続き、施設が大幅な余剰状態に陥った。そのため、一九八〇（昭和五五）年三月には南砂町浄水場を廃止、一九八三（昭和五八）年には三園浄水場の施設能力を日量一七万五〇〇〇㎥に縮小したほか、一九八七（昭和六二）年には江北浄水場を休止（後に廃止）した。しかし、その後も需要の減少は続いた。なお、一九七九（昭和五四）年には上水道（多摩川）と工業用水道（利根川河口堰）との一部水源の緊急暫定転換を行った。水質の問題から休止中であった玉川浄水場の水源（多摩川下流部）を工業用水道に振り替え、三園浄水場の工業用水道の水源となっていた利根川の表流水を上水道用に転換したのであった。それに伴って、玉川浄水場は再稼働となった。

その後、事業の効率化などが精力的に展開されるとともに、一九九七（平成九）年には南千住浄水場と休止中の江北浄水場が廃止され、江東地区と城北地区の工業用水道事業が統合となり、三園浄水場から全域に供給することとなった。それらの詳しい事情については、東京都水道局HPに掲載された「東京都工業用水道事業（二〇二三［令和五］年三月三一日事業廃止）」に掲載されている。[7]

その〝結論部分〟を紹介すると、二〇一八（平成三〇）年、外部の専門家で構成された「工業用水道事業のあり方に関する有識者委員会」による報告書が取りまとめられ、「工業用水道事業は、地盤沈下防止という所期の目的は達成したが、経営状況が厳しく、施設の大規模更新時期の到来が間近に迫る一方、今後も需要の増加が見通せないことから、廃止すべき」とされた。また、廃止に当たっては、「事業が行政施策として開始された経緯を踏まえ、お客さまの事業経営等への影響を最小限に留められるよう、十分な支援策を講じるべきである」旨の提言もなされた。そして、二〇二二（令和四）年度末（二〇二三年三月三一日）をもって、東京都の工業用水道事業は廃止され、三園浄水場の工業用水分と玉川浄水場も廃止となった。

3　多摩地域の発展と水道の都営一元化

多摩地域の住宅地化

高度経済成長期の多摩地域では、副都心を含む都心部から放射状に伸びる鉄道沿線を中心に住宅地化が進んでいった。大規模な住宅団地や鉄道会社・大手ディベロッパーによる宅地造成などを別にすれば、通勤に便利な鉄道各線の駅の徒歩圏内から始まり、それが駅をターミナルとするバス路線の利用可能な地域に拡大する形となった。

初期の住宅地化は、区部からの戦災罹災者の移転先として始まり、高度経済成長期になると、東京への人口集中と、第三次産業従事者の増加への受け皿として、都心部などに通勤するサラリーマンのベッドタウンとして定着していった。

高度経済成長は、新技術の導入による生産拡大のほか、全国の農村から安くて豊富な労働力を第二次、第三次産業に振り向けることによって実現された。傾斜生産方式に代表される国の産業政策もあって、全国の農村から、大都市やその周辺の工業地帯への人口の大移動が発生し、多摩地域などで住宅が大量に供給された。

多摩地域の住宅地化は、ＪＲ中央線沿線の区部に隣接する北多摩の武蔵野、三鷹から始まり、それが一段落すると南多摩、西多摩に移っていった。この様子は、人口増加のピークが北多摩、南多摩の順に進んだことにも現れている(8)(図表11―3)。

戦前から戦中にかけて、北多摩には帝国陸軍の立川飛行場を囲む形で中島飛行機㈱などの航空機製造拠点があり、そうした軍需工場に勤務する工場労働者の住宅や社宅などが多数建設されていた。しかし、敗戦直後から武蔵野地区の中心地であり、区部にも隣接し、中央線と井の頭線との接続地でもある吉祥寺にはヤミ市もできた。その名残は現在も吉祥寺駅北口の一部(ハモニカ横丁など)にみられる。

それが、高度経済成長期になると変質した。商業やサービス業も含め、都心部のオフィスに通勤するサラリーマンとその家族を対象とするものとなった。北多摩は、「企業の城下町」から「都心部の城下町」になっていった。

北多摩の住宅地化が早かった背景には、区部との隣接性や鉄道の利便性のほか、地価の安さもあった。農地解放の直後で土地所有が細分化され、小作人から自作農となった人々が、新たに手にした土地に貸家やアパートを建築したのである。

中央線沿線の住宅地化は一九六五(昭和四〇)~一九七五(昭和五〇)年頃までに一段落し、続いて西武線沿線の北多摩北部で住宅地化が始まり、住宅公団や都営の大規模団地の建設が相次いだ。

一九六四(昭和三九)年から、当時、都内最大級の五二六〇戸が建設された都営村山住宅などのように、地元の町が、市政施行に必要な人口を確保する目的で団地を誘致する例もあった。そ

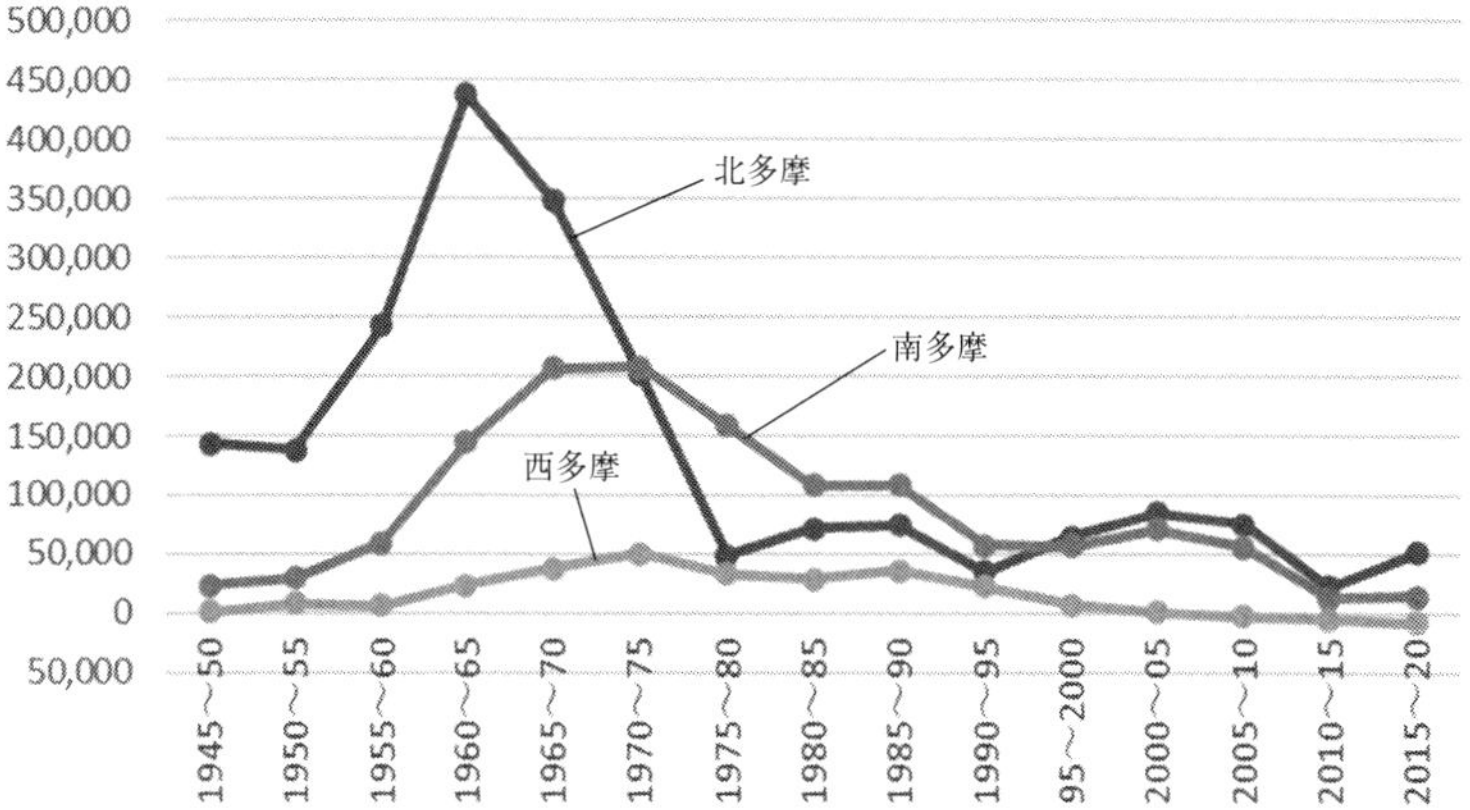

図表11－3　三多摩の人口増加数（出典：国勢調査）

こでは、誘致する人口規模に見合ったインフラの整備は、どうしても先送りされがちだった。そうした開発を取り巻く形で、地元の中小ディベロッパーも盛んに宅地開発を行った。国による積極的な持家政策も、その勢いを助長した。

北多摩に次いで、住宅地化の舞台は南多摩に移り、広大な多摩丘陵の山林が開発の対象になった。しかし、山林などが無秩序な住宅地開発の波にさらされ、スプロール化が深刻化した。そこで、一九六三（昭和三八）年に新住宅市街地開発法が公布され、第二次、第三次産業の従事者に向けて、国や当時の住宅公団、東京都による大規模な住宅供給が始まった。東京都では、住宅供給の拡大とスプロール化防止のため、多摩ニュータウン開発計画に着手している。

多摩ニュータウンは、当初、同法の規定によりベッドタウン以外の機能を排除した市街地として開発された。南多摩の住宅地開発は石油危機を契機に鈍化したが、その後もバブル経済期を経て、住宅供給は続いた。

切り崩された丘陵地には、ひな壇状の一戸建ての住宅団地や、集合住宅が林立するようになった。その後、住宅地開発の波は南多摩から西多摩に移った。バブル経済期には青梅付近の多摩川河岸までがマンション建設の舞台になるとともに、東京駅直通の青梅線電車の増発に見られるように、青梅線沿線も東京のベッドタウンとなっていった。

戦前の隣接五郡と戦後の三多摩

高度経済成長による多摩地域における人口増加により、新たに水道の供給を必要とする人々が急増した。当時、東京二三特別区は都営水道の給水区域であったが、水道事業は市町村が経営する原則のもと、多摩地区ではそれぞれの地方公共団体（市・町）が経営していた。そのため、料金や普及率といった水道事業の基本的なサービスの水準に関して、二三区と多摩地区の間だけでなく、多摩の市町の間でも格差が顕在化するようになっていた。この格差を解消していくために、後述のように、一九七三（昭和四八）年一一月以降、一部の例外はあったが、多摩地区の市町が経営する水道事業が、順次東京都に統合されていった。

この格差は水道のサービス水準に限ったことではなく、当時、「三多摩格差」と呼ばれ、学校教育、道路整備などさまざまな行政サービスの分野に及んでいた。

こうした経過は、一九三二（昭和七）年の「大東京」の成立にも通じている。第9章で述べたように、旧・東京市一五区と、それを取り囲んでいた荏原、豊多摩、北豊島、南足立、南葛飾の隣接五郡の町村では、関東大震災前から始まっていた人口増加に震災後の都心からの人口移動が加わって、大正から昭和初期にかけて人口が急増した。そのため隣接五郡の各町村には、行政経費、とりわけ小学校の新設や維持管理などの教育費の負担が重くのしかかった。

水道に関しても、東京市営水道と、隣接五郡の町村営や組合経営、民間経営の水道事業との間で、料金や普及率などサービス水準に大きな格差が生じていた。そのため、教育費などの負担に耐えられなくなった隣接五郡の町村が、東京市に編入されて「大東京」の一部となることを望んでいた。

それは、水道事業には多大のコスト負担が必要であり、その負担を継続することの難しさの証左でもあった。ただし、高度経済成長期の多摩地区では、人口増加だけではなく、進出した工場によって大量の地下水が揚水されたために、多くの市町村が水源としていた地下水の水位低下や枯渇といった問題が生じており、水不足が深刻になっていたという問題も大きかった。

多摩地区の都営水道一元化

そうしたなかで、三多摩地区給水対策連絡協議会（会長・東京都副知事、主な構成員は都の関係局長および多摩地区の市町村長など）が一九六三（昭和三八）年に設置され、一九六五（昭和四〇）年には多摩地区への送水計画などが決定され、多摩地区市町村には東京都から浄水の分水（水道水の供給）を行い、市町村は分水料金を負担することとなった。

分水する水量は、一九七〇（昭和四五）年度末までに完成する予定であった第二次利根川系水道拡張事業によって確保することになっていたが、水不足への対応として、受水施設の整った市町村から暫定的に臨時分水が行われた。一九六五年一二月から始まった東村山市への臨時分水が最初であった。

しかし、分水の料金（暫定料金として一九円／㎥）に対して、都営水道（二三区）の基本料金は一四〇円／一〇㎥と低額であることに対して、都内の町村の首長によって構成される東京都町村会から、料金格差の是正と給水料金の大幅な値下げを求める陳情がなされている[9]。

こうした区部と多摩地区の料金やサービスの格差とともに、市町村の間でも料金やサービスがバラバラという状況を踏まえ、多摩地区水道の都営一元化への機運が盛り上がっていった。

一九七〇（昭和四五）年一月、水道事業財政再建専門委員が三多摩地区の水道の格差是正について知事に助言したことを受けて、東京都は七月、多摩水道対策本部を設置し、一九七一（昭和四六）年一二月には多摩地区水道事業の都営一元化基本計画および同実施計画を策定し、一元化を順次実施することになった。

一九七三（昭和四八）年一一月、小平、狛江、東大和、武蔵村山の各市の水道を皮切りに一元化が始まり、一九八二（昭和五七）年四月の立川市まで、二五市町が統合された。しかし、「自治権の侵害」等の理由を掲げて各市町の職員団体が都営統合に反対した。そのため、都営水道とはなるものの、住民に直接給水するために必要な事務の管理および執行については、地方自治法に基づく「事務委託」によって、引き続き当該の市町が行うこととなり、市町職員の都営水道への引き継ぎは行われなかった。

ところが、この方式では、都営水道としての広域化や規模のメリットを発揮するには限界があった。市町域をまたいだ広域的な給水区域の設定や、地域的な広がりのある効率的な事務執行が思うように進まない問題も生じた。料金取扱金融機関が各市町によってバラバラであるという不便も生じていた。

そのため、事務委託の解消が順次行われることになった。二〇〇三（平成一五）年には、〝お客さまサービスの向上〟、〝給水安全性の向上〟、〝効率的な事業運営〟の三点を定めた「多摩地区水道経営改善基本計画」が策定され、二〇一二（平成二四）年三月には八王子市など六市に委託していた業務の都への移行が完了し、二五市町すべての事務委託が完全解消された。

なお、二五市町とは、武蔵村山市、多摩市、瑞穂町《みずほちょう》、府中市、小平市、東大和市、東久留米市、小金井市、日野市、東村山市、狛江市、清瀬市、あきる野市、西東京市、日の出町、八王子市、立川市、町田市、国分寺市、福生市、青梅市、調布市、国立市、三鷹市、稲城市で、奥多摩町はこれに追加されている（ただし二〇二四［令和六］年度時点で、武蔵野市、昭島市、羽村市、檜原《ひのはら》村は未統合）。

それにより、住民サービスの水準が向上するとともに、広域水道としての一体性や効率性が高まってきている。

とはいえ、市町営水道から東京都が引き継いだ水道施設には小規模なものが多く、それらを有機的に活用して一体的に水道経営を行うには非効率な場合も多い。しかも、多摩地域の市町の面積[10]は、八王子市（一八六・三八km²、二〇二〇［令和二］年国勢調査人口五七万九三五五人）のように広大な規模を有するものがある一方で、狛江市（六・三九km²、八万四七七二人）のように区部には隣接するが面積は少ないものもある。さらに、山地の多い八王子市や青梅市、多摩丘陵などを市域に有する町田市、多摩市、稲城市、武蔵野台地上の立川市、三鷹市、小金井市、小平市、武蔵村山市といった具合である。多摩川のほか、多くの中小河川によって谷地形などが形成されている。

それゆえ、地形を活かした自然流下による水配を考えることに限っても、行政界を越えて、多摩地域ないし東京都全体の水道施設を一体的に運用することが重要であり、送配水施設の整備も含め、基幹施設をはじめとする施設整備が現在も進められている。

4 水道をとりまく環境の変化

臨海副都心開発と八ッ場ダムの完成

一九八六(昭和六一)年、東京都は東京の一点集中型の都市構造を転換するため、東京臨海部の中心に位置する臨海副都心(港区・江東区・品川区)を七番目の副都心として育成する方針を定めた[11]。

副都心については、すでに一九五八(昭和三三)年に過密化した都心部の機能分散を図るために新宿、渋谷、池袋が副都心に指定され、一九八二(昭和五二)年には上野・浅草(台東区)、錦

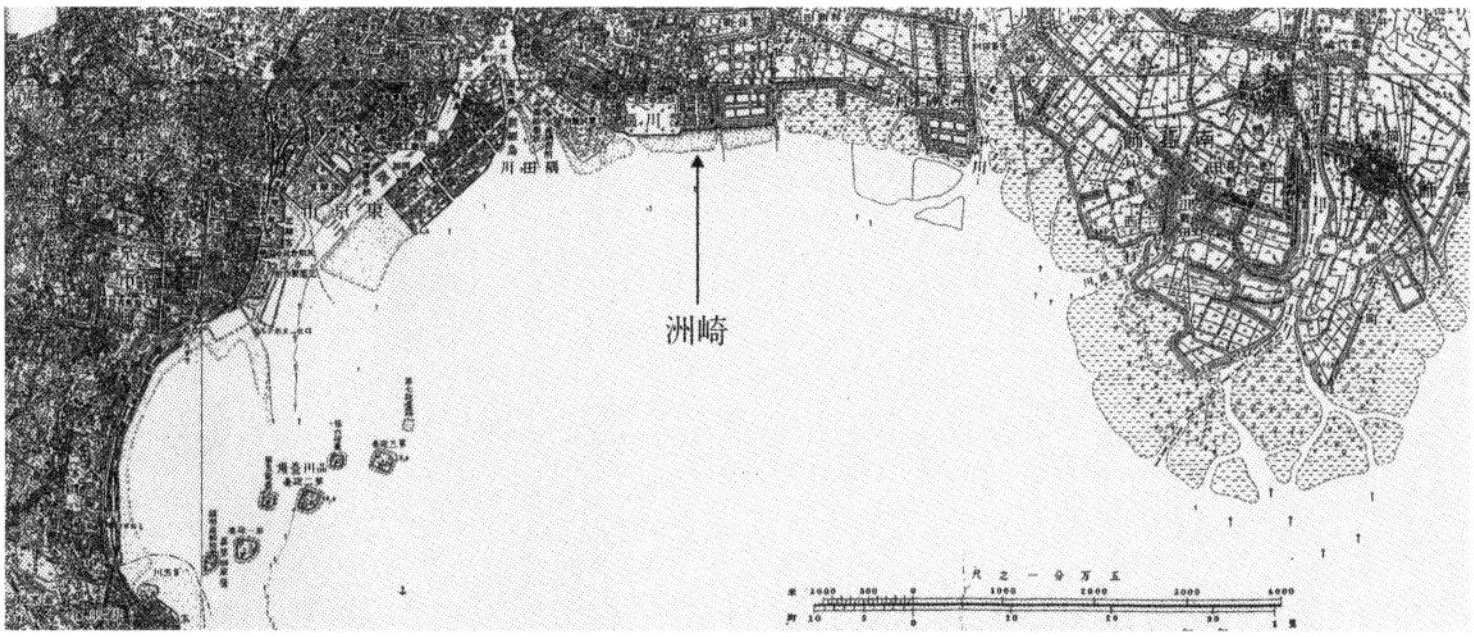

図表11－4　明治末期の深川周辺。湿地、養魚場、貯木場、水路が多い（出典：大日本帝国陸地測量部5万分の1地形図、1909［明治42］年測図、『東京東北部』1919［大正8］年発行、『東京東南部』1912［大正元］年製版）

糸町・亀戸（墨田区・江東区）、大崎（品川区）の業務・商業市街地ゾーンが加えられている。なお、この六副都心は東京都の副都心整備指針によるものだが、臨海副都心は東京都の臨海副都心まちづくり推進計画など、地域の上位計画に従ったものとなっている[12]。

臨海副都心は、現在までに、台場・青海・有明北・有明南の四地区が形成されたほか、羽田空港の沖合移転も一九八四（昭和五九）年から二〇〇七（平成一九）年にかけて進み、二〇一〇（平成二二）年には、空港の再拡張（D滑走路完成）とともに、国際空港としても再出発した。

東京の発展が海に向かって始まったのは、徳川家康の江戸入府以降で、元禄期（一六八八～一七〇四年）になると、それよりさらに東側の隅田川の東岸で、「深川洲崎十万坪」と呼ばれた場所の埋め立ても進んだ。江戸近郊で、初日の出や潮干狩り、舟遊びなどが楽しめる場所となっていたが、一七九一（寛政三）年に大津波によって壊滅し、幕府によって居住禁止となった。

この付近は、明治になっても干潟や養魚場などが連続する土地で（図表11―4）、本格的な開発が進むのは昭和（一九三〇年代）になってからであった。大津波などの災害とともに、水道の供給が出来なかったことも、市街地が形成されなかった一因である。

現・中央区の月島や現・江東区の塩浜、豊洲、枝川、東雲《しののめ》、辰巳《たつみ》などは、明治から昭和（戦前）にかけて出来た埋立地で、かつての廃棄物の埋め立て処分場として有名な夢の島の造成も戦前に遡る。こうした地域では、早くから人が住み始めた月島などを除いて、高度経済成長期から住宅団地などが建てられている。それに対して、臨海副都心に居住する市街地が出来始めたのは、昭和の末期以降であった。

それには、電気・ガス・水道・通信・交通といったインフラの整備が、臨海部（臨海副都心の地域）に整備されることが条件となった。インフラの中でも最も基本的なものの一つである水道の場合、先ほども述べたように、一九九五（平成七）年には江東給水所が通水し、臨海副都心の施設が通水となった。なお、この地区の象徴ともなっているフジテレビ本社ビル（FCCビル）は一九九六年に竣工している。さらに、一九九七（平成九）年には有明給水所、二〇〇一（平成一三）年には晴海給水所が相次いで整備された。また、臨海副都心では自動検針システムの運用も開始されたほか、二〇〇九（平成二一）年には東海給水所も完成し、羽田空港をはじめとする東京南部の臨海部への配水が強化された。

一方で、東京の水道における水源の厳しさは相変わらず続き、二〇〇一年、二〇一二（平成二四）年、二〇一三（平成二五）年、二〇一六（平成二八）年にも渇水対策本部が設置された。水源開発も進められ、東京都が利用する水源施設として、荒川水系では荒川貯水池（一九九六［平成八］年）、浦山ダム（一九九八［平成一〇］年）、滝沢ダム（二〇一一［平成二三］年）が整備された。

また、利根川水系の貯水池・ダムのうち、東京都が都市用水として利用できるものは、矢木沢ダム（一九六七［昭和四二］年）、下久保ダム（一九六八［昭和四三］年）、草木ダム（一九七六［昭和五一］年）、奈良俣ダム（一九九一［平成三］年）、渡良瀬貯水池（一九九〇［平成二］年）の五カ所であったが、それに加えて、二〇二〇（令和二）年三月、一九七〇（昭和四五）年度に建設事業に着手した八ッ場ダムが、反対運動のほか、いわゆる〝脱ダム宣言〟などもあったものの、半世紀をかけて遂に完成した。

写真11－1　建設中の八ッ場ダム（筆者撮影）

現在、臨海副都心をはじめ東京湾の沿岸では、タワーマンションが林立する光景や、業務機能が集積する姿を目にすることができる。それが実現できた背景には、水源地域の人々の理解の上に進められた安定水源の確保と、それを水道水として給水するための膨大かつ長期的な設備投資の実施などがあった。八ッ場ダムの完成は、その象徴でもあろう（写真11—1、11—2）。

こうして利根川・荒川水系におけるダムなどの水源施設の整備も進み、現在の東京の水道水源の八〇％が利根川および荒川水系、一七％が多摩川水系となっている。それは、戦後八〇年どころか一八九八（明治三一）年の東京の近代水道創設、さらには一五九〇（天正八）年の徳川家康の江戸入り当時から始まった水を求める努力、すなわち、小石川から神田川、多摩川を経て利根川・荒川水系に水源を求めてきた積み重なりの上にあるといえるだろう。

一方、水道事業では、ポンプの稼働などに大量の電力を消費する。『環境報告書２０２３』（東京都水道局）によれば、現在、東京都の水道事業では「年間約八億ｋＷｈもの電力を使用しており、令和四（二〇二二）年度の都内全体の電力需要実績（七五二億ｋＷｈ、資源エネルギー庁による）の約一％に相当」「排出される二酸化炭素（CO_2）の九割以上が電力の使用によるもの」「送配水過程が全体の約六割を占め[13]」となっており、省エネルギーの推進、再生可能エネルギーの拡大、持続可能な資源利用の推進などの脱炭素の取り組みが重要となっている。それゆえ、水道事業と社会の持続可能性との関係では、この本で何度も登場した動力への視点が不可欠であり、水道事業における「動力と自然流下の関係」は永遠のテーマとなっている。

現在、多摩川の上流部に新たな浄水場の建設が計画されているが、それは自然流下の利用という条件からスタートしたプロジェクトとなっている。自然流下は現代的な意味も深い。自然流下の上に成り立っていた江戸の上水や、近代技術と自然流下の融合としての発足当時の近代水道を振り返ることは、水道を含む社会の持続的発展への視座を提供するといえよう。

5　これからの水道

これまで見てきたように、東京の水道は、江戸時代を含めば四〇〇年以上にわたって、さまざまな社会・経済の変化の中で、江戸・東京の基幹的なライフラインとして機能し続けてきた。

『持続可能な東京水道の実現に向けて　東京水道長期戦略構想2020』（東京都水道局）によれば⑭、東京都の水道事業は、「都民生活と首都東京の都市活動を支える基幹ライフラインとして、安定給水のために必要な施設整備を着実に推進しながら、継続的に経営努力を行い、健全な経営基盤を確立し、使命を果たしてきた」としている。また、前述のように、「全国に先駆けて市町営水道の都営一元化を進め、今日では、給水人口約一三五〇万人という日本最大の水道事業体として、広域水道としての一体性と責任を確保しつつ、効率的な事業運営に努めています」と述べている。

しかしながら、二一世紀も四分の一を過ぎようとしている現在、東京の水道どころか日本や世界を取り巻く条件が大きく変わろうとしている。ウクライナとロシアの戦争において、ドローンを駆使した〝現代戦〟の威力を目にするように、技術革新は短期間で一足飛びに進化することもある。現在、人間が行っている水道メータの検針業務がスマートメータに置き換わりつつあるほか、ドローンによる水道施設の点検や人工衛星データを用いた漏水リスク評価などの新技術が急速に導入されている。とはいえ、水道における技術革新も、さらに想像を超えたスピードで進むことを織り込んでおく必要があろう。『東京水道経営プラン2021』では「気候変動による自然災害の多発、デジタルトランスフォーメーションの推進など、都の水道事業を取り巻く環境は、かつて経験したことのない局面」と捉えている。[15]『東京水道長期戦略構想2020』では、「東京都の人口推計では、令和七（二〇二五）年をピークに都の人口も減少に転じ、令和四二（二〇六〇）年にはピーク時から約一六％減少する」とされている。[16]

これは東京都だけの話ではなく、むしろ日本の全体を見れば、すでに人口減少が顕在化している地域も目立ち始めている。人口減少は、水道料金の収入減に直結する。それは、施設整備や維持管理など、水道事業に不可欠な経費の不足を招くことになり、高度経済成長期に集中的に整備された施設が一斉に更新期を迎えるなかで、それらの実現に大きく影響する。管路の維持管理や取替更新のネックにもなりかねない。労働力人口も減るわけだから、水道事業の関連事業者も含めた人材の確保も課題となってくるだろう。

すでに地方では、人口減少が現実のものとなっており、水道料金で賄われる原則の水道施設に限らず、道路や橋、公共施設などの維持管理に必要な税収が不足する事態が珍しくなくなっている。しかも、首長のなかには必要な料金改定を先延ばしにする場合もあり、水道事業の存続そのものに黄色信号が点燈している地方公共団体も少なくない。

人口減少が続けば、料金収入や税収が減少するだけでなく、配水管などの水道施設そのものの利用密度が希薄化する。たとえば、限界集落等の地域では、最終的にはサービスそのものの利用実態が低下し、極端な場合にはゼロになることさえあるだろう。利用が無ければ、事業を廃止することへのコンセンサスは得られやすいだろうが、少ない人数でも利用者が存在する限りは、その判断は悩ましいものとなろう。

こうした人口減少に加え、「環境危機やテクノロジーの急激な進展、（中略）など、東京水道をめぐる状況は、今後、激変し、かつて経験したことのない局面を迎える」（『東京水道長期戦略構想2020』）といった課題にも直面している。

しかも、二〇二四（令和六）年一月一日の能登半島地震にみるように、地震災害などは水道事業に大きな被害をもたらす。東京では首都直下地震等の大地震の切迫性が叫ばれており、水道施設の耐震化をさらに進めていくことが重要となっている。大地震の発生は、思いもかけない被害や影響を及ぼすだろう。

『東京近代水道125年史』（東京都水道局）[17]によれば、二〇一一（平成二三）年三月の東日本大地震では、一部の施設に破損が生じて漏水なども発生したが、大規模な漏水や断水等は発生せず、都内での被害は軽微であった。しかし、東京電力の福島第一原子力発電所の被災による二次的な被害が生じた。区部では計画停電により、足立区の北鹿浜《きたしかはま》増圧ポンプ所が全面停電となったもののバックアップ体制が整っていたため、大きな混乱は生じなかった。しかし、多摩地区では、三月一五日から二五日までの七日間に計画停電が実施され、延べ約八〇〇施設が停止し、多くの井戸水源も停止した。多摩地区全体のバックアップ機能が不十分だったことも相まって、約九〇〇〇件の断水、約二五万六〇〇〇件の濁水が発生した。

一方、福島第一原子力発電所の被災後、初の降雨となった三月二一日には大気中の放射性物質が降雨とともに流入することが懸念されたため、金町浄水場（利根川系江戸川）、朝霞浄水場（利根川系荒川）および小作浄水場（多摩川系）の三カ所で、放射性ヨウ素および放射性セシウムの測定を行った。その結果、金町浄水場の浄水から、乳児の飲用に関する暫定的な指針値を上回る放射性ヨウ素が検出されたため、乳児による水道水の摂取を控えること等を呼びかけた。また、一歳未満の乳児に対する緊急対策として、ペットボトル二四万本を摂取制限の給水区域内の自治体に提供することとしたが、問い合せ件数は爆発的に増加した。二四日には金町浄水場の浄水に含まれる放射性ヨウ素の値は指針値以下となったことから、前日に発した摂取制限を解除した。

こうした水道を取り巻く激変どころか予測不能ともいえる環境変化の中でも、水道事業を持続可能であり、かつ、災害などのリスクにも強靭なものとし、安全でおいしい高品質な水の安定供給を、将来にわたって継続・発展させていくことが求められている。

本書は、江戸・東京の水道発展の歴史をひも解くものであり、水道に関する国や東京都などの政策や制度類を語るものではないと断った上で、『東京水道長期戦略構想２０２０』や『東京水道経営プラン２０２１』をここで紹介したのは、過去に作成された〝構想〟や〝プラン〟〝施策〟などに基づく一つ一つの日々の地道な作業の集積や、水道を供給するための〝二四時間三六五日〟の取り組みが、これまでの水道の歴史を作ってきたからに他ならない。これらの資料は、〝水道の歴史が現在進行形で作られるプロセス〟の一端でもある。

江戸・東京の発展は家康の江戸入府に始まったが、その〝水不足体質〟は当時からの宿命で、水道の給水範囲が、江戸・東京の市街地化の範囲を決めた側面もあった。

一九〇九（明治四二）年から一九一一（明治四四）年の『5万分の1地形図』（図表11―4）を見ると、海岸線は江戸時代の姿を残しており、波打ち際の築堤に敷設された東海道線もみえる。そこでは、水源と配水の能力が限られていたことも関係していた。臨海副都心で「二〇二〇年東京大会」（オリンピック・パラリンピック）を実施できるまでの東京の発展は、水道の発達や水源の確保、さらにはそれを支える財源確保（料金収入の確保）の歴史である。安全でおいしい水が蛇口から出る〝当たり前の日常〟は、水が足りない構造を「国家百年」どころか四〇〇年以上にわたり克服し続けた結晶である。

そして現在、大量の施設更新、気候変動による影響、予測される人口減少のなかでの需要減や料金収入減、技術革新、さらには大地震のリスクといった課題に対して、次の「百年の計」を問われているといえるだろう。

（1）東京都水道局編『東京近代水道百年史　資料編』東京水道局、一九九九年、三八～三九頁、同『東京水道125年史』東京水道局、二〇二三年、一二二～一二三頁。
（2）東京都水道局ＨＰ『事業概要　令和6年版』二〇二四年、一六五～一七五頁、https://www.waterworks.metro.tokyo.lg.jp/files/items/36581/File/165-175.pdf（二〇二五年一月二七日閲覧）。
（3）東京都水道局ＨＰ「水道管路の耐震化」https://www.waterworks.metro.tokyo.lg.jp/suidojigyo/suidoukanro10/（二〇二五年一月二七日閲覧）。
（4）東京都水道局ＨＰ「東京の漏水防止」https://www.waterworks.metro.tokyo.lg.jp/files/items/20310/File/rousuiboushi_

r6.pdf（二〇二五年一月二七日閲覧）。
（5）東京都水道局ＨＰ『事業概要　令和6年版』二〇二四年、九一～九五頁、https://www.waterworks.metro.tokyo.lg.jp/files/items/36581/File/91-95.pdf（二〇二五年一月二七日閲覧）。
（6）東京都水道局ＨＰ「高度浄水処理について」https://www.waterworks.metro.tokyo.lg.jp/suigen/kodojosui.html（二〇二五年一月二七日閲覧）。
（7）東京都水道局ＨＰ　https://www.waterworks.metro.tokyo.lg.jp/suidojigyo/kosui/（二〇二四年一二月一日閲覧）。
（8）鈴木浩三『地形で見る江戸・東京発展史』ちくま新書、二〇二三年、二六二～二六五頁。
（9）東京都水道局編『東京水道１２５年史』東京水道局、二〇二三年、二二一～二二四頁。
（10）東京都編『東京都統計年鑑　令和４年』東京都、二〇二二年、https://view.officeapps.live.com/op/view.aspx?src=https%3A%2F%2Fwww.toukei.metro.tokyo.lg.jp%2Ftnenkan%2F2020%2Ftn20qa010100.xls&wdOrigin=BROWSELINK（二〇二四年一〇月一九日閲覧）。
（11）東京都港湾局編『事業概要　令和2年版』東京都港湾局、二〇二〇年、一四一～一四四頁。
（12）東京都都市整備局ＨＰ『新しい都市づくりのための都市開発諸制度活用方針』三頁、https://www.toshiseibi.metro.tokyo.lg.jp/seisaku/new_ctiy/katsuyo_hoshin/pdf/katuyou_housin02.pdf（二〇二四年一一月二八日閲覧）。
（13）東京都水道局編『環境報告書２０２３』東京都水道局、二〇二三年、一三頁、『東京水道経営プラン』2021https://www.waterworks.metro.tokyo.lg.jp/files/items/36292/File/2023-houkoku-all.pdf（二〇二五年一月一九日閲覧）。
（14）東京都水道局ＨＰ「持続可能な東京水道の実現に向けて　東京水道長期戦略構想２０２０」、https://www.waterworks.metro.tokyo.lg.jp/suidojigyo/torikumi/seisaku/20200707-03.html（二〇二四年一二月一日閲覧）。
（15）東京都水道局編『東京水道経営プラン』東京水道局、二〇二一年、二三頁、https://www.waterworks.metro.tokyo.lg.jp/suidojigyo/torikumi/seisaku/plan2021/（二〇二五年一月一九日閲覧）。
（16）東京都水道局ＨＰ「持続可能な東京水道の実現に向けて　東京水道長期戦略構想２０２０」
（17）東京都水道局編『東京水道１２５年史』東京水道局、二〇二三年、四九～五〇頁。

あとがき

今年（二〇二五年）は、一五九〇（天正一八）年に徳川家康が江戸に入府してから四三五年。二一世紀に入って、早や四半世紀を迎えました。この間、江戸・東京の繁栄は、水道の上に成り立ってきたといっても過言ではないでしょう。しかし、それは決して平坦な道のりではありませんでした。

元々、江戸は水の得にくい場所でしたので、家康は江戸に入った直後から、千鳥ヶ淵と牛ヶ淵の貯水池を造り、小石川を上水として利用し始めました。江戸の発展が続くと、小石川上水の給水能力では足りなくなりました。そのため、現在の神田川本流で潮の干満の影響を受けない地点に取水堰（文京区関口付近）を設置しました。神田川支流の小石川から、取水に有利な本流に水源をシフトしたわけです。

しかし、埋立地の拡大や江戸城南側の開発が進むとともに、武蔵野の新田開発もあって、神田上水の給水能力は限界に達しました。それが、玉川上水が整備された理由です。武蔵野台地を流れる神田川から、大河である多摩川に水源を求めたといえるでしょう。これは、水の得にくい江戸を発展させるため、安定した取水を可能とするように、水源をシフトさせながら水道を開発・

維持し、古くなった施設を更新してきたことを意味しています。ただし、海に向かう江戸の拡張は、水道の給水能力によって制約を受ける形となりました。

一八九八（明治三一）年に東京の近代水道がスタートしましたが、その直後から、水道需要は大きく伸びていきました。日清・日露戦争、第一次世界大戦を経る中で、東京をはじめ日本の工業化が本格化すると、東京への人口流入や産業集積が急速に進み、水道を整備しても需要に追い付かない時代が始まったのです。

戦時中の一九四二（昭和一七）年には、それまでの多摩川から利根川上流のほか、江戸川、相模川に水源を求める動きが始まりましたが、いずれも戦争で中断となりました。

戦後、小河内ダムの建設工事などが再開されましたが、多摩川への依存は限界に達していました。とりわけ高度経済成長期になると、渇水が常態化し、需要に供給が追い付かない状態が深刻になりました。

地元の理解のもとに、国による利根川水系の水源開発が本格化するとともに、東京の水道整備もそれを受ける形で拡張に次ぐ拡張を重ね、一九九〇年代まで続くことになりました。水源施設では一九六七（昭和四二）年に竣工した矢木沢ダムから、二〇二〇（平成二）年の八ッ場ダムの竣工まで整備が続き、現在では、東京都の水道水源の八割が利根川・荒川水系となっています。

高度経済成長期までは人の住まなかった埋立地が、今や臨海副都心として発展しています。その背後には、こうした高度経済成長期以降の連続的かつ集中的な水源や施設の整備がありました。それは、水の乏しい江戸・東京において、利用可能な水源を追い求めて来た結果でもありました。

拡張が一段落すると、東京の水道は量から質の時代に移りました。地震に強い配水管への更新が進み、漏水率が劇的に低下しました。高度浄水処理の導入なども本格化しています。

その一方で、江戸・東京の水道は、元禄大地震や安政江戸地震のほか、多くの大火や水害を経験してきました。とりわけ、関東大震災と、八〇年前の東京大空襲をはじめとする米軍による焼夷弾攻撃によって東京の姿は大きく変わりました。

災害だけでなく、大政奉還と江戸幕府の瓦解、明治政府の登場といった政治体制の激変にも見舞われました。第二次世界大戦の敗北によって連合国軍最高司令官・マッカーサーの統治下に置かれてもいます。さらに、富国強兵、日清・日露・第一次世界大戦と工業化、敗戦によるダメージ、戦後の高度経済成長、バブル崩壊など、経済環境の激変も経験しました。

そうした環境変化、別な言い方をすれば危機が連続する中で、小石川〜神田川〜多摩川〜利根川と水源をシフトしつつ、構造的な〝水不足体質〟を克服しながら、四〇〇年以上にわたって永続してきたのが、江戸・東京の水道です。

しかし、本文でも触れたように、これからは人口減少による料金収入の落ち込みが予測され、高度成長期に整備を続けた大量の施設が更新期を迎えます。そうした今までに経験のない局面でも、東京という都市が存在する限り、水道を持続させ、新たな時代に適合させるべく進化させていくことは当然です。

この問題を象徴するのが、二〇二五年一月に埼玉県八潮市の県道で発生した下水管の腐食による陥没事故です。この事故は水道や下水道だけでなく、道路、橋梁、トンネルなどのあらゆるインフラの持続可能性の確保が、危機に瀕していることを日本人に突きつけています。

今回は触れませんでしたが、東京をはるかに上回るペースで人口減少に見舞われている地方都市、とりわけ限界集落に代表されるような場所では、水道はもちろんインフラの維持管理は一段と厳しい状況に置かれています。

そうなると、独立採算や受益者負担、さらには公営か民営かといった現行の水道事業のスキーム自体が変わっていく可能性も否定できないでしょう。また、二〇二四年度から水道事業の所管が、厚生労働省から国土交通省に移管されたことに伴う変化も予想されます。

ただし、そうした場合でも、水道事業に対して、利用者である住民によるコントロールや地方公共団体によるガバナンスが利く体制を確保することが大事です。

とはいえ、世の中がいかに変わろうとも、江戸・東京の水道が今日まで持続してきたのは、清浄な水を送り続けるという水道の普遍的な役割・機能を果たすべく、変化に適応する努力とともに地道な日々の取組が絶え間なく続けられてきたからにほかなりません。

この本で述べた、江戸・東京の水道による四〇〇年以上という超長期にわたる永続・持続の実績が、水道をはじめとするインフラを取り巻く環境変化への視座を提供する一助になれば、筆者として、それ以上の喜びはありません。

ところで、筆者は一九八三年に東京都に入都するのと同時に水道局に配属され、それ以降、同局には通算三十年あまり在職していますが、本書で述べたことは、あくまでも筆者個人の見解であり、東京都水道局とは無関係であることを申し添えます。それゆえ、同局の各種の計画や施策の多くについては同局の公開資料やＨＰに譲り、この本では必要最小限の事項のみに触れることとしました。

末筆になりますが、本書の刊行は、筑摩書房の松田健編集長より、「江戸・東京の水道の歴史をわかりやすく通観する本を執筆せよ」という大事業のオーダーを受けたことに始まりました。その趣旨は、経済や経営の観点とともに、地理的な視点から江戸・東京について研究を重ねて来た筆者に、江戸・東京の水道の歩みを語らせようとするものでした。

それは、筆者にとって〝総力戦〟でもあり、新たな発見などもあって楽しかった反面、水道事業に身を置く者としては、公私を峻別する必要がある点で、とても難しい作業でもありました。

そうした中で、松田氏には、熱意と折に触れた適切なアドバイスを頂くだけでなく、この本を特徴づけている多数の図表類に生命を吹き込むという困難な作業もお願いしました。この本が、こうして陽の目を見ることができたのは、松田氏の御尽力の賜物であるとともに、三十年もの間、私を育てて下さった東京都水道局とその職員の方々があってのことです。この場をお借りして、心より御礼申し上げます。

鈴木浩三

二〇二五年四月

索引

た行

な行

は行

ま行

や行

ら行

わ行

鈴木浩三　すずき・こうぞう

一九六〇年東京生まれ。中央大学法学部卒。筑波大学大学院ビジネス科学研究科企業科学専攻修了。博士（経営学）。東京都水道局北部支所長。経済史家。主に経済・経営の視点から近世を研究している。著書『江戸の都市力』『地形で見る江戸・東京発展史』（以上、ちくま新書）、『江戸の風評被害』（筑摩選書）、『震災復興の経済学』（古今書院）、『パンデミック vs. 江戸幕府』（日経プレミアシリーズ）、『地図で読みとく江戸・東京の「地形と経済」のしくみ』（日本実業出版社）、『ビジュアルでわかる　江戸・東京の地理と歴史』（共著、日本実業出版社）、『資本主義は江戸で生まれた』『江戸商人の経営戦略』（以上、日経ビジネス人文庫）など。

筑摩選書 0302

江戸《えど》・東京水道全史《とうきょうすいどうぜんし》

二〇二五年四月一五日　初版第一刷発行

著　者　鈴木《すずき》浩三《こうぞう》

発行者　増田健史

発行所　株式会社筑摩書房
東京都台東区蔵前二-五-三　郵便番号 一一一-八七五五
電話番号　〇三-五六八七-二六〇一（代表）

装幀者　神田昇和

印刷 製本　中央精版印刷株式会社

ISBN978-4-480-01820-5 C0321

筑摩選書 0230

北海道廃線紀行
草原の記憶をたどって

芦原 伸

炭鉱、ニシン漁、砂金、アイヌ、開拓使——、全盛期の鉄道の約四割が消滅した北海道。その廃線跡を訪ね、地域の栄枯盛衰、そこに生きた人々の息遣いを活写する。

筑摩選書 0248

敗者としての東京
巨大都市の「隠れた地層」を読む

吉見俊哉

江戸＝東京は1590年の家康、1869年の薩長軍、1945年の米軍にそれぞれ占領された。「敗者」としての視点から、巨大都市・東京を捉え直した渾身作！

筑摩選書 0251

戦後空間史
都市・建築・人間

戦後空間研究会 編

住宅、農地、震災、運動、行政、アジア…戦後の都市・近郊空間と社会を考える。執筆：青井哲人、市川紘司、内田祥士、中島直人、中谷礼仁、日埜直彦、松田法子

筑摩選書 0262

関東大震災と民衆犯罪
立件された二四件の記録から

佐藤冬樹

関東大地震直後、自警団による朝鮮人らに対する襲撃事件が続発する。のちに立件された事件記録・資料をもとに、自警団の知られざる実態が百年を経て明らかになる。

筑摩選書 0270

東京漫才全史

神保喜利彦

通説を覆す「東京漫才」の始まり、戦後のメディアと連動した復興、MANZAIブームから爆笑問題、ナイツの活躍まで余すところなく描く画期的「東京」漫才史。

筑摩選書 0282

空白の團十郎
十代目とその家族

中村雅之

銀行員から市川團十郎になった男の初の評伝。九代目の婿養子で、三十歳を前に役者となり市川三升を襲名、死後十代目を追贈された知られざる團十郎の実像に迫る。